原始丛林：

树之旅

VIRGIN FOREST

TREE TOUR

[英]罗杰·迪金/著　唐海东/译

U0175817

民主与建设出版社
·北京·

© 民主与建设出版社，2022

图书在版编目（CIP）数据

原始丛林：树之旅 /（英）罗杰·迪金著；唐海东
译.—北京：民主与建设出版社，2020.9
  书名原文：Wildwood A Journey Through Trees
  ISBN 978-7-5139-3193-9

  Ⅰ.①原… Ⅱ.①罗… ②唐… Ⅲ.①丛林地 - 研究
Ⅳ.①P941.7

中国版本图书馆CIP数据核字（2020）第160997号

北京市版权局著作人合同登记号：图字 01-2021-1878
Copyright: © The Estate of Roger Deakin
This edition arranged with Georgina Capel Associates Ltd
Through BIG APPLE AGENCY, INC., LABUAN, MALAYSIA.
Simplified Chinese edition copyright:
2020 Beijing Wenzhangtiancheng Book Co.

原始丛林：树之旅
YUANSHI CONGLIN：SHUZHILǙ

著　　者	［英］罗杰·迪金		译　　者	唐海东
责任编辑	李保华		封面设计	主语设计
出版发行	民主与建设出版社有限责任公司			
电　　话	（010）59417747　59419778			
社　　址	北京市海淀区西三环中路10号望海楼E座7层			
邮　　编	100142			
印　　刷	三河市金轩印务有限公司			
版　　次	2020年9月第1版		印　　次	2022年8月第1次印刷
开　　本	710mm×1000mm　　1/16		印　　张	20
字　　数	500千字		书　　号	ISBN 978-7-5139-3193-9
定　　价	68.00元			

注：如有印、装质量问题，请与出版社联系。

献给爱丽生

序

　　整整一年，我像两栖动物一样漫游于乡间，在野外游泳，让自己隐没于风景和元素中，寻找 D. H. 劳伦斯（D. H. Lawrence）在诗中困惑不已的"第三种事物"。水，他写道，不仅仅是各部分之和，不仅仅是两份氢加一份氧。我写了《水淹地》（*Waterlog*）一书，记录自己的漫游经历。游泳于我，乃济慈（Keats）所谓"参与事物存在"之隐喻。

　　此时此刻，跃入爱德华·托马斯（Edward Thomas）所谓的"第五元素"——木元素当中，似乎顺理成章了。我曾畅游于赫尔福德河（Helford River），岸边的橡树伸出枝条贴近水面，涨潮时泡在水里。在达特姆尔高原（Dartmoor），我和洄游的大马哈鱼一起，在陡峭两岸苍翠树木的掩映中，沿达特河（Dart）逆流而上，领悟了帕特里克·李·费默尔（Patrick Leigh Fermor）时杰作《树与水之间》（*Between the Woods and the Water*）的真谛。在树林里，你有如置身于一场枝叶婆娑的皮影戏中，而预示着不同季节的树液的涨落，恰如潮水一般，深受月亮的影响。

　　通过树林，我们看到了风，听到了风。林地居民，可凭树叶于风中发出的不同声音而辨其种类。若《水淹地》与水元素有关，则《原始丛林》说的是木元素，它存在于大自然中，存在于我们的灵魂、我们的文化和我们的生活里。

　　进入树林，就进入了一个不同的世界，在那里，我们转化成另一个人。莎士比亚喜剧中，人们进入绿林，成长、学习、改变。漫游树林，常常，你通过迷路的方式反而找到了自己。《石中剑》（*The Sword in the Stone*）里，梅林（Merlin）把还是男孩子的未来的亚瑟王（King Arthur）送入绿林，独自生活。在那里，他睡着了，梦见自己如变色龙一般，进入各种动物和树木的生命里。《皆大欢喜》（*As You Like It*）中，被放逐的老公爵像罗宾汉（Robin Hood）一样居住在阿登森林（Forest of Arden）里。《仲夏夜之梦》（*Midsummer Night's Dream*）里，恋人们的魔法变形，发生在"雅典郊外"的森林，但很明显，这是英国的森林，里头活跃着英国民间故事里的仙女，还有"好汉罗宾"（Robin Goodfellow）这些个爱恶作剧的妖精。

　　我书房墙上挂着一张特吕弗（Truffaut）电影《野孩子》（*L'Enfant Sauvage*）的剧照：阿韦龙（Aveyron）茂密的阔叶林里，野孩子维克多在杂乱丛生的枝丫间攀缘穿行。《野孩子》一直是我思考人与自然世界关系的一块试金石，它提醒人们，我们和表亲长臂猿们的距离，其实并不如想的那么远。它们如天使一般，在森林树冠层间荡来荡去，速度奇快无比，几乎像飞翔的热带鸟类。长臂猿们羡慕、模仿这些飞翔的鸟，黎明时分，它们在树梢上欢唱着婚礼的乐章。寻根溯源，我母亲的姓氏就叫伍德（森林）。我父亲的第三个教名是格林伍德（绿林）：阿尔万·马歇尔·格林伍德·迪金。我外曾祖父在沃尔萨尔（Walsall）拥有过木料场，木料场的名称叫"沃尔萨尔的伍德"（Wood's of Walsall）。因此，我是伍德（森林）部落的一员。托马斯·哈代（Thomas Hardy）的小说《林地居民》（*Woodlanders*），我从头到尾读过好多遍，玛蒂·索思、贾尔斯·温特本和格蕾丝·梅尔博瑞的故事总是最让我感动。我是一个林地居民；我的血管里流的是树液。我的叔祖叫约瑟夫·迪金，1892年，年仅二十岁的他，以一名沃尔萨尔无政府主义者的罪名，遭萨利斯伯里勋爵（Lord Salisbury）的政府陷害入狱。他成了怀特岛（Isle of Wight）上帕克赫斯特监狱（Parkhurst Prison）的图书馆员，在威廉·莫里斯（William Morris）、萧伯纳（George Bernard Shaw）、爱德华·卡朋特（Edward Carpenter）、韦伯夫妇（Sidney and Beatrice Webb）和其他早期社会主义者的帮助下，他继续自学生涯。他是民主自由的绿林精神的真正捍卫者。我一直认为，他继承了罗宾汉的绿林好汉传统。

　　在我居住的萨福克（Suffolk），二十年前我就种下了一片灌木林。如今，狐狸一家在林子里安居，野鹿在林子里养老。今年，我很自豪地发现，有人偷偷在林子里设了捕野兔的机关：我有了第一批盗猎者。林子已经成年。一条古老的林荫道和一英里长的灌木篱墙，把我的牧场围了起来。三十年前初到萨福克时，我找到这座都铎时期的橡木结构农舍，花了一年时间亲自改建。房子损毁严重，修缮期间，我只好在花园里露营。最后搬进去时，习惯了在原来墙上的破洞里面进进出出的各种小生灵和植物，生活一如既往。燕子仍然在烟囱里筑巢，夏天，窗户打开时，蝙蝠从楼上卧室里飞进飞出。最初的一两只家蛛，马上会变成几百只。重建期间，我还有了一辆木框架结构的汽车：白蜡木框架的摩根 Plus 4。接着，我用橡木梁和橡木桩修建了一座木质仓库，没有用钉子。仓库里有一台车床，一个工作间，有时我就在那儿做家具，多数时候是把木头制成碗碟。有一阵子，我还靠制作和修理椅子谋生，在波多贝罗路（Portobello Road）边一个小摊上卖。后来，我服务于"地球之友"（Friends of the Earth），号召人们保护鲸类、森林和热带雨林，并创建了"共同的土地"（Common Ground）这一组织，它目前仍在支持保护老果园和这块土地上有据可查的 6000 种苹果。

中国人把木称为第五元素，荣格（Jung）将树木视为某种原型。没有任何其他事物，比这些具有英雄色彩的有机体，更能昭示出自然界的变化。它们是天气和四季变化的晴雨表。通过它们，我们来确定一年中的具体时分。树木向苍天伸展，将我们与天空相连。它们忍耐、更新、结果、燃烧，在冬天里为我们取暖。我找不到比壁炉里的柴火更富有自然力的东西了，也没有任何别的，能像它发出的火焰一样，激发人的想象力和激情。对济慈而言，炉火轻柔的噼啪声，是"守护着 / 充满兄弟友爱的灵魂的温柔家园"的护家神灵的柔声低语。世界大部分地区，仍用木柴火烹调，世界上森林的一大部分，仍被用作柴火。"西方"人已经忘了怎么生柴火，也忘了怎么生煤炉，而煤不过是变成了化石的木头，因此，他们已与自然失去联系。阿尔都斯·赫胥黎（Aldous Huxley）是这样描写 D. H. 劳伦斯的："他会煮饭，会缝纫，他会补袜子，挤牛奶；他是熟练的樵夫，也是刺绣能手；他一生好火，火就不会灭，他擦过的地板，干净得一尘不染。"木头燃烧时，释放出它赖以成长的大地、水和阳光的能量。每种木头以其特有的燃烧习惯，诉说着它自己的性格。柳树长得快，燃烧起来也快，像爆竹一样火星四溅。橡木烧起来稳当、硬实、长久。壁炉里的柴火，就是一家人的小太阳。

奥登（Auden）写道："欲一窥某种文化之堂奥，视其森林足矣。"他知道，英国人不停地失去森林，甚于欧洲任何一国，因而，对自己硕果仅存的树木和森林，他们兴趣也更浓。森林，和水一样，曾受到高速公路和现代世界的压制，慢慢地，它们似乎变成了风景的潜意识。它们变成了我们绿林自由梦的守护者，保护着我们对源自丛林的、野生的孩童自我的梦想，它们是里奇马尔·克朗普顿（Richmal Crompton）笔下"正义的威廉"及其绿林同伴的守护神。他们保存了"快活的英格兰"时代，保存了紫杉长弓、罗宾汉及其绿林好汉们身上的那股快活劲儿。它们也是古老故事的资源库：冰岛神话中的乾坤树；罗伯特·格雷夫斯（Robert Graves）的《树木之战》（*The Battle of the Trees*）；詹姆斯·弗雷泽爵士（Sir James Frazer）的《金枝》（*Golden Bough*）。森林之敌，往往也是文化与人性之敌。

《原始丛林》一书，是对树木和森林残余魔法的寻求，在我们日常生活表面底下，这一魔法仍旧让大多数人着迷。

人类依赖树木，一如他们依赖河流与海洋。我们与树木的亲密关系，既是身体的，也是文化的、精神的：简直就是二氧化碳与氧气的交换。一旦步入森林，你就有点像走在海床上，抬头仰望遮天蔽日的枝叶，好像在仰望水面。阳光从枝叶间渗漏下来，让一切变得斑驳陆离。森林有其自身丰富的生态，有自己的居民，林地人，在森林里、森林周边，生活、工作。一棵树，是一条流淌着树液的河流：通过像海葵一样搅动着地下水的树根，柳树的一头，伸向我在萨福克游泳过的壕沟里，每天用最上面枝条的叶端，汲取许多加仑的水，以水汽的形式挥发到夏日空气中，接着，这些水分，以人眼看不见的方式，上升到云层里，云层降下雨水，荡漾在树木一圈一圈的年轮里。

目 录　CONTENTS

第三部 浮木

目 录 CONTENTS

第四部 心材

第一部

根

扎根

　　整个世界的人都围着我玩"抢椅子"游戏，来来去去，而我，生命中一半以上的时间，却扎根在同一幢房子里。不是我不想漫游，只是，一想到这地方就在这儿，一个固定的点，我就觉得十分惬意。我被定位了，正如多恩（Donne）的一首名诗《别离辞：节哀》（*A Valediction, Forbidding Mourning*）里的爱人，是圆规的双脚：

> *你坚定，我的圆圈才会准*
> *我才会终结在开始的地点*

　　母亲娘家伍德一家全部九个人的冒险事迹，是我的催眠故事。母亲好像从未给我阅读过书籍，而是讲述了许多伍德部落的传说。我生长于一个完全口头的传统中，这些传说里出没的，都是母亲的兄弟姐妹。威尔士琼斯外婆，银发的伍德外公，他只有左手，右手是钢制的，还有两位风度翩翩的舅舅和四位姨妈。外祖父母维持着我们的森林传统，给两名姨妈起名艾薇（常春藤）·伍德和薇奥莱特（紫罗兰）·伍德。谢天谢地，母亲总是说，没人想过叫普丽姆罗丝（报春花）。

　　伍德家族史烙在我脑海里，正如记忆与历史烙在胡桃木农场（Walnut Tree Farm）的木材里。每根柱子、每根横梁，都有各自特殊的故事，有朝一日，这些故事会自由生长。仔细研究任何一根梁的横截面，用一个树木年代学家的眼光去看它的年轮图案，就能准确判断，它何时从一颗橡子开始生长，何时变成一株幼苗，何时被砍伐。

　　房子坐落于让人晕眩的海拔 174 英尺的高处，洪水一来，这一小片土地足以成为一个孤岛。其实现在就差不多是个岛了。一条壕沟和一个延伸到公地（Common）里的圆形牛塘，把农场围了起来。农场周边散落着 24 个这样的牛塘，由古老的壕沟和排水系统连在一起。丛林般茂密的灌木树篱，把我的四块草地围得密密实实，构成必要的防风墙，挡住了从山下平坦的麦田里穿过来的风。它们给沟渠盖上了拱顶，形成一个叶子包裹着的、隐秘的蕨类隧道的世界。农场里也有一座小树林，另外，一条古老的赶畜路，从农场侧方伸出，通往西面。

所有这些，都位于一座巨大内海的海滨。这是一座由上好的牧草组成的海。临到七月割草的季节，牧草像潮水般此起彼伏，将远处邻居的农场淹没在影影绰绰之中。草场由此处向西延伸足有一英里之遥，是萨福克最大的公用牧场。因此，尽管大海远在东面 25 英里处的沃博瑞克（Walberswick），我仍能享受住在海边的惬意：这里有辽阔而高远的天空，壮美的、激动人心的落日。我们萨福克还有做白日梦的山呢：那是收获时节火山一般的积云。

为何在这儿待这么久？不是因为我生在这里，也不是我有萨福克的根，是因为所有的艰辛劳作，因为层层叠叠累积的历史。我指的是自己的历史，与所爱的人朝夕相处的历史。有三年时间，我在迪斯（Diss）古老的文法学校教英语，在本地学生和家庭中扎下更多的根。他们都成了我的朋友。要了解邻居，没有比教他们的孩子更便捷的途径了。当然，我也离不了巴舍姆市集（Barsham Fair）和《瓦弗尼号角报》（*Waverney Clarion*）。这是瓦弗尼山谷的社区报纸，由我帮着撰写、规划，并销售至从迪斯到邦吉（Bungy）到贝克尔斯（Beccles）到洛斯托夫特（Lowestoft）的广大地区。这些地方，也是我们整个准嬉皮士大家庭分布的范围。我们从 1970 年到 1980 年早期那段时间建立的乡村文化，完全基于《全球概览》（*Whole Earth Catalogue*）、地球之友、科贝特（Cobbett）的《村舍经济》（*Cottage Economy*）和约翰·西摩（*John Seymour*）的《大地的馈赠》（*The Fat of the Land*）体现的价值观。我们把忙着在萨福克定居的移民拓荒者都召集起来：粗木匠、自耕农、音乐家、诗人、挖沟人，和开着木框架迷你莫里斯（Morris Minor）旅行车的司机。我们一起动手，齐心协力，在人头攒动的田野里，在那黄金般的时刻，创建了如今已成为辉煌传统的萨福克集市，这转瞬即逝的、如梦似幻的、吉卜赛人一般的棚屋的都市。还得说，是劳动——创造性的、大胆的、富有想象力的劳动，同时也是艰苦的、手工的、体力的劳动——把我们黏合在一起。还有共同的冒险经历：你根本不知道天气会怎么样，也不知道会不会有人出现在门口，为这一切买单。跳舞唱歌是主要的内容。我们有自己本地的英雄们，我们萨福克的鲍勃·迪伦（Bob Dylan）和威利·尼尔森（Willie Nelsons），以及许许多多周五晚在村务大厅帮衬的同乐会乐队。

1969 年发现这幢房子时，它已颓败不堪了。一根烟囱，从白蜡木、枫树、榛树、接骨木、黑刺李、常春藤和树莓组成的灌木林树顶堪堪突出；一个疏于照料的农家果园，长着一些胡桃、青梅和苹果树。房子的主人亚瑟·卡普斯，和村子里其他人一样，显然认为，这座房子像一只老猫，偷偷溜走，把自己藏起来，静悄悄地死去。他和两个女儿，贝丽尔和普雷舍丝，住在牧场对过的考帕斯切农庄，在老屋的楼下养猪，楼上养鸡。屋顶由起伏不平的波状钢拼接而成，残存的茅草，湿湿的，像堆肥，混着青草和苔藓，苍翠欲滴，看着更像草皮。我喜欢废墟，它们一直做着万事万物随时想做的事：回归大地，融化于风景之中。尽管到我搬进去的时候，房子已许久没人居住，但大自然借由此地，重申其古老的破路权。

有好几个礼拜，我到考帕斯切农庄去拜访亚瑟，最终，他同意把房子连同十二英亩土地一起卖给我。随后，我们成了最好的朋友，甚至分享了希瑟，一头大眼睛的格恩塞（Guensey）家用奶牛，轮流挤奶。亚瑟属于最后一代古老的萨福克骑士。一生大部分时间，他是一名独立的木材搬运工，带着自己那队重型马车，来回穿梭于诺里奇和伊普斯维奇（Ipswich）之间的道路，把木材从森林里拉到锯木厂、木料场和托运人那里。他干得很努力，攒足了钱，在战前买下了农庄，那时候，地价还比较便宜。他仍然在马厩和牛栏里挂着巫石，给畜栏里休息的牲口驱散那些有可能惊扰它们的噩梦。这算得上萨福克燧石版的邪恶之眼了。他是我在农活、动物知识和村庄政治方面的导师。

慢慢地，我把房子外层剥掉，露出橡木、板栗树和白蜡木的骨架，用

从一位本地农民废弃的谷仓收集来的橡木料，对房子进行修缮。我在一辆大
众牌厢式货车的后面睡了一段时间，然后在中央大壁炉周边清出了一块露营
地，跟两只猫一起，睡在一堆篝火旁。壁炉，成了房子里最神圣庄严之地。
它位于房子的中心，是唯一仍向天空开放的部分。春天，我搬到楼上，进入
有点像一座树屋的房间，一边用帆布篷维修高处的明椽，一边就酣睡于星空
底下。不久，栖息在视平线高度白蜡木上的林鸽，就习惯了我的存在。那棵
白蜡木，在屋顶上方遮盖成一个拱形，拥抱着房子，当时看着，就像房子的
守护神。现在它仍然是守护神。我费了九牛二虎之力，磨破了嘴皮子，才说
服委员会的建筑巡视员把这棵树保留下来。

　　那时，我很喜欢房子的废墟气质，这一点至今不改初衷。因此，要当
它的修理工，还真有点不大习惯。板条涂料的墙壁，被太阳晒成了饼干状，
朝南的一面，上头布满了坑洞，像也门城市里常见的撒尿孔，红切叶蜂或孤
独的黄蜂在里头筑巢。我就喜欢这个样子。我喜欢看常春藤充满好奇心的卷
须，将它们的脑袋伸进朽烂的窗户里头东张西望。藻类给窗户涂上了绿油油
的一层，寻找方向的蜗牛，给窗户画上了各种图案。我喜欢听麻雀和欧椋鸟
在茅草里头、锡皮下面躁动不安的叽喳声。经过漫长的一天的劳动，在床上
懒洋洋地打着盹儿，四肢美美地拱成一团，这时，我喜欢瞧着蝙蝠轻快地掠
过帐篷遮盖起来的明椽。我想修理墙壁，但同时也想培育这个四通八达的动
物乐园，这个乐园里的小动物们，才不愿意承认那些东西是墙壁呢。不知不
觉间，通过在木头框架的房子里磨磨蹭蹭地干活，我的想法就实现了。

　　每一根梁，我都亲自模塑或修理过，结果，我和这个地方所有的横梁、
柱子和榫卯之间，建立起了最亲密的关系。或许，我还跟最初建造这座房子
的人攀上了一点亲戚关系。他们比莎士比亚早20年，壕沟说不定也是他们
挖的。发现木匠刻在椽子和楼板梁上的标记，就像找到一份失传已久的手
稿。这些标记刻上去的时候，橡木和甜栗木还是绿的，处于预构件状态的房
子，还以成套的形式，待在木匠的作坊里，随时准备用大车运到建造地点，
由几十个村民一起用力，把墙体一次性地竖起来。所有预构件都以英尺和英
寸标注其比例，整个结构的有机特征，给我留下深刻印象。每个房间的比

例，乃至整幢房子的比例，是通过手头拥有的树木的自然比例而预估的。像我这座一样的萨福克房子，一般是 18 英尺宽，因为那差不多是一棵周径可制成 8 英寸 ×7 英寸主大梁的年轻橡树树干直通长度的平均极限了。大一些的畜棚一般 21 英尺宽，用到的木料也稍微大一点。支柱的高度要跟树高一样，这么一来，挑选横截面适当的树和幼木杆，就可以最省力的方式，用扁斧把它们弄成方形。

这就是房子各部分的横梁数目了。厨房：44 根。起居室：50 根。书房：32 根。楼上的楼梯平台、浴室、书房：22 根。小卧室：23 根。大卧室：72 根。总计：243 根。如果加上厨房里看不见的 30 根，和 50 根左右的椽子，那么横梁总数是 323 根。也就是说，为了建这座房子，砍了 300 多棵树：差不多是一座小树林了。400 多年过去了，许多木料上的树皮还在，边材也随处可见。木料总是在绿意犹存的湿润条件下加工，这个时候，最容易切割、钻孔，或做成接头。一旦组装成硬木框架，木料就会在原地慢慢干燥，这过程中常常会扭动、弯曲，形成老房子特有的优雅起伏。如今在萨福克，人们经常看到很多漂亮的老木头房子，被施工人员强行拉直，这实在是一件最令人伤心的事了。最后一代的萨福克建房师，对老房子很了解，在他们眼中，这些结构，既是建造的，也处处体现了工程原理。房子的木框架，与其说是设计出来的，不如说是逐步演化的，为的是像一艘翻过来的船一样，轻柔地安坐于萨福克移动的黏土之海上，驾驭着大地恒常不变的运动。

棚屋：露营

我对各种棚屋和小屋有特殊的爱好，无疑，这得追溯到六岁时父亲为我建的茅屋，还有花园尽头那些动物常客们。我们给茅屋取名"温馨小屋"（Cozy Cabin），把名字文在门上头一块锡制标牌上。梭罗（Thoreau）也会觉得这个名字不错吧。我常常连着好几个钟头待在那里，跟房客们聊天：杂七杂八的甲壳虫，藏在火柴盒里的木虱子、野兔、豚鼠、白鼠和蟾蜍，都很感激头上有一片屋顶罩着。夏天，我也可以睡在那儿。怪不得说它温馨呢。后来，一只乌鸦搬进来了，甚至还有几只其貌不扬的鸽子。父亲在他的配地上也搭了棚屋，他很喜欢引用威廉·科贝特（William Cobbett）关于鸽子的描写："举止很有趣；它们是给孩子们带来快乐的生灵，让他们很小就养成喜爱动物、并在它们身上建立价值观的习惯，我常常觉得，这是一件了不起的事情。"

目前，我的温馨小屋是一所牧羊人的临时营房。它坐落于一丛朝南的树篱和一棵离房子一地远的大白蜡木的背风处。小屋栖在轮子上，墙体是密实的松木板，由于常年受到火炉的烟熏火燎，松木板上是一层厚厚的蜜色琥珀状的东西。里头有我经常用的一把简单的椅子、一张桌子，有油灯和蜡烛，被太阳照得褪色了的窗帘，还有一张木床。牧羊犬和孤羔想必常常蜷缩在床底下，温柔地为上面熟睡的牧羊人取暖。小屋有管状白铁皮屋顶和木质天花板，因此，下雨的时候，整个屋子回响着雨滴敲出的鼓点。一夜无梦，但一大清早，你会被像卡琼搓板演奏家一样在瓦楞屋顶上叽叽喳喳的喜鹊，或一只吵吵闹闹检查屋檐的没有教养的青山雀吵醒。牧场那头，是我给儿子建的小屋。我想，一直这样就好了：非官方的棚屋组成的未来城市，在全国各地延伸开去，一代又一代。

5 月 28 日

躺在牧羊小屋里，是一种灵魂出窍的体验。悬浮在木船底部六英尺高的空中，凝视着它的木质船体、它的龙骨线。当然，一切都是颠倒的，但有一个异世界，一切都是可能的。顺着打开的门，你看到冒着泡的峨参的尾迹，还有五月葱茏茂盛的树篱。扬起脸对准墙上某个坑洞，你就能俯瞰着考帕斯切牧场的绿浪向你迎面扑来。而你呢，就像航行在马尾藻海的赤道无风带，看着毛茛在懒洋洋的海底轻轻拂动，又像朝着一座长着绿色翅膀的果园发出的灯光驶去。

6月13日

昨晚夜游壕沟后，我睡在了牧羊小屋里，现在，面对着一轮满月，慢慢苏醒过来。天空洒满银辉，哪里谈得上是黑夜呢。3点50分左右，我被一只黑头莺吵醒，它在白铁皮屋顶上蹦蹦跳跳，然后唱出了最美妙的颤音，起先完全是朦胧月色下的独唱，很快，别的鸟就应和了起来。它唱得心醉神迷，在屋顶上跳来跳去，然后，趁着乐句和装饰乐段的间隙，跳到某个优势地点，最终飞到笼罩着小屋和旁边池塘的白蜡木里头。小屋里可以听到一切声音：狐狸在下面的小路上叫，甚至野兔用后腿刨地的声音。4点20分左右，我舒服地枕在一只胳膊肘上，慢慢拉开窗帘，俯瞰月光底下的牧场。长满毛茛的黄色池塘；这儿是一座角锥状的果园，那儿是一座苍翠繁茂、处于最绚烂阶段的南方湿地果园，巨大的花朵，像婚礼蛋糕一样，一层层堆叠着。一只乌鸦，在牧场上空画着大圈盘旋，一会儿直上云霄，然后又怀着纯粹的快乐陡冲下来。

我迷迷糊糊又睡了过去，但被一阵晃动了整座小屋的猛烈至极的隆隆声，和接下来一阵响亮的刮擦声吵醒。有一刻，我以为是一只猫，通过开着的窗跃进来，跳到我床上。然后，带着些许惊慌，往窗外看去，我终于明白事情的原委了：一只狍子正在小屋的一个角上磨蹭，离我的枕头只有几英寸。它和其他几只狍子从留置的干草里跳出来，留下一阵噼里啪啦的蹄子声。鸟叫声越来越大，已经没法再睡了，我只好起身，蹚着露水，到对面的房子里准备早餐。

8月10日

躺在牧羊小屋的木床上，头上的屋顶有如一顶松树的帷幕，由松木板镶嵌的墙围起来，舌和槽开在水平方向。每次，将一枚铁钉深深地敲进琥珀色的木头里，木头就会流出一缕黑色的锈迹，沿着纹理蔓延，越来越模糊，好像木头或四轮马车自己在高速行进一般。啄木鸟尖叫着飞过牧场。黄蜂在玻璃上东突西闯，接着在床的上方以之字形飞来飞去，最终跌跌撞撞地冲到窗外去了。敞开的门挖出了一堵绿色的墙：山楂、枫树、黑刺李树篱、白蜡木伸进来的嫩枝、荨麻、草地里绽放的雅致的花朵。一切都在灼热的微风中轻轻摇曳。尘埃在窗户透进来的阳光中翻飞、飘动。远处的角落里，不锈钢的烟囱管，像一根新长出来的茎干，从锈迹斑斑的小火炉上升起来。走道另一边，是我用废木料做的松木壁角橱，里头放着备用的毯子和布什米尔斯威士忌（Bushmills），以备寒夜之需。公地那头，奶牛们叫了一夜。或许天气会变。我睡在松树的棺木里。

为何睡在户外？为了听铁路车皮做成的屋顶上，雨滴从枫树或白蜡木枝叶间漫无目的滴落的声音，为了听屋顶潮湿的毛毡上鸟儿跳动的声音，或者听嫩枝敲打钢制烟囱的声音。远处，我听到风在考帕斯切小路两旁的树间打哈欠。我觉得自己与元素亲密接触，在室内从没有这种感觉。

博盖特树林（Burgate Wood）在壕沟围起来的小岛旧礼拜堂旁边，有一次，我睡在树林里，脸颊紧贴肥沃的土壤和凉丝丝的连钱草。闭上眼睛，我看见像冰山底部一样深的树林的根部世界。在树林里走着，四处找路，感觉树林好像是垂直生长的，直到躺下来，进入地面世界中。只有在一场暴风雨过后，树木东倒西歪，根部被直直地拔起，紧紧抓着泥土和石头时，森林的这一部分才会偶露真容。这些根到底有多深呢？

还有一具铁路车皮，几年前被我拖到了牧场里。睡在铁路车皮里，就像开始某次旅程。一棵白蜡木刚好长在车皮后面，一起风，树枝就开始在烟囱管上敲打出美妙的旋律。风撕扯着沉重的木移门，从木板之间的细缝中钻进来。整个结构都是木头制成的：框架是橡木的，由铁皮和支架拴紧，墙体是双层硬松木板，由螺栓固定，里头一层水平方向，外头一层垂直方向，以达到更好的避雨效果。屋顶用橡木箍成桶状拱形，橡木外铺以柏油毡。买来的时候，车皮里没有地板，我就做了一层木地板，底下用防潮纸绝缘、防潮。

车皮里面空间非常大，住在里头绝对惬意。长 15 英尺，宽 8 英尺，通风天顶也有 9 英尺高。车皮的两端，各有一个 1 英尺见方的小窗，拉开木头百叶窗，支上一根小棍，就可以开窗采光通风。车皮深陷于树篱中，透进来的光是纯绿色的。内部漆成奶油色，前移门朝南。这样一来，六英尺宽的空间对着户外，大片光线照进室内，反射着牧场里金黄色、正在风干的干草堆。入口对过摆着一个铸铁的乌龟牌火炉，炉子上头通着一条不锈钢烟道，冬天时伸到室内为屋子加热。当炉子烧得通红，灼热的金属有时在黑暗中发出红光，由于热气的熏蒸和氧化，发出彩虹般红蓝相间的锃亮的色彩。外头的屋顶上，一顶喜气洋洋的钢制草帽盖在烟道口防雨。车皮一头的大部分空间由一张木头床占据，床的靠背是我从迪斯的拍卖屋里头抢救出来的，当时已经很破，后来我把它修好了。点亮三个摩洛哥灯台上的蜡烛，我想起艺术家罗杰·阿克林（Roger Akling）跟我提到过的梭罗的话："电灯杀死了黑暗，烛光则照亮了它。"

在车皮木头的温暖拥抱下，我经常像猫一样一睡就是八个钟头。似乎是这辆夜邮马车轮子的节奏，把我摇晃着哄入了梦乡。被这么舒服的木头包围着，你说是什么样的美妙感觉？这不是某个赖希生命力箱（Reichian orgone box）吗？或者，缘于风水的作用：床的位置，摆得正好有利于睡眠？我想，这毋宁是某种象征性的举动：把世俗的杂事留在房子里，走上干草牧场里蜿蜒曲折的一百码小路，钻进整洁的车皮小屋，深深沉入被萨福克茂密树篱叶子净化过的空气中。这空气让我渐渐平静下来，催我进入梦乡。这是荒野的想象，并且总是某种回归：每一所木屋，都是其他所有木屋、洞穴、树屋和窝巢的变体。我让门开着，只挂了一条晃荡的帘子，挡住追逐灯光而来的飞蛾。

8 月 19 日

睡在铁路车皮里。当我走过牧场时，A 问："买票了吗？"风很大，吹拂着白蜡木枝敲打火炉烟囱，奏着某个曲调。风发出我熟悉的抚慰的声音，像船上的木头发出的吱嘎声，正好催我入睡。夜里走入黑暗的牧场，很容易把未长成的胡桃树误看成一头鹿。

8 月 29 日

我在火车车皮敞开的门上挂了一具浅色的棉布帘，阳光从帘子里渗透进来。早晨，我躺在床上，看昆虫们的皮影戏。昨夜，猫头鹰在树篱间发出双簧管一样的叫声。如此凶残的猛禽，却能发出此等抚慰人的声音。猫头鹰和月光联手，共同猎杀野鼠和鼩鼱。我躺着，谛听牧场里和小路上传过来的夜杀鼩鼱的声音。

南北向睡似乎确实提高了我睡眠的质量。"他们已经无法获得甜美的睡眠。"圣－埃克絮佩里（Saint-Exupéry）在《人类之地》（*Terre des Hommes*）中写道。房子里的床都是东西向的，而火车车皮和牧羊小屋里头的床都是南北向的。不过，睡在离房子半个牧场远的地方，被树篱包裹起来，门朝南对着牧场，呼吸着充足的新鲜空气，这肯定也有利于睡眠。门一关，白天在房子里发生的一切都挡在外边，而小屋只有简简单单几件勾不起什么心思的家具：几条地毯，一个火炉，一张床，一张桌子和一把椅子。

帐篷比房子更真实。规划法不用担心即兴搭建者，因为临时结构总是比较漂亮，而且你也不用得到许可。帐篷传达了更多真实，因为这就是我们所处的位置。房子表现了我们渴望居于地球上的方式：长久不变，根深蒂固，此地就是永恒。而帐篷代表了事物的真正现实：我们，无非是过客而已。

书房

书房里一定住着一只唱歌的蝾螈。通常，它在晚上十点开始吟唱；它好像住在木头炉子附近，壁炉台后面。它的歌声是一种调门很高的吱吱声，如需要上油的机械座钟发出的。我以前听到过下水道底部或从积聚于排水沟底的雨水中传上来的这种声音。有一次，我听见花园里不断传来悲哀的蝾螈之歌，循声溯源，最后发现，原来是从一根陷在草地积水深处、底部带水龙头的水管里发出来的。我趴下去，把胳膊伸到最大限度，终于逮住了这位小歌手，一只常见的蝾螈，并把它放归到蔬菜园子里。然而，几夜过后，它又回到潮湿的工作室里，引吭高歌起来。蝾螈的歌声绝对称得上自然界中最微妙、也最少听得到的声音，跟某些现代作曲流派的理念有点接近：彻底的沉默。

在书房工作，不时给炉子里添上一截木头，像在蒸汽机车的踏板上干活。我是锅炉工，与另一个自我，驾驶员，携手合作。这是木头带来的快乐：它能一遍一遍地给你带来温暖。砍伐它的时候；运回木料堆之际；看着它变成原木的那一刻。接着，把它运回去，用柳木和白蜡木把柴房堆满到屋顶，你觉得温暖；从柴房推着木头送到火炉旁，你还是觉得温暖。最后，木头在火炉里燃烧，火焰给了你最后的温暖，这是高潮，也是结局，这整个过程凝结了多少劳动，多少沉思的时光啊。

在书房窗户底下做一个新书桌，面朝南，穿过花园一直望见壕沟。完美主义又来了，就像写作时对自己的种种吹毛求疵。我做了一个紫杉木支架，钉在橡木墙的柱子上，支撑住上面部分，一块纹理细密的俄勒冈松木厚板，还有一个小心翼翼搭上去的木头副架，或者说底盘。我在开放的纹理中填了一些灰泥，把板子弄平整，然后用一把精细的水彩画画笔，仔仔细细地把它描成了淡蓝色。我把顶部一个原来的螺栓孔镂空，放上一枚来自赫布里底群岛的光滑的、圆圆整整的卵石，看着就像一枚小小的溜石。它是我的定心珠。

书桌一头，放着一个早期木质飞机螺旋桨的层压状轮轴。这是一个大家伙，两片亚麻布表面的叶片嫁接到干轴上。十张胡桃木厚板，每张一英尺宽，四分之三英寸厚，一开始就胶合固定在一起，做成了这么漂亮美观的一个物件。多年前，我在萨福克乡间拍卖会上偶然看到它，那种故意的形式上的不完全，那被锯掉的想象的双臂，使它具有某种雕塑感，瞬间让我想起了米洛的断臂维纳斯。我不是当天唯一一个被它的神秘感击中的人，还记得当出价直线上升时，自己是如何咬紧牙关坚持的。四行大写铭文，刻在两个叶片之间凸面解理的木头上。我用一支 4B 铅笔，把这些铭文拓印到一张打印纸上：

LUCIFER

DRG P3153

DIA 7-9

PIT 5-5

解码后是这样的：螺旋桨是为布里斯托尔飞机制造厂（Bristol Aircraft）生产的启明星（Lucifer）牌引擎配套设计的，因此生产年份是1925年左右或稍后。DRG代表螺旋桨原始设计的图纸编号，DIA是螺旋桨的直径，7英尺9英寸。PIT是它的扭度，即叶片通过直接对准后扭转的度数。

我把这座孔武有力的螺旋桨轴放在书桌上作挡书板。它身上有着我永远也无法了解的故事。它属于安托万·圣-埃克絮佩里（Antione Saint-Exupéry）的时代，那时，每一次飞行都是一场冒险。在它长久的沉睡中，说不定它已经从空中生活那天旋地转的兴高采烈中放松了下来，像一只梦到追逐自己尾巴的猫一样。

我坐在书桌前一张温莎烟熏扶手椅的榆木座上。它19.5英寸见方，从一整张1.25英寸厚的厚木板上切割出来，拐角处弧形优雅，又够结实，足以固定山毛榉椅腿，和支撑弓形扶手和靠背的八根手动背条。它可能不到一百年，原先砍削辐刨得有模有样的榆木椅座，被世代代在它上面挪动的臀部，磨损、抛光，坐着反而越来越舒服。它的设计完全是传统的，但每一片手工组件无穷无尽的微小差异，让每一把椅子都拥有了现代大规模机器生产所不具有的自己的个性，以及某种不拘礼节的亲密感。这些山毛榉组件，很可能是那些在户外工作的制作桌椅腿的工匠，在海维康（High Wycombe）上面切尔登悬崖机库里的脚踏车床上踩着脚踏板做出来的。正如马车车轮的榆木轴，或木船的榆木龙骨，把车船捏成一个整体，正是榆木椅座把椅子连接成一个整体。榆木似乎总是各种物件的轴。当教堂钟楼的钟敲响，它们就在巨大的榆木树干上晃动。

我属于与榆木一起长大的一代人。我们家后花园尽头的大树就是一棵榆树，我曾经熟悉它格状树皮上的每一条裂缝。孩提时，我甚至想砍掉它，用一把小斧头，每次砍出一个微不可见的凹痕，几年过去，似乎没留下什么痕迹，而父母亲则善解人意地转过头去。这棵树肯定是 18 世纪环绕着古老的平纳公园（Pinner Park）种下的一溜新月形的榆树和橡树林中的一棵，它们靠得很紧，好让松鼠可以在树中间跳来跳去。我骑着自行车经过长榆树（Long Elm）大道，大道一直通向夏治晏（Hatch End），两旁的榆树，是 18 世纪在古老的钱特里庄园（Chantry Estate）上种下的。

我的预备学校是在夏治晏读的，它是平纳的郊区，就是在那儿，我从一名叫乔治·波杰斯的男孩子那里得到了第一只蛇蜥。波杰斯晚了一个学期才到我们班上，因此急需拓展社交。第一天，他就开始创造关于自己的神话。他让我们看他背上的弹孔，并解释说，这是他在逃离自己的祖国捷克斯洛伐克时被边防巡逻队射伤的。他的英语纯正无瑕，没有一丝口音，回顾往事，我敢肯定，这所谓的弹孔，其实就是一个胎记。

波杰斯住在几英里外的雷纳斯小巷皮卡迪利线（Piccadilly Line at Reyners Lane），那儿是诸多管路的交叉口，这些管路中间是一个长满长草和荆棘的三角形的岛。在我们年幼的头脑里，这个岛逐渐变成了捷克斯洛伐克，周围是电气铁轨包围起来的铁幕。波杰斯声称，这里就是他抓到蛇蜥的地方。他一个人就可以冒着生命危险，远征到电网里面抓蛇蜥。波杰斯对增加价值这样的市场用语了如指掌。这些蛇蜥太让人喜爱了，波杰斯愿意为此付出最高代价。雷纳斯小巷在我们想象中成了加拉帕戈斯群岛，被电气铁轨和铁路警察局切断了与郊区其他地方的联系。即便你侥幸没有被铁轨上的电炸熟，也得承受警察局征收的巨额罚款。

就这样被英勇的波杰斯从死神的鼻子底下夺过来的蛇蜥，它们的金属躯体上似乎也带了电，你一碰，它就弓起身子，让全班的人艳羡不已。它们拥有黑曼巴般令人毛骨悚然的魅力，但毫无黑曼巴的危险。下课时间一到，每个人都挤着坐到波杰斯身边，我们中绝大多数也想要他的蛇蜥。他的要价高得吓人。我们不时召开秘密会议，想尽办法，自己穿着好几双威灵顿长筒靴、防水靴和橡胶手套，穿过铁路线，但纯粹是虚张声势而已。

波杰斯迷住了我们，我们慢慢都开始不再关注这件事。另外，我家里也出了些问题。是我的白老鼠。它们的数量几乎每天翻倍，玩跑步机得排队。我漫不经心地跟波杰斯提到，自己手头有一两只老鼠想卖。令我惊讶的是，他上钩了，提出用他的爬行动物跟我换，不过条件是一只爬行类换两只啮齿类。这正中我的下怀，但预备学校已经教会七岁的我，把老鼠交出去的时候脸上得挂着痛苦的表情。

我们的教室，就像伦敦东区一个上演着各种不择手段勾当的小酒馆。另一位叫作史密斯的男孩，叫卖一把据他说是印第安莫霍克人的石斧，价高者得。被石斧砍伤者立马毙命，因为斧刃上涂了响尾蛇毒液。就算不小心碰一下，也会缓慢而痛苦地死去。我的老鼠流动资产又派上用场了，石斧到了我手里。这柄石斧是我用的第一件工具，跟智人（homo sapeins）拥有的第一把石斧差不多。作为我石器时代的遗迹之一，它除了作为学童保留货币外，没多大实际用处，更像一个护身符。现在它还放在我书桌上，我也尚未命丧斧头之下。

今天下午三点整，书房外的蚂蚁群集起来，所有年轻的蚁后们，爬到草叶上飞走，由激动的工蚁们簇拥着，向各个方向散开。一个温暖、潮湿的下午。

未产卵的蚁后飞向西南，工蚁们四处飞舞进行空中交通管控，让紧张不安的蚁后厌烦，以致飞得跌跌撞撞。工蚁护送着蚁后到了一棵小峨参上，获得更多的升力，然后从摇摇晃晃的峨参顶上飞走了。

我正看着挂在书房墙壁上的一张黑白照片。照片里的我很年轻，穿着橡胶底帆布鞋、卡其布短裤和可伸缩的蛇头皮带，站在营地小道（Campsite Track）上的一头驴旁边。我手里举着信号旗一样的捕蝶网，一个背包，里头大概装满了采集罐，挎在一边的肩膀上。营地小道穿过荒野通往我们的帐篷，它们藏在一排上头长满金雀花的碎石沙丘的山洞里，沙丘底下是伯恩茅斯铁路的一条支线。

就在此地，我初次邂逅新森林（New Forest）。学校放假期间，又和植物学和动物学六年级以及生物学老师巴里·格特（Barry Goater）多次回来，在博利厄路（Beaulieu Road）露营。巴里掌管学校的生物系，这是他的第一份教职。他是一位了不起的鳞翅目专家、鸟类学家和全方位的博物学家。他的狂野的热情感染了我们每一个人。

尽管巴里·格特出于谦虚不肯承认，但他是一场非同寻常的教育实验的煽动者。在新森林寂静的角落里，他搭起帐篷，以供他的生物学六年级学者对博利厄路周边这一大片野生林地、沼泽和荒原的自然史进行仔细的研究和绘图。由于我们学校所处的克里克伍德（Cricklewood）树木比较少，这个营地已经成为某种公共机构，一代又一代六年级博物学者会回到这里，享受自己在野外探索和发现的令人陶醉的快乐。我们每人都有一个特别项目，或者说调查领域，所做的工作是真正原创性的。我们了解植物学、动物学和生态学这些学科，同时也时刻保持着全方位的博物学家的眼光。我们发现的是本地特有的事物，而且，最重要的是，这些发现属于我们。

博利厄路是我们的美洲，我们是拓荒者，我们一起绘制并通过随后逐渐增加的个人观察而优化的地图，不仅展现了该地的自然生态，而且是本校几代六年级博物学者富有雄心、完全新颖的合作的结果。通过不断累积的努力，我们把该地植物和动物的关系制成了图表。我们保存的记录，也是我们作为博物学者、植物学者和生态学者人际关系的证明。我们以第一手的方式了解了，探索和学术研究，是如何通过合作以及观点的自由交流，随着时间逐步演化和进展。难怪这些经历对我们的生活产生了极其深刻的影响。通过1955 年到 1961 年建立的 24 个营地，我们每个人发现和记录的所有东西，都被记录于两大卷叫作"博利厄之书"的卷册里。

正如《燕子与亚马逊》（Swallows and Amazon）、理查德·杰弗里斯（Richard Jefferies）的《贝维斯》（Bevis）、沙克尔顿（Shackleton）关于南极洲的叙述以及其他任何探索者日志一样，我们充满热情地在手绘地图上给博利厄路周边的那些野外地形地貌起名。在如今构成新森林的 100,000 英亩土地中，我们选中的地域大概是一个长三英里、宽两英里的椭圆形，南北方向横跨于林德赫斯特（Lindhurst）到博利厄之间。原有的老地名我们自然都保留了，或者稍作改动，没有名字的，我们都配上了新名字。我们用帆布桶，从铁路路基底下的纯净泉眼中取水，这个泉眼名字就叫"泉"，或"营地泉"。泉眼那头，穿过"黑高地"（Black Down），是一个平缓的山谷，那里是博利厄河的源头，由马特雷溪、鹿跳溪和马特雷溪支流这几条林间小溪汇聚而成。马特雷溪桥底下长着有趣的蕨类、地钱和苔藓，溪水从铁路底下流过，青翠的"草地"延展在这条微型河流的岸边。"草地"（lawns）是新森林特有的术语，指的是林地空旷处或河流两边不时可见的条状放牧地，通常被鹿、野兔和矮马啃得只剩下草茬茬。

越过"车站荒野"，是遍布沼泽、长满了湿地龙胆的"龙胆谷"，以及"第一沼泽"，沼泽上摇曳着羊胡子草蓬松的草尖，像下了雪一样。再外面，就是巨大的"第二沼泽"，它在夜间散发出香杨梅的芬芳，四周由一条古老的堤坝围了起来，堤坝的名字是"温彻斯特主教大堤"，我们把它叫作"温彻斯特主教的屁股"。堤坝的南边是"木顶棚"，它阳光充足的骑道两边长满了老橡树、冬青树、山毛榉和贝母：一个像《柳林风声》（Wind in the Willows）中的原始丛林一样的偏远地带，供人在黑暗中仰望。"木顶棚"西面，是茂密葱茏的"丹尼树林"。铁路另一边，通过"阴地蕨桥"（得名于附近河岸上生长的阴地蕨）和"第二沼泽出水口"，就是神秘的"大沼泽"，沼泽里头，鹬挤得密密麻麻，有时像地雷一样从你靴子底下飞走。几英里以北，位于马特雷树林中的"羊齿桥"，得名于另一种叫作药蕨的羊齿类植物，一名叫乔治·彼得肯的校童博物学者于 1958 年 8 月发现了这种植物，并记录在"博利厄之书"里。彼得肯的稿件题目是"铁路桥上蕨类的分布"，它记录了他那个夏天在博利厄路 11 座铁路桥上发现的 7 大类 735 种蕨类植物。

我们也发明了一些行话，命名发现的某些博利厄植物和动物。活动于帐篷周边灌木林里的扫帚蛾奶油条状的毛毛虫被称作"伯恩茅斯美女毛毛虫"，因为每天从我们帐篷旁边呼啸而过的那列著名的火车，其车厢外皮也是褐色奶油状的。

随着时间的推移，一代代六年级学生对博利厄路的自然史做了详尽的记录，其植物区系包括 353 种开花植物，100 多种苔藓，21 种地钱，以及彼得肯的 735 种蕨类。我们背着露营用的工具箱、野外指南、各种网和采集罐，从滑铁卢站出发，到某一个小站下车，说是小站，无非是森林荒野中心的一个停靠点罢了。露营者少则十人，多则二十人，每人都有专门研究领域，每天早晨出发，对这块地域展开探索，手里经常拖着克拉彭、图亭和沃尔博格（Clapham, Tuting and Warburg）编写的沉甸甸的《不列颠群岛植物谱》（Flora of the British Isles）。我们就着篝火或者在博利厄宾馆酒吧里写作和宣读学习笔记，交流各自所获以供检查，并把一天的发现写入博利厄之书。有些发现很重要，足以发表于更高级别的刊物。在铁路线旁边的沙特福德河，B. 菲茨杰拉德发现了一种罕见的布谷鸟剪秋罗。它没有生殖器官，没有雄蕊，没有心皮，只有花瓣，因此，可以只通过营养生殖进行繁殖。这名学童博物学者画着该植物及其不育花的图，最终发表于汉普郡博物学家和不列颠群岛植物协会出版的刊物上。

我们很快学会了生态调查的标准技术，在荒野或林地随机选定一英尺见方的地面，记录这一范围内物种的种类和数量。在 1960 年的九月对第一沼泽的绘图中，我们连续几天不停，扑哧扑哧地跋涉，清点植物，像抽象大地艺术家一样，把手里的取样架抛撒出去。巴里·格特总是不厌其烦地说，细致的观察，常常意味着许多个钟头的清点和记录，这是所有好科学和真正原创性发现的基础。他本人对任何事物都充满难以餍足的好奇心，会爬到树上观察鸟巢，一大早起来检查煤油灯做的飞蛾陷阱，或带领大家举着火把、拿着网袋，夜巡石南荒原，逮飞蛾和毛毛虫。许多工作对体力要求很高，而曾经代表沙夫茨伯里·哈里尔斯（Shaftesbury Harriers）田径俱乐部参加过比赛并在服兵役期间获得过英国皇家空军半英里跑冠军的巴里，似乎有着无穷无尽的精力。

我们记载于博利厄之书中的一些项目，读起来像斯威夫特在《格列佛游记》（Gulliver's Travels）里描述拉普塔的科学实验一样："他已经花了八年时间，用于从黄瓜中提取阳光这个项目。提取出来的阳光，将放在一个小瓶里，密封存放，到了阴冷险恶的夏天再放出来，让空气变暖。"我们通过显微镜观察，确定寄生于乌鸫鸟巢里的七种螨虫，对当地水蛭进行了一次普查，并饶有耐心地分析马粪里的植物群落。有一次，某人漫不经心地打开了长在"堤坝荒野"（Dyke Heath）上的针荆豆，即金雀花的几枚心皮，发现种子被藏在里面的象鼻虫吃掉了。一份标本被很快送到自然历史博物馆的象鼻虫专家 R.T. 汤普森那里，被确定为金雀灰小蠓（Apion genistae）。神秘之处在于，受感染的豆荚从外头看上去都发育完整，丝毫没有穿孔的迹象。象鼻虫是怎么进去的，还是一个谜。对一棵大针荆豆展开了清点豆荚的手术，在男孩侦探们坚持不懈地解剖的 1668 枚豆荚中，超过一多半都已经被象鼻虫侵袭。大约五分之一被侵袭过的心皮，也包含了一种拉丁学名叫作 Spintherus leguminium 的小型小蜂科黄蜂的幼虫，寄生在倒霉的象鼻虫身上。种子被象鼻虫吃掉，象鼻虫被黄蜂吃掉：豆荚就像俄罗斯套娃一样。

另一个拉普塔式的实验，关注的是内地小站和偏远的博利厄宾馆之间路对面的矮马厩。我们经常在博利厄宾馆补充食品：豆子、面包、腌肉、鸡蛋、西红柿和火星棒。一年三次，夏末和暮秋，结实的小矮马和它们的马驹子，被公地放牧者从新森林各处赶拢过来，送进博利厄的各个马厩，准备拍卖。矮马交易在每年的八月、九月和十月举行。一年的其他时候，木头围起来的马厩和中间的拍卖台都处于荒废状态。

某一年的四月，营地的常驻苔藓和地钱专家斯蒂芬·沃特斯，发现马厩里长着大量的鼠尾巴草，拉丁学名 Myosurus minimus，是毛茛属家族中最小的一个成员。这是一种比较罕见的植物，随便哪里发现都会让人激动，但出于某些原因，它只在马厩里茂密生长，新森林其他地方都见不到，就算马厩外围也未见生长。到那一年的九月，鼠尾巴草消失得无影无踪，而到了来年春天，同一个地方，鼠尾巴草又旺盛地长了出来。

我们趴在所有 56 个马厩里，记录下每种植物的数量，并在一年里头不断重复这一过程，渐渐地，我们这些男孩侦探发现了鼠尾巴草的生命故事。我们发现，秘密就在于矮马拍卖期间对地面的严重踩踏和粪尿浸渍。鼠尾巴草是一年生植物，初夏时播种。这些种子后来被矮马们踩进地里，次年春天发芽生长。踩踏灭绝了其他种子没埋得那么深的竞争植物。这种草似乎在粪尿里长势更好。马厩越潮湿，粪尿越多，鼠尾巴草就长得越好。有草的地方，是一块一块的，要么就光秃秃的一点都不长。这是一种找到了自己完美小生境的植物。这也是以生态方式进行的一次精彩的意外教训：是毛茛属最小成员、新森林古老的公地放牧者以及野生矮马之间的完美婚礼。

我的朋友伊恩·贝克和我对博利厄进行的藻类调查也写进了博利厄之书。我们用小玻璃瓶从 47 个不同的取水地采集水样，然后用显微镜确定了17 个属的藻类。我们那时大约都是 16 岁。在同年八月份某个星期"其他有趣记录"这一条目下，是关于我们日常遭遇的许多补充说明之一："R. 迪金在铁路东边、营地对面一块乱石丛生的荒地上，发现了一只未成年的欧夜鹰。它尚未完全发育，有着足以乱真的伪装。"这些长得怪怪的、飞蛾一样的鸟，它们醉酒般的、清澈的颤鸣，有如正在等人、引擎开着的出租车发出的声音，是营地夏夜连续不断的背景声。它们从未远离，有时，就从我们身前的路上掠过，隐入黄昏时分的荒野。我们躺在帐篷里用石南和欧洲蕨铺成的床上，听黄昏时麻鹬的叫声和"木顶棚"那边整夜不停传过来的灰林鸮的呼喊声。有时候，我们甚至在薄暮时分进入"木顶棚"观看蝙蝠。我们被森林云雀的歌声唤醒。那年十二月，一只变态的巨大灰伯劳鸟光临此地，把别的鸟都吓得半死，四十只左右的一群鹌鸪，把小站旁边的路"变成了白色"。博利厄之书解释说，伯劳鸟在英国人称屠夫鸟，穿着"白色内裤"。

第二沼泽里，生活着"数量庞大"的华丽的水涯狡蛛，学名Dolomedes fimbriatus。一见到我们，受惊的水涯狡蛛们就会潜入水中，紧紧抱住像闪亮的珍珠一样的小气泡潜水钟，一次潜水长达 20 分钟。我们给它们的潜水计时，精度当然不敢恭维。用一位学童手里 H. Samuel 公司的二手 Everite 牌手表计时，显然是一个挑战。那边的桥下面，长着十根刺的棘鱼在金色的泥炭水里徘徊。我们在实验室的水族馆里养了两条棘鱼，看到它们是如何小心翼翼地用嫩枝建造自己的窠。一次，和巴里·格特到"堤坝荒野"上，那里长着具有科幻色彩的茅膏菜，我们看着小小的苍蝇们如何在茅膏菜的钳子里挣扎。这一过程中，我们还记录到了两种新的鸟类，加入日志中业已记载的九十种鸟类当中：一对燕隼，雄鸟栖息在树桩上，还有一只斑鶲。

1956 年 9 月 14 日早上，一名叫约翰·罗斯的男孩在"龙胆谷"里游荡时，看到了博利厄路的第一条蜷蛇。我们经常会看到青草蛇，特别是在沿着马特雷溪的桤木林里，或在到泉眼取水时的铁路路堤上。不过，博利厄之书里头说，蜷蛇只是"偶尔见到"。捷蜥蜴在荒野上和帐篷旁边挖沟形成的小丘里到处东躲西藏。另外，对蛇蜥的记录是"罕见"。

蛇类，至少是蜷蛇科数量较低，有点令人意外。因为我们已经听惯了"刷子"米尔斯的故事。他是 19 世纪后期新森林地区一位具有传奇色彩的捕蛇能手，住在森林里一座烧炭人小屋。这座屋顶覆盖着草皮的坡屋，是布洛克赫斯特古老的铁路酒馆里那些呆子和酒鬼的落脚点。现存的照片上，米尔斯戴着布丁碗形状的帽子，满脸胡须，一手里拿着捕蛇工具，一根头上分叉的棍子，一手拎着一条蛇的尾巴晃荡着，骄傲地站在茅屋门口。他对我们有着某种魔力。我们注意到，他穿着高筒靴，外套和灯芯绒里面至少穿着两条皮背心。据说，他一生抓了成千上万条蛇，大部分都送上去伦敦的火车，运到敦伦动物园，喂给猛禽吃。还有本地传言说，曾有一门生意很红火，大概是用蜷蛇精做成的顺势疗法药膏。我们有时候想，是不是老"刷子"已经把新森林地区的蛇都抓光了。

1959 年 4 月 26 日，我首次露营两天后，我们第一次听到了布谷鸟的叫声，并把它记在博利厄之书里。在罗伯特·弗罗斯特（Robert Frost）的强烈影响下，我写了一首稚嫩的诗，后来发表在学校杂志上，它哀叹"再也不能在独属于你的胸前 / 玩弄、叫唤、打哈欠"的遭驱逐的雏鸟。我记得，写诗要动感情，这和格特鼓励我们采取的客观的科学方法是对立的。然而，他本人对自然充满了巨大的热忱和激情，常常难以掩盖他自己对博利厄路及其自然史的强烈情感依恋。后来，更多我写的博利厄习作发表于杂志，在龙胆谷初遇沼泽龙胆的经历，触发了我写作一首华兹华斯式的诗歌。不止一人陶醉于这一地方的诗意中。一个叫格雷斯托克的男孩，以前住惯了豪华宾馆，后来被野外生活的诗意俘虏，以极大热情投入露营生活，不放过任何一个在博利厄发现自己内心蛮荒林地居民特质的机会。很久以后，我才意识到，博利厄之旅的全部意义在于，通过教会我寻找事物之间的联系，它揭示了生态和诗歌之间密切的亲缘关系。

　　一只狸白蛱蝶停在我的笔筒上，在旭日中拍打着翅膀。蝴蝶们在开放的门中进进出出。它们径直飞过书房，飞入房屋另一边桑树的深绿中。四千片桑树叶，过滤了阳光，染绿了窗户，淡淡的绿，可爱极了。一只蓝色大蜻蜓垂直吊在一棵嫩枝上，一动不动，肯定在睡觉，尽管它永远不能合上头顶那泡泡状的 25000 只眼睛。一只暴躁的松鼠，在壕沟那头的树篱间发出粗大刺耳的抗议声。我取下一支铅笔，开列清单：记下这儿的变化。变多的东西。变少的东西。两列。变多的东西。在公地上独自竞走的女人们。遛狗的人。狗，前面的，后面的。周末甚至周日，草坪修剪器的轰鸣声。四轮驱动车辆的司机。橘色的安全灯黯淡了星光。

　　变少的东西。星星。漫无目的散步的人。公地里的乌头麦鸡。公地里的云雀。春天来临时鼓噪的鹬。布谷鸟剪秋罗。骑自行车的老男孩老女孩。配给的土地。山羊。院子里的鹅。农场销售。树篱。信号塔。铁路旁的萤火虫。

　　有时，你会找到一支完美的钢笔，随便到哪里都带着它，直到有一天丢了为止。但没有任何东西，像一支铅笔一样永远可靠，并且随手可得。怎样才能更简单？一生大部分时间，我耳朵后都夹着一支铅笔：要么在锯木头或做木器榫眼时做标记，要么在阅读时记下旁注或标上下划线。我经常用铅笔写作。它适合我充满试探的天性。它让我先勾勒自己的计划，然后再用清晰度更高的墨水。它是我用来写、画的第一件工具，并依然暗示着两种活动之间的密切关系。我知道，自己再老也能用铅笔。它们是我最初、最自然的纸上表达工具。铅笔写下的任何东西，都可以随时擦掉，这个想法让人舒心、解脱。它和用石头雕刻，是同一类活动的两端。铅笔在纸上低语，了无武断色彩。

　　同样原因，我更喜欢软铅笔而非硬铅笔。它书写时更柔和，正如低语更让耳朵舒服。它的低清晰度让读者必须凑近，睁大眼睛，仔细辨认旧笔记本上拇指翻过的地方，开花了的污渍后面，那些模模糊糊的字迹。用手指头去磨软铅笔写的句子，磨久了，句子就会挥发成淡灰色的云彩。这方面，铅笔接近于水彩。

铅笔，像一根灰色骨髓的骨头，是石墨与木头之间亲密的、原初的结合。石墨采自于凯瑟克（Keswick）以南八英里处博罗代尔峡谷坎伯兰山坡上的深坑。在窑里火烧至 1000℃ 高温，烧制出硬度从 H 到 9H，软度从 B 到 9B 不等的细长铅笔芯，放入劈成两半的木模中间的凹槽里，然后紧紧胶合，把铅芯压实。但仔细观察一端的横截面，你会发现它指向两个不同方向。塔斯马尼亚有一种叫铅笔松的树，不过就是外形像铅笔而已。要说起最适合制铅笔的颗粒细密、生长缓慢的树，还得数来自俄勒冈森林的拟肖楠，单单一棵就能长到 140 英尺高，树干直径达 5 英尺，木料足够制作 15000 支铅笔。记忆中打开铅笔盒时闻到的那种古怪的味道，正是拟肖楠注入铅笔中的。在我的俄勒冈松木工作台上，有一个挖孔，里头放着一枚采自赫布里底群岛的圆形卵石。它舒服地安坐在木头里，像夹在拇指与手指间的铅笔，又像隐藏的石墨血管，在香柏腹内时刻准备着，像蜘蛛吐丝一样，吐出一串串的文字。

一段纽兰橡木，安放于我书桌前的窗台上。我是从迪恩森林斯宝特农场的牛粪堆里把它抢救出来的。那棵周径 44 英尺 8 英寸的大树，就长在这座森林里，直到 1955 年 5 月的一个夜晚，倒在暴风雨里。我手头的这一段，只有 2.5 盎司重，基本呈三角形，两侧是 3 又 1/4 英寸宽，厚约 1 又 1/2 英寸。它的形状有点像船首的破浪神，一头柔顺的乌发，像女神或古凯尔特女王头上的一样。它散发出女性的魅力，具有强大的气场。有时，我觉得它像带着猎犬、全力追击猎物的狄安娜，优雅的双臂挽着弓，金色的长发在风中飘扬。我看成头发的流线，是橡木纹理那复杂、易变、幽默的轮廓。这段木头，不管和整棵巨大的树相比是多么微不足道，它仍是树干表面的一部分。我曾站在被刮倒的树前，所以对它的尺寸，或阿兰·米切尔估计的 750 年的树龄毫不怀疑。如今，它只剩下一圈顽固的环礁形的死木头，让农夫讨厌，供鸟儿筑巢，给牲畜蹭背挠痒，被各种自然力侵蚀，有如一座沉没于草丛中的死火山。

　　我的小雕像的纹理，充满了错综复杂的褶皱，充满了小小的波浪，像母亲头发上大头针别起来的扭结一般。木头表面上牛羊蹭过之处极其光滑，阳光晒过收缩过的地方，有些许的裂纹。它比板栗的颜色略浅，比驴皮颜色略深，但有着和驴皮一样暗褐色的柔软。然而，单宁酸和铁盐，在时间的作用下，相互反应，让木头逐渐硬得像石头：内表面有和石头一样的外形和手感，甚至比石头更粗粝，更不容易破裂。在手里转动着这截木头，我第一次发现，木头上还沾着两点牛粪，还有一段蚂蚁长短的稻草嵌在纹理内，像石英或些微的黄金。到底部，木头颜色略深，上面的细小的鸟眼纹，和你在古钢琴饰面上看到的差不多。但总体上不平整的表面——它的接缝处，小凸起，小凹坑，小坟包——给它投下了成百的微小阴影。看得越久，这段巨人脚指甲碎屑就变得越有趣。这片小东西形状精巧、质地精致，纹理复杂无比、巧夺天工。

　　今晨，窗外的蛛网上，编织起六十条同轴线，足以抓住一只苍蝇并将它缠绕。早晨的太阳照耀着蛛丝，让每一根丝线都反射出耀眼的白光。蛛网的形态和树干一样。每一条同心环，都体现了工程师的耐心巡回，放射状的线条，则代表了木头的髓线，当木头干枯时，有时会顺着髓线裂开。

　　三周前的一天夜里，我驾着帆船驶出索伦特海峡（Solent），进入博利厄，以海岸上房子和树木的连线为左右舷定点，以高潮位外那星星点点诡异的灯光作为指引，顺着狭窄的海峡航行。我们在巴克勒哈德（Buckler's Hard）系泊过夜。坐在甲板上，听着麻鹬的叫声，我决定回到新森林，博利厄的源头，也是我自己最初了解自然的地方。在我工作台的松木顶上，暗色的树瘤，是矗立于纹理之河中的卵石，它制造出一圈圈漩涡和涟漪，旋转着，带着我的思绪，一段即将在树木间进行的新旅程的浮木般的思绪，顺流而下。

第二部

边材

风铃草野餐

　　驱车向南，穿越萨福克乡间，我前往埃塞克斯边境上的斯图尔河河谷。我的朋友罗纳德·布莱斯就住在这里的一幢农舍里。农舍是从他朋友约翰和克里斯汀·纳什夫妇那里继承的。他邀请我参加他和一帮朋友举办的风铃草野餐。每年四月的最后一个星期天，他们在河谷上游一二英里处的"老虎林"（Tiger Wood）聚会，像风铃草一样，举起茶杯和玻璃杯，向春天致敬。

　　萨福克地形绝少起伏，不过，此时此刻，我正颠簸于斯图尔河谷上方的一条山脊上，驶离大路，拐入通往罗纳德家的那条崎岖不平的熟悉的小路。小路两旁榛树掩映，像一条绿色隧道，车子行驶在沿着山体轮廓修建的一条深深的凹路中。这条路一直通往农舍，先往下，接着往上盘旋，一两只兔子疾跑而过，再往下盘旋，经过最后一个弯道，抵达坐落于一排橡树下的老木板车库，兼花园和小屋。这车库恐怕几十年都没放过一台汽车了。下沉式铰链上挂着双罗盘的车库门，在地面上磨出了一对弧，被蚯蚓翻入泥土的层层秋叶，经年累月，已累积到门下沿的高度。波浪般起伏的凹路，本身由于马车不停地侵蚀而凹陷，在山腹底下膨胀至 15 英尺，它将你从现在带回到一个更早的时代，那时，约翰·纳什（John Nash）坐在厨房里，就着上方一盏灯泡，用英国黄杨木雕刻他的木版画，并栽培他半野生的花园。像他住在河谷下游的朋友塞德里克·莫里斯（Cedric Morris）一样，纳什把自己称作艺术家庄稼汉，两人都把创建花园看得与艺术一样重要。纳什极其珍爱的那些高大的问荆，在路两旁轻舞着欢迎我：茎干像穿上了吊袜带，树冠则像一把烟囱刷。在围拱着小路的榛树的深长阴影中，风铃草和红石竹的粉彩，有如惊鸿一瞥。

　　一条砖道蜿蜒穿过花园，通往前门，经过日本紫苑和根乃拉草，以及约翰·纳什引进的一座英国式丛林，它围绕在花园周边，为白杨、橡树和榛树增添生气。纳什的造园才华，体现于在长草、玫瑰花坛、老果树和野生树苗之间，到处插上一小片一小片的草坪，让花园和林地融为一体。让人激发灵感的水声，通过打开的门淌下来：山腰上的泉水，既为房子提供水源，也通过道路下面的小溪引下来，飞溅过一堵长满蕨类植物的砖墙。砖墙摇摇欲坠，像通往饮马池的路边纠缠杂乱的爆竹柳。纳什有时会在饮马池里洗澡。

　　罗纳德总是在花园里忙个不停，割草，把洋李装到手推车上，在拴于果树之间的绳子上晾晒衣服。他已经从纳什那里接过了艺术家庄稼汉的斗篷。几年前，他是我认识的萨福克人中唯一一个没有安装中央暖气系统的人，最后，在朋友们劝说下，他的态度才软了下来。但一堆橡木，被他用大槌劈得整整齐齐，仍旧塞满了火炉一侧的壁龛，而且，冬天家里总是生着火。他刚把书房漆成白色，现在正在楼下约翰·纳什的绘画台上摆弄着打字机。

　　在老虎林，我们受到了维罗妮卡和罗丝玛丽姐妹的欢迎。她们目前看护着大约 34 英亩的自然保护地。森林占了大约 12 英亩，老虎林之名，得自几年前在那儿出土的剑齿虎弧形的、杀人武器般的犬齿。女主人的母亲，格蕾丝·格里菲斯医生，在山腰一个由伊丽莎白·嘉蕾特·安德森创立的疗养院照看肺痨病人。她是当地的开业医生，受到每个人的喜爱和尊敬，她的六个子女，都是罗纳德的儿时伙伴。他认为，自己可能就是格蕾丝医生接生来到世间的。罗纳德说，她总是记不住名字，因此，在她眼中，每个家里，不是"父亲"，就是"母亲"，孩子们则都是"小亲亲"。但格蕾丝医生知道所有花和鸟儿的名字，并把它们教给罗纳德和他的朋友们。她也深深爱上了森林，经常隐退到里面，缓解山上疗养院带来的压力。最终，她一点一点把树林和周围的牧场买了下来，对它们的野生状态加以保护，同时，请诺里奇的伯顿和保罗（Boulton and Paul）细木厂，在维罗妮卡和罗丝玛丽目前居住的砖式小别墅旁边，打造了一间优雅的木屋。它仍在那儿，外面漆成绿色，内部则是凉爽的奶油色。

　　罗丝玛丽是一个很棒的植物学家，刚从北卡罗来纳回来，她的一个姐姐就住在那儿一间自己建造的木屋里，木屋建在一个长着巨型山茱萸的林子里，春花盛开，一片烂漫。我们和十几个罗丝玛丽和维罗妮卡的老友一起，围坐在野餐垫上。他们大多是来自剑桥大学的植物学家。野餐垫铺在砖头小别墅前面的草坪上，俯瞰着树林里风铃草形成的淡紫蓝色薄雾。罗斯玛丽说，风铃草能开得这般茂盛，是因为欧洲蕨总是被暮色降临后从林子里两个不同洞穴里钻出来的獾啃得精光。鹿、麂和野兔的啃食，也有助于让林地地面保持空旷。

在上面的林子里，罗丝玛丽领着我们，顺着狭窄的小路，穿过深蓝色的海床，来到一棵 500 年树龄的橡树前。两年前，一场长期干旱之后，这棵树已经被著名生物史家奥利弗·拉克汉姆（Oliver Rackham）宣布死亡。然而，几码外就出现了一个新的泉眼，罗丝玛丽认为，这棵树是因其水供应流入了山谷底部的伦敦黏土才死亡的。黏土很适合生长老虎林独有的野芝麻，在拉克汉姆建议下，两姐妹种植了大荨麻和小叶椴。山谷两侧更高处，地面变成了沙砾；整个树林曾经是中世纪的一个养兔场。小路更远处，1936 年砍伐的一棵橡树的巨大树干，仍旧横亘在那里，在时间的作用下，上面布满了沟沟坎坎，像一条蓝鲸的侧腹。那一年，一位木材商人被阿兴顿庄园（Assington Estate）放进树林，随心所欲拿走他想拿的东西，现在仍躺在那里的，就是他当年砍伐后留下的残骸。

从那时起，树林经历了一连串危机后得以恢复和重塑自身。这些危机跨越了格蕾丝医生女儿们的一生。我们遇到的每一棵树，都有自己的故事。橡树和榛树丛中一棵马栗树，意外地成为"多发性黏液瘤病之树"，因为它可追溯到 1953 年，即这种瘟疫真正袭击的那年，于是，兔子的突然消失，让这棵树苗得以存活。某棵美味的樱桃李的果核，被混到堆肥里，然后从施肥的地方发芽生长，长成了从小别墅花园外蔓生开去的这棵樱桃李。一棵青梅和一对胡桃树，都是格蕾丝医生种下的，但"离屋子太近了"，罗丝玛丽说。胡桃树的树冠可长到 30 英尺或更多，因此需要足够的空间。废弃的橡树树干和树枝，都可追溯到 1936 年，即木材商人把它们砍下来的那年。1975 干旱之年，染病的榆树开始枯死，而 1987 年那场暴风雨的许多"受害者"，如今重焕生机，变成了枝状大烛台一样的卧式采油树。现在，这些榆树已经从四处游走的根部上蹿出新的枝条，围成圆形的灌木丛，夜莺在里头歌唱。黑刺李和黄华柳无人搭理，独自长成拥有优雅、蜿蜒树干的小果园：它们是真正的树了，不再有人将它们蔑称为"矮树"。"我们可能行走在 18 世纪吧"，罗纳德说。他觉得风铃草有些过于"花哨"了：太蓝，太浓密，不合他的口味。他和罗丝玛丽记得，在"植物正确"（botanically correct）不那么盛行的年代，人们都把采摘尽可能多的风铃草视为责任。我还记得，每个春天，穿过野外的威彭代尔森林（Whippendell Woods）卡修波利花园回到城郊的沃特福德的路上，散落着被人踩到地里滑溜溜的植物茎干。

　　一只飞蛾，是如何体验这么多风铃草发出的令人眩晕的芬芳的？在树林柔和的光线中，它们发出磷光水一样耀眼的光，像天气变化时的月亮，投射出雾蒙蒙的蓝色半影。它黯淡了包围着树木、模糊了地面、使它们飘浮起来的蓝色半月板。杰弗里·格里格森（Geoffrey Grigson）认为，风铃草的可爱，不在于它自身之美，而在于许多植物长在一起，为一大块地方泼洒上同一种颜色，给人留下的难忘印象。罂粟花也是以同样的方式让人过目难忘的。1880 年代，大批人群蜂拥上伦敦开出的火车，去观赏从克罗莫（Cromer）到欧福斯特兰（Overstrand）的悬崖那红彤彤的山顶，这一胜地也以"罂粟地"而闻名遐迩。雪花莲、五叶银莲花、报春花、毛地黄和熊葱，都能纯粹以其数量之巨，让森林浸染上某种颜色。不过，单朵风铃草花，亦有种拉斐尔前派风格的美，倒挂在茎干上，把它压弯成牧羊杖模样。

　　杰拉德·曼雷·霍普金斯（Gerald Manley Hopkins）口中"数不清"的风铃草，总让他欣喜不已。1866 年 5 月 4 日，独自流连于牛津附近的火药山森林（Powder Hill Wood），他在日记中写道："我想，春天至少比去年晚了两个礼拜，因为，去年 4 月 21 日，莎士比亚的三百周年诞辰日，伊尔博特（贝列尔学院另一名本科生同学）为莎士比亚半身像戴上了风铃草花冠，而现在，它们开得并不多。"霍普金斯一直想定义风铃草之美的特殊本质。在贝列尔学院附近一座小树林里，他观察到"它们带着天空的颜色如瀑布倾泻而下，把大地的眉毛和便裤洗成了血管似的蓝色"。或许，对他而言，风铃草将天堂搬到了人间。1878 年 5 月 18 日的日记中写道：

一天，风铃草盛开时，我写了下面的东西。我认为从没见到过比我看到的风铃草更美的景象了。通过它，我认识到主的美。它是力量与优雅的结合，像一棵白蜡木。花冠向后强烈拉伸，弯下去，像一个（从龙骨线把自己拉回来的）分水角。

接下去，霍普金斯似乎在耐心地解剖这种花，他注意到"鸟蛤状的花瓣头"，"张得方方的"花嘴，还有"圆中见方旋转的花瓣"，那扬扬得意的样子总是让我联想到小丑的帽子。将风铃草比作白蜡木很有趣，后者的力量和柔韧优雅让霍普金斯着迷。那些头垂下去的花和树：柔荑、树翅果、风铃草，对他似乎有特别的吸引力，因为它们就像中世纪绘画中头垂在十字架上的基督。它们都"像一个分水角"一样垂下去。日记的别处，他看到风铃草"悬垂的脖颈""像波浪涌过抽出的鞭子"，断定"它们拥有国际象棋中骑士的风度"。

尽管分类学家给这种植物起了 Hyacinthoides 的学名，但我还是更喜欢从小一直叫的那个名字：无字的恩底弥翁（Endymion-non-scriptus）。一天晚上，宙斯之子、牧羊人恩底弥翁和仙女卡吕刻（Calyce）正在拉特摩斯山（Mount Latmus）一个洞穴里沉睡，这时，月神塞勒涅（Selene）第一次看到他，坠入情网，吻了他紧闭的双眸。据说，他和塞勒涅生了五十个女儿，然后回到洞穴，陷入无梦的睡眠，不再变老，永葆青春。这是罗伯特·格雷夫斯重述的故事骨架。1817 年，济慈从牛津写信给自己的妹妹范妮。他正在那里写《恩底弥翁》这首诗，并这么讲给她：

或许你想知道我现在在写什么——我会告诉你——许多年以前，有一个年轻英俊的牧羊人，在一座叫拉特摩斯山的山腰上放羊——他是那种耽于沉思的人，孤独地住在树林里、平原上，从没想到——月神这么美丽的女神会狂热地爱上他——然而，事情就是这样；当他在草地上熟睡时，她就会从天上下来，长久地渴慕他；最终无法抑制地把他夹在双臂里带到拉特摩斯山顶，而他仍然睡着……

　　老虎林里梦幻般的风铃草湖，一些仍蓓蕾未绽，像霍普金斯看见的蛇头，它们飘浮的芬芳的薄雾，真切暗示了恩底弥翁的永恒睡眠。每一株花茎那拱形的牧羊杖，当然是他的。

　　为何很多林地植物有毒，这倒是个有趣的问题，但风铃草就是其中一种。恩底弥翁的睡眠是永恒的。作为一个木刻艺术家，约翰·纳什在植物学上的贡献，是 1927 年出版的著名的《致死、危险及可疑的有毒植物》（*Poisonous Plants, Deadly, Dangerous and Suspect*）一书。在《园艺》（*Hortus*）杂志 1988 年对纳什木刻的一期评论中，罗纳德·布莱斯写道：

　　他的花园里总是大量种植着天仙子、铁杉、川乌、毛地黄、番红花、桂叶芫花、曼陀罗、续随子、轮叶王孙和类似品种，人们常看见他盯着这些花草，就像盯着一个杀人犯一样。他不仅自豪于它们旺盛的长势，还有它们的性能。我经常看到他警惕地注视着天仙子的枝叶。对他而言，花园并不全是亲切之地；它们蕴含了更阴暗的时刻。

　　罗纳德和我前年冬天曾一起在雪中穿越老虎林。天气棒极了，树木挂着霜，闪闪发亮。每棵树东北侧都被画上了一条雪线。约翰·纳什热爱森林，特别是冬日的森林，那时，森林一览无余。裸树的线条更加强烈。风景的骨架得以凸显。他喜爱树林的残骸：死去的树木交叉堆叠，上面长着真菌，脆弱的嫩枝绽放新绿。他讨厌人们去收拾森林，那种管理方式，抹去了森林以往居住者的一切痕迹，它们都是活着的居民的自然延续。作为"一战"期间的一位战争艺术家，他画了法国战场上被摧毁的森林。它们象征着双方的死难者和伤残者。有些战斗就在树林里或林子周边进行，因为树林给坦克、军队提供了掩护，直到它们被炸成碎片。它们的骨架，或许是留在遍布战壕和弹坑的荒原上唯一的地标了。纳什写道，"树木被撕成碎片，上面还冒着毒气"。作为预备役部队"艺术家步枪团"（Artists' Rifles）的一员，他奔赴法国，身边只带了一册乔治·博罗（George Borrow）的《圣经在西班牙》（*The Bible in Spain*）。1917 年冬，他发现自己身处康布雷（Cambrai）附近马尔宽（Marcoing）小镇的前线，12 月 30 日，受命和其他 80 名士兵一起，从前线战壕里向前面的开阔地发起进攻。只有纳什和其余 11 名战友幸存，他创作了《过火》（*Over the Top*）一画，纪念这一次经历。刺刀上膛，士兵们爬出战壕，冲进荒凉的雪地上一片薄雾之中。一些已经躺在地上阵亡了；一些甚至被炸回到了战壕里。被炮弹炸断、枝干四处横飞的树木，出现在纳什大部分战争题材的绘画中，森林经常给这些画提供了题目，比如，《1917 年黄昏的罂粟林》（*Oppy Wood, 1917, Evening*）。

战壕消耗了大量的木头，因为里头要铺上地板，并在烂泥和水上铺上数英里长的铺道板连接起来，常常还要用木桩进行加固，防止四周墙壁的崩塌。数以千计的担架，就是用帆布固定在两头有旋转把手的白蜡木圆木上。大卫·琼斯（David Jones）的杰出战争诗歌《插入》（*In Parenthesis*），是用散文和韵文对西线战场生与死的第一手描述。随着头上的战壕挖好，铺上木材，木桩被敲进去，他不断听到"木头在木头上捶打的闷响"。1915/1916 之交的那个冬天，琼斯是西线战场皇家韦尔奇燧发枪手团（Royal Welch Fusiliers）伦敦威尔士营的一名步兵。诗的第四部分，对比耶兹杂树林（Biez Copse）肉搏战中死亡和受伤的敌我双方士兵，进行了戏剧性的描绘。那些谋划作战的人，对自然与历史没有任何意识，法国的树林，在他们眼里就是一个个给定的代码。正如约翰·纳什，琼斯本人也是一名艺术家、诗人和信奉天主教的学者，所以经常从受伤的自然和树木森林遭到损毁的视角对战争进行描述：

薄雾非常缓慢地消散，露出了湿润的绿灰色的平原，和黑乎乎凸起的东西；那是一些被削去了树梢的树干，像被木刻艺术家巧妙的修剪过——这些垂柳被剃光了头。

还有炮车的轮子，被折断的辐条，徒劳地向上寻找着已经从榫头里脱飞而去的轮毂。

在大卫·琼斯的诗中，正如在约翰·纳什的画中，对自然的蹂躏，对树林的玷辱，表征了战争那违背自然的邪恶。炮车轮子被折断的辐条与其轮毂的分离，暗示了哈姆雷特所说的"这是一个礼崩乐坏的时代，哦，倒霉的我／却要负起重整乾坤的责任"（"The time is out of joint, O curs è d spite / That ever I was born t set it right".）。

莎士比亚一直存在于这首诗的底色中。两位艺术家都敏锐地意识到，被亵渎的森林，与阿登森林（forest of Arden）以及詹姆斯·弗雷泽爵士（Sir James Frazer）的名著《金枝》（The Golden Bough）中提到的古老神话中的森林是一体的。他们是奥伯朗和提坦尼亚的领地。"没有人，我想，不管他多么不善联想，看着头戴钢盔、肩披防水布、手提削尖了头的松木棍的步兵，脑中不会想起莎翁《亨利五世》中的台词：'还是我们这个木头的／圆框子，塞得进那么多将士……'"琼斯在序言里写道。后来，他描述了阴雨连绵日子里，给士兵们做讲座的那座木谷仓，"它巨大的屋顶，已经开裂，但毫无说教，充满仁慈，令人想起一个消失了的秩序"。森林代表着人类文化以及野生自然。"木刻艺术家巧妙的修剪"，是农村生活的主要产物之一，常常成为战争残暴的牺牲品。花朵、树木和鸟儿，是战壕荒原上留下的唯一熟悉的遗存，它们本身也和士兵一样脆弱：

现在，朝着那些孤零零的受惊的小树苗的方向，坡度更加平缓。这些树苗把里头的灌木丛围在中间，你要当心了。

在边缘渐渐稀疏的木桩里，散乱地矗立着乱蓬蓬的橡树，被剥了皮的光溜溜的山毛榉树干，还有柔弱的桦树，它的银色树皮被撕扯下来，六月的嫩枝被砍下来，茎干流着血，滴在杰里战壕内。软木塞钉住了地雷绊线，在石南丛中设下陷阱，铁丝和荆棘缠在一起，横着绑上绣线菊和布谷鸟剪秋罗，让伪装更难以识破。

战争对传统绿林价值的误用，人类和森林、树液和血液、修剪和截肢之间的自然亲缘关系，是《插入》一诗的不变主题。讽刺的是，在这个陌生之地，他同时处于两种森林之中。独角兽和五月皇后们古老的、自我更新的、调皮的、充满善意的森林，被地狱般的景象取代：一座正在死亡的、置人死地的森林，一次埋伏，一座被其动物和鸟儿抛弃、魔法遭到抑制的森林。

这座森林的看守人，给人类设置了陷阱，赶走了独角兽、飞鸟和狐狸。战争将诗歌赶出了森林，而它本是诗歌的自然栖息地。受莎士比亚和济慈的古典神话世界熏陶的琼斯，对"它的遗憾"表达了哀恸。他知道，森林总是献祭和仪式性死亡之地，也是寻欢作乐、自由和浪漫之地。

我和罗纳德那个冬日穿过森林时，顺着山谷旁的一条小溪前行，他说，过去，森林曾是亲密行为的庇护所。所有的乡下孩子，他说，都是在森林里孕育的，因为村舍里头总是人多眼杂。孩子们、祖父母们和其他人，杂居于拥挤的房间里，因此夫妇们只好换到森林里寻找隐私。被战争折磨的法国树林，曾经代表着延续性和生殖，大卫·琼斯强烈地感到其中的反讽意味："男人们总是来到小树林，既寻欢作乐，也自取灭亡。来的时候蹑手蹑脚，满心欢喜，学校的一切抛到脑后；和亲朋好友来度假踏青；和初恋充满窘迫地来——在杂乱的枝叶间踩出一个地方，进攻——留下一片凌乱不堪的绿地。"

那个冬天，我们一起走过老虎林中休眠的风铃草，用从罗纳德放在门边的一扎手杖里挑出来的两根，敲打着上面的雪。他手里拿的是一根纳什用过的黑刺李鸟爪法杖，顶端是一枚用硬质黑木制成、被手掌磨得光溜溜的木卵，被一个鳞状的脚紧紧抓住。我的是一根有叉状拇指托顶的榛树手杖，最初是约翰·梅斯菲尔德（John Masefield）雕刻和拥有的。为鼓舞手底下士兵的士气，防止他们在战壕坐的时间过长而精神失常，他教他们在树林里刻矮树棍，并进一步雕刻成手杖。梅斯菲尔德曾把这根手杖送给他的牛津朋友，"鸟"博士博德·帕特里奇（Bird Partridge），后者最后又把它转交给了罗纳德·布莱斯。当被罗伯特·弗罗斯特问到为何报名参战时，爱德华·托马斯（Edward Thomas）做出了一个著名的举动，他捧起一抔英国泥土，以此作为回答。或许我手里握着的、由一位士兵兼诗人雕刻的榛树手杖，也应该是他回答的一部分，一根一代一代传下去的绿色接力棒。

白嘴鸦群栖地

黄昏时分，我穿过一座埃塞克斯山顶牧场，走向那块凸鼓起来的地方，"泥沼树林"（Slough Grove）。过去住在山谷里小霍克斯雷厅（Little Horkesley Hall）的将军，总是把它说成"慢树林"（Slow Grove），连发两个圆唇的"O"。半山腰处，有一眼泉水和一个潮湿、长着许多蕨类植物的地方，或许，那就是所谓的"泥沼"吧。树顶上墨蓝色的天空里，金星闪闪发亮，树林像一座黑色的城堡，它圆圆的形状，正好和圆形的小山相得益彰。

最后一只白嘴鸦也已回到家中，安顿于星罗棋布的鸟巢中栖息。当我靠近时，它们发出一阵警报的合唱，扑棱棱飞起来，消散于空中，好像我手里有枪似的，然后盘旋着，飞到林地较低的地方，侧滑着降低高度。除了金星，还没有别的星星出现，从四十英里外斯坦斯特德（Stensted）机场起飞的一架喷气式飞机的尾迹的残余，飘荡在空中。奇怪，这种空中垃圾会这么美。我从一扇当啷作响的门内进入树林，沿着一条骑道下山，然后左转，走上另一条横贯山腰的路。在柔和的暮色中，宽阔的树林地面上，蓝色的风铃草绚烂夺目，是莱斯·穆雷（Les Murray）祈求的那种沉思的蓝："阴影让颜色若隐若现，充满思绪。"

我想要一个白嘴鸦群栖地的前排座位，于是向细长的白蜡木中最高的、直达树冠层顶部的那棵走去。这是一座混合着榛树、白蜡木、甜栗、橡树和樱桃的风铃草树林，下层木中有许多树龄较大的树，还有野红醋栗这样有趣的东西。一度占据了山顶、应当提供了白嘴鸦居所的榆树，正开始重新生长。白嘴鸦一直很喜欢榆树，只要它们足够高大。一些其他的树，主要是樱桃树，以奇怪的角度倾斜着，是过往的暴风雨留下的遗迹。这些树被伐木工人称作寡妇制造者，因为它们的树干具有爆炸性的能量，会蜷曲起来，然后反弹，把电锯抛到你脸上，或把你压扁。在一棵驼背甜栗树那一边，我找到一块顶上有一组鸟窝的林间空地，搭好露营小帐篷，门口对着东面的骑道。

粉红色的剪秋萝和乱蓬蓬的牛筋草长在帐篷两边，把它很好地伪装起来。荨麻上面布满了白色的点。我早早上床，朝天躺在睡袋里，脑袋露在帐篷外，研究着楼上闹哄哄的邻居。吉尔伯特·怀特（Gilbert White）写过他认识的一个小女孩，上床睡觉时，经常会说，村外合唱的白嘴鸦们是在做祷告呢。成鸟都已觅食回来，和羽翼已丰的幼鸟坐在巢里。每隔一段时间，就像被一阵强风吹过，它们都会飞出巢去，在林子上方拍打着翅膀，大声哑哑地叫唤，然后一只接一只回到巢里。

晚上十点钟，天已经黑了，它们仍然没有安顿下来，但树梢上的谈话越来越间歇性，叫声也更加具有试探意味：对孤独的露营者而言，实在是一种古怪的催眠曲。然后，一窝一窝地，它们安静下来，直到我能听到的所有声音，只剩下翅膀羽毛的振动声或用嘴整理羽毛的声音。夜晚如此静谧，声音在湿润的林子里传递得又是如此清晰，我甚至能听到它们在巢中改变姿势时羽毛发出的声响。我也在自己的巢里蠕动着，把睡袋拉出来，让自己和星星面对面，在五月温暖的夜晚，让自己的头和肩膀都露到帐篷外。

薄暮时分，当天色逐渐转入黑暗，无疑是准备入睡的最温和、最自然的方式。然而，在床边扭开电灯，我们就放弃了这一快乐。甚至，蜡烛忽明忽暗的光和石蜡灯的余晖，都不如电灯那么突兀。几代人以前，大部分农村人天一黑就上床睡觉了，至少夏天是这样的。因此，我们错过了黑暗阴影的时光，让我们的瞳仁慢慢膨胀，等待梦神降临，而我们，则睁大着眼睛，进入乌鸦般漆黑的夜色。

特雷沃、维基和他们的子女西娅和卢克，拥有并照料着这片树林。他们说，经常会在林子里遇见獾和狐狸，还有麂和狍。每次见到麂，看着它干干净净的褐色皮毛和短尾巴，我的第一感觉是见到了某家人走失的狗。我躺着，希望能见到一只麂蹦蹦跳跳地走过，偶尔咬一下某株植物的头，尝尝叶子的味道。不幸的是，它们和狍子一样，更喜欢榛树，通过啃掉嫩枝，能防止榛树萌条的重生。所有食草动物都有各自喜欢的叶子，对其他叶子没有食欲。橡树叶子一般不大有动物喜欢，因为里头富含单宁酸。冬青树和常春藤更受动物青睐，小鹿则爱吃白蜡木叶。按照奥利弗·拉克汉姆的说法，大多数鹿讨厌山杨和板栗树，所有的鹿都喜欢榆树和山楂树。麋子的特殊爱好，他说，是吃樱草的花。

　　一旦你适应了黑暗，夏季的天空看上去呈现浅白色。我能辨认出树木的剪影，但白嘴鸦和它们的巢则融入整体的黑暗中。林子里，除了偶尔的窸窣声，几乎万籁俱寂。星光透过黑色的树叶渗漏进来。接着，我听到一只灰林鸮进入并穿过林子，呼唤着更远处的灰林鸮们，它们则以叫声回应。布谷鸟甚至也在树林里叫了一会儿。正当我被风铃草熏得半睡半醒之际，感觉自己加倍下沉，在海平面下经过很长时间，沉入树林的海床上。一次，我被一阵乌鸦巢里突然传来的疯狂骚动引起的晃动吵醒，我猜，骚动源自鸟做的一个噩梦：一只狐狸，顶着一个白嘴鸦的骷髅头，向乌鸦群发动突袭，引起了整个树冠层的骚动。几只白嘴鸦飞起来，在黑暗中盘旋了一阵，又回到巢里。鸟儿睡着的时候会飞吗？我听到林鸽翅膀的窸窣，一对林鸽悄悄飞入黑暗中。

　　几小时后，旭日仍在地平线上，我被一阵最刺耳的晨间合唱唤回到意识之中。只有四点十分。白嘴鸦起得很早，但还不如乌鸦早，破晓之前，它们就在我的牧场上空飞翔了。从我兔子般的视角看去，我意识到，在鸟鸣声里，正如在林子的物理分区中，也有下层林木。知更鸟和棕柳莺甜美的歌声，从榛树或接骨木间传来，在它们的上面，则是白嘴鸦们从白蜡木顶部传过来的刺耳的、不间断的合鸣。乌鸫在阴影中悄悄地掠过。荨麻、牛筋草、粉红剪秋萝、风铃草、草类和蕨类有如波动起伏的海藻，通过它们，薄雾游入我所处的这块深绿色的林间空地。更远处，一层层水汽挂在榛树幼苗新爆的嫩枝上。在萨福克，人们把这样薄雾弥漫的树林形容为"白嘴鸦般的"（rooky），如《麦克白》（*Macbeth*）里头所说的"白嘴鸦般的树林"（"the rooky wood"），但它和白嘴鸦毫无关系。我转过身，仰躺着，像一只石蚕幼虫，从帐篷里探出头来，向上凝视林子的边缘，沿着白蜡木细长、光滑的树干，将目光逐渐移到白嘴鸦巢所在的金色的树顶。他们说，如果白嘴鸦把巢筑得这么高，意味着将有一个天气美妙的夏天。年轻的白嘴鸦总会回来，在父母栖居过的地方筑巢，但可能不得不把巢建在林子边缘靠外头一些的树上。把脑袋枕在苔藓上，我为自己享受着在一个处于鼎盛时期的白嘴鸦群栖地醒来的奢华而欣喜不已。

当我完全清醒过来，绝大多数年轻白嘴鸦已经飞出鸟巢，栖于最高的嫩枝上。它们沐浴于将它们周围的绿色转为金黄的第一缕阳光中，黑色的羽毛闪烁着蓝色、紫色和青铜色，吸收着阳光的温暖。无疑，白嘴鸦、乌鸦和渡鸦的黑色，让它们成为乡村人眼中的嫌疑犯。人们偶尔会看到白色的白嘴鸦。吉尔伯特·怀特提到过曾在塞尔伯恩（Selborne）附近发现了一对，蠢到居然被一辆大车轧死，然后被钉在一个谷仓的尾部，腿、喙和羽毛都是白色的。在写到约翰·班扬（John Bunyan）和他位于贝德福德（Bedford）附近埃尔斯托（Elstow）的本地教区的故事时，我的朋友罗纳德·布莱斯发现，某部教区记录中也提及白色白嘴鸦。1625 年，当《天路历程》（*Pilgrim's Progress*）作者还是三岁孩子的时候，邻近教区的牧师提到，家族的另一名成员，"埃尔斯托一个叫班扬的人，爬上贝里森林（Berry Wood）里的白嘴鸦鸟巢，发现巢里有三只白嘴鸦，像牛奶一样白，没有一根黑色的羽毛"。

白嘴鸦，和鹳一样，在前一年的结构基础上，一层一层地用嫩枝筑起看上去有点凌乱的鸟巢。（去看看任何考古发掘，比如伦敦的，你就会明白，我们人也是这么做的。）它们挑选鲜活柔韧的嫩枝，把它们编织得结结实实，以抵抗冬天的暴风雪，并用叶子、草，甚至一些黏土、头发和羊毛把巢缝起来。好的嫩枝，正如美味的食物，会让白嘴鸦相互艳羡，甚至偷来偷去，正如人在建筑工地上偷建材一样。在层层叠叠垒了五六年以后，鸟巢结构变得头重脚轻，一阵强风说不定就会把它吹倒，这对一个需要干引火柴的农夫而言，倒是求之不得的好事。我在头上这丛白蜡木里数到了十八个鸟巢，但我知道，我居所附近的一棵橡树上，筑了三十多个鸟巢。

成鸟振翅突起，伴随着越来越高的鸣叫声，飞向高空，带着早餐回窝，喂给幼鸟吃，幼鸟们用半哽的尖叫，表达着满足之感。每次入窝时，白嘴鸦们把尾巴扇动呈欢迎姿态，这是它们语言的重要组成部分。白嘴鸦的很多盘旋、滑翔看上去只不过是欢乐的祈祷，并不见得是在田野里发现了明确的目标。二月的时候，我曾经在这儿观察它们，迎着强风，翻着跟斗一直往上飞，然后像蹦极者一样，向着树林直冲下来，恰好在撞到之前收束住俯冲，一边的翅膀倾斜，向着远处山上教堂所在的山谷滑翔而去。白嘴鸦喜欢高飞，有时，当它们直接抵达极高处的群栖地时，会将一个翅膀折起靠近身体，然后开始惊险的垂直俯冲，速度如此之快，以致能听到呼呼的风声，直到最后一刻才扭转身体，降落在树上。这动作叫"射鸦"（shooting the rook）。透过鱼骨般的白蜡木树叶直向上望去，我看到，太阳晒到之处，层层叠叠的绿色的暗影转变为金黄色。1866 年 7 月 24 日，研究了一棵白蜡木后，杰拉德·曼雷·霍普金斯在他日记里将它描绘为"一扇明亮的树叶的百叶窗"，并在早些时候，即那一年五月，观察到，山毛榉叶子"窗格状的浅绿"，如何"因叶子时不时的交叉重叠，而点染上温和的暗色"。他把叶子视为树林的窗户，将阳光过滤为绿色的暗影，它们的格子，就是彩色玻璃窗的行距。他在别处又写到"阳光下绿色的卷心菜窗户"。

随着太阳爬上山顶牧场，照进树林里，它开始照射到挂着银光闪闪的露珠、像哨兵一样围绕着林间空地的荨麻叶尖上，勾勒出每一片半透明的叶子的锯片。它甚至照亮了帐篷前盲蛛翅膀里的脉管形花饰。模模糊糊的太阳，现在爬升得更快了，透过榛树丛中的一棵橡树，将布满苔藓的白蜡木树干晒得像着了火一样。现在，其他鸣声更悦耳的鸟儿已经找到了自己的节奏，得心应手地唱起来：林鸽的温柔的咕咕声，黑头莺和沙白喉林莺抒情的呼唤声，知更鸟、鹪鹩和棕柳莺的尖叫声，还有苍头燕雀充满自信的滑音。

白嘴鸦飞得越久，发出的噪声越大。这些声音能不能叫作旋律，确实值得商榷。吉尔伯特·怀特甚至说，"白嘴鸦，在繁殖季节，因为内心欢喜，有时想唱歌来着，但歌声听上去却实在令人不敢恭维"。大部分古老的鸟类书籍把它称为"粗鲁的和声"，"甜蜜的雷鸣"，或"悦耳的嘈杂"，但我更偏向于把它们的表达视为对话，或最粗糙的民歌。白嘴鸦们以最粗重的乡村喉音发声。这声音充满焦躁、坚韧如皮革、灼热、刺耳、嘶哑、令人窒息、从喉咙深处发出来、喧嚷、哀怨，从来无所保留，同时，像所有的好乡巴佬一样，令人费解。无疑，如果你不知道怎么吹奏风笛，它就是一只死的白嘴鸦，只有嗡嗡声，毫无旋律可言。如果你在深夜榨苹果汁的时间，从一家萨默塞特小酒馆回来，穿过牧场，说不定你会听到像白嘴鸦群栖地一样的声音。

毫无疑问，白嘴鸦们能很快互相交流新的取食地点。语言假说之外的另一种说法，或者说补充，是这样的：其他白嘴鸦只不过是观察到了吃得肥头大耳的同伴，然后尾随着它们去往新的觅食地而已。人头攒动的饭店，总是一个受欢迎的觅食地。仅仅通过听和观察，你就很有可能学会白嘴鸦语，就像你学习法语或婴儿时学习母语一样。如果在花园里听到乌鸦或黑水鸡的警报声，我完全了解其中的含义。白嘴鸦是非常聪明的鸟类，能很快学会了辨认单个的人。由于可以有许多双眼睛和耳朵来预防掠食者的进攻，部落群居方式给白嘴鸦带来了好处，同时也提高了它们四处觅食的效率。

有一本书，康拉德·洛伦兹（Konrad Lorenz）的《所罗门王的戒指》（*King Solomon's Ring*），曾给孩提时的我带来启迪。我最喜欢其中的一章，读了一遍又一遍。它说的是，从 1927 年起，他如何在自己位于奥地利阿尔滕贝格（Altenberg）的家里，饲养了整整一个种群可以自由飞翔的寒鸦，目的是研究它们的社会和家庭行为。在该书出版之际，我已经驯养了一只乌鸦，因此非常拥护洛伦兹的工作。白嘴鸦的堂兄弟寒鸦，也是群居性动物，非常聪明，能用了不起的方式相互沟通。不像其他很多鸟类，未成年寒鸦对掠食者没有天生的恐惧感，因此，每一代寒鸦都必须告诉自己的下一代，需要畏惧哪些东西。它们通过一种洛伦兹称为"咔嗒咔嗒（rattling）"的尖厉、好斗的警报声，做到这一点。洛伦兹还观察到，寒鸦会形成终身的依恋关系，白嘴鸦似乎也是这样，而且，寒鸦种群里存在一种独特的、大家心知肚明的啄序（pecking order，社会等级），所有成员都会毫无疑问地遵守。洛伦兹逐渐学会了寒鸦的词汇："席克，席克"是求爱的雄鸟发出的，意思是"让我们一起筑巢吧"，一旦占有了实际的配偶和巢，它的意思则是"滚开"。任何社会性犯罪行为，都会被其他种群成员谴责，这种大同小异的谴责之声，洛伦兹发成"叶泼，叶泼"。最有趣的是，洛伦兹发现，在"克咿呀"和"克咿哟"两种声音之间，存在着微妙的区别。第一种声音是飞行队列里占主导地位的寒鸦发出的，目的是催促整个鸟群外出飞向新的觅食地。第二种是催促它们回家。因此，当相互碰头时，"克咿哟"在维持鸟群的完整性方面起到了非常重要的作用。

　　绝大多数鸟类似乎把语言和歌声分得很清楚。鹪鹩或乌鸫断奏式的警报声，和它们甜美的歌声大相径庭。然而，寒鸦则把语词整合进歌声，创造了一种，如洛伦兹所说的，更像歌谣的形式，通过这种形式，它们重现过往的历险，或直接表达情感。不仅如此，歌手还以不同的姿势来配合不同的叫声，或颤抖，或威胁，像一个精力充沛的表演者在充满激情地表演一首歌曲。某种程度上，寒鸦在模仿自己，正如关在笼子里的孤独的寒鸦，会慢慢模仿人说话一样，不过，洛伦兹认为，它也可能在表达感情。后来，一只貂闯入阿尔滕贝格的鸟舍，杀死了所有寒鸦，只留下一只活着，这只孤零零的寒鸦整天站在风向标上唱歌。它的歌声一遍又一遍重复的主导主题，就是"克咿哟"，"回来吧，哦，回来吧"。这是一支让人心碎的歌。

　　从一顶支在树林地面上的小帐篷里，闯入白嘴鸦的隐秘地带，本来就不是纯粹出于科学目的，但我明白，这种鸟和洛伦兹的寒鸦一样，拥有非常丰富的语言。从我躺的地方，有时会听到一种私密的、柔和的、喃喃的音调，向着网眼帘后面的鸟巢深处，完全是说给家庭成员听的。还有一种降低了音高的声音，类似吱吱声，听上去似乎是表达满意的。白嘴鸦似乎对我的存在毫不在意。我甚至想，会不会因为和它们在同一片白蜡木叶子底下窝了整个晚上，它们已经按照某种古老的款待法则，把我当作它们的同伴了。毕竟，白嘴鸦是最喜欢群居的鸟了，而且好像爱把巢修在靠近人们房子的地方。

　　我看到了路边越来越多的白嘴鸦群栖地；很明显，对它们而言，越拥挤越好。今年春天，理查德·梅比（Richard Mabey）和我一起驾车从 A1 到湖区（Lake District）的路上，开始注意到，三十年前种植了橡树和杂交白杨的环形交叉路口，有了白嘴鸦群栖地。即使我们从苏格兰角（Scotch Corner）拐弯，驶上通往彭里斯（Penrith）的起伏不平的 A66 公路，白嘴鸦仍然很明显地偏爱在路边筑巢，完全无视石灰石山上漫山遍野、辉煌夺目的巨型美国梧桐。为了在漫长的汽车旅程中消磨时间，我们一起探讨其中的原因。理查德注意到，白嘴鸦喜欢活动于一大片开阔地带，做直线飞行。他想，会不会是大路有助于它们确定方位呢？我提示，道路边缘是食腐动物的最爱，那里散落着被丢弃的三明治，还有清晨被汽车轧死在路上的各种动物。或者，会不会是因为某些更微妙的吸引之处，诸如吸收了阳光的柏油碎石路面和燃烧的引擎共同带来的温暖？最后，我们断定，白嘴鸦跟我们人类比较合群，原因或许就是这么简单。

任何白嘴鸦群栖地都会给一个地方带去某种特殊氛围，但白嘴鸦一直是引起争议的动物。直到今天，还有人坚持认为白嘴鸦是人类的敌人。在瓦弗尼河上霍姆斯菲尔德（Homersfield）的一个本地萨福克白嘴鸦群栖地里，农民们（farmers）仍然在每年春天进入杂树林，从下面往鸟巢里射击，杀死白嘴鸦幼鸟。这么做过去在村民（villagers）眼中不受欢迎，倒不是出于对白嘴鸦的任何感情，而是因为他们部分依赖它们提供食物。不管哪里的村民，白嘴鸦馅饼都是一道保留美味，和鸽子馅饼味道差不多。正如野兔和鸽子，白嘴鸦也是教区非官方公地的一部分。

19 世纪初期的博物学家和动物保护主义先驱查尔斯·沃特顿（Charles Waterton），是第一位伟大的白嘴鸦拥护者。他写过两篇关于白嘴鸦的文章，在其中一篇里，他说，有一次，他想改变庄园里某条让人讨厌的小路的方向，农民们说，他们可以答应，但条件是，沃特顿要摧毁他庄园树林里的一个大型白嘴鸦群栖地。然而，村民们对拟议中的摧毁措施表示抗议，因为这会剥夺他们每年大约 2000 只年幼白嘴鸦供应。沃特顿似乎站在白嘴鸦和村民们一边。一篇文章写的是白嘴鸦的喙，及其腹部标志性的秃斑的起源。当时一般认为，白嘴鸦通过挖掘的方式寻找虫子和幼虫，在这过程中把羽毛擦掉了。通过观察白嘴鸦幼鸟，沃特顿指出，秃斑完全是天生的，和取食习惯没有关系。

沃特顿是在树里面完成他大部分观察的，他的爬树生涯和伊塔洛·卡尔维诺（Italo Calvino）《树上的男爵》（*The Baron in the Tree*）里的柯西莫颇有相似之处。柯西莫在十二岁时发誓，他的整个一生都要在树枝间度过，绝不再踏足地面。我一直更喜欢小说原著更简洁的标题：《爬行男爵》

（*Barone Rampante*）。和柯西莫一样，沃特顿出身显贵，是拥有威克菲尔德（Wakefield）附近沃顿堂（Walton Hall）巨大地产的乡绅。他还是一位英国天主教徒，因而也是一位法外之徒。正如我们社会任何一个只为自己思考和行动的人一样，沃特顿被视为一个怪人，直到被茱莉亚·布莱克本（Julia Blackburn）拯救，这些都记在茱莉亚那部精彩的传记里。我完全是通过茱莉亚对沃特顿的爱，才开始了解他的，也是她最初指引我游览他令人愉快、树林密布的地产。这里头生长着数以千计的古树，由沃特顿精心养育和保护，他甚至为了猫头鹰、寒鸦和啄木鸟的缘故，保留已经死了的、空心的或腐朽的树木。为了保护这人间天堂不受偷猎者的侵袭，他花了四年时间和 9000 英镑巨款，围绕着沃顿公园（Walton Park）修建了一道 16 英尺高、3 英里长的巨大石墙。石墙的大部分仍然还在，一部分颓圮了，被常春藤和布谷鸟剪秋罗覆盖着：成了蜗牛的天堂。

　　整个一生，甚至在八十多岁的耄耋之年，沃特顿都保留着早年在南美森林里巡游探索时养成的习惯。他赤足进入公园，光脚爬树，在老橡树的树枝上一躺就是几个小时，读书，或观察猫头鹰和狐狸。沃特顿身材魁梧，差半英寸就到六英尺，银发剪成平头，一生都睡在光溜溜的橡木地板上，以一块空心橡木块当枕头，直到去世，关节一直都很灵活。他经常穿一件古色古香的燕尾服，像一位 19 世纪的比伯军曹（Sergeant Pepper[1]）。55 岁时，他这么描述自己："我从没风湿痛的烦恼，关节异常灵活，轻而易举就能爬上一棵树。"因此，他在《白嘴鸦》一文中就可以漫不经心地写道："去年春天，我每天一次造访枞树顶上的腐食乌鸦的巢。在它下第五个蛋的那个早晨，我把所有五个蛋都从巢里取出来，并在原来的地方，放上两个离孵化期只剩下六天不到的白嘴鸦蛋。腐食乌鸦照料着两个陌生的鸟蛋，就像它们是自己的蛋一样，并且怀着父母的关爱，养育年幼的白嘴鸦。"然后，他拐走了白嘴鸦幼鸟，让自己具有不可思议才能的林场看守人和它们交朋友，加以驯化，就像一百年后洛伦兹对寒鸦所做的那样。不幸的是，白嘴鸦变得太驯

1　传奇摇滚乐队披头士著名歌曲《比伯军曹寂寞芳心俱乐部》中的人物——译注。

顺了，以致遭遇不测，其中一只，被一只咄咄逼人的小鸡溺死。沃特顿对白嘴鸦的辩护词是，一年中的十个月，它们除了昆虫，特别是铁线虫和大蚊幼虫以外，别的什么也不吃，对农民帮助很大。只有两个月，在播种或收获时节，或遭受严重霜冻的时候，它们也吃他的粮食。但沃特顿指出，比起一年中绝大部分时间，白嘴鸦在有机害虫控制方面做出的劳动，农民们损失的这一点儿粮食，只是一份微不足道的工资。

沃特顿和乌鸦部落和老鹰部落的所有成员都成了朋友。他的邻居托马斯·皮尔金顿爵士（Sir Thomas Pilkington），向他展示约克郡最后一只乌鸦的新鲜尸体，被他大骂"恶棍"。他保护喜鹊的力度比其他鸟都大，因为这种鸟备受迫害，"没人为它们说话"。民间对喜鹊的憎恨，过去、现在都很可能出于恐惧，以为它们具有能影响我们命运的神秘力量。查尔斯·沃特顿把喜鹊称为"英国人的天堂鸟"，让震惊不已的护林人鼓励和保护它们。别的地主记录野鸡，沃特顿则自豪地记录喜鹊的数量：一个季节在沃顿堂记录到 34 个喜鹊的巢，并有 238 只小喜鹊出生。"见到喜鹊我就心中欢喜"，他写道，"因为它经常让我想到热带地区。它们的颜色鲜艳夺目，翅膀具有金属的光泽，人们很容易想象，它们是从灼热的南国飞到这儿来的。"通过对寒鸦的观察，他和后来的洛伦兹一样，断定它们终身只有一个配偶。他认为，松鸡小翼羽和大覆羽上面的蓝色、黑色和白色，其可爱，世上罕有其匹。"想不出还有什么比它们更迷人的了。造物中再也见不到别的鸟，能拥有它们这般丰富多样的色彩……"对一位写作了《漫游南美洲》（Wanderings in South America）的博物学家而言，这算得上是很高的赞美了。

看着白嘴鸦在鼠丘之间，绕着我的牧场大摇大摆地飞翔，我常常想，它们和人类多么相似。秋天，以及冬日黄昏，我看着大批白嘴鸦在高远的天空里、在我房子上翱翔，然后闹哄哄地群集在沃色林（Wortham Ling）国家自然保护区和雷德格雷夫沼泽（Redgrave Fen）之间的瓦弗尼河沿岸的树林里。这是数千只白嘴鸦的议会，当地人都记得，每一年，它们都会在这儿召开会议。考虑到整个乌鸦部落显现出的智力，它们的叽叽呱呱说不定是某种谈话，这样想不足为奇。我初次邂逅电影史上最杰出的鸦科鸟儿，是在激动人心的 1968 年的巴黎。[1]某个雪花纷飞的下午，为了取暖，我和一位朋友在电影院坐了几个小时，观看皮埃尔·保罗·帕索里尼（Pier Paolo Pasolini）在两年前的 1966 年拍摄的电影 *Uccellacci e Uccellini*（字面意思为：《大鸟和小鸟》）。这是一部最迷人的电影，也是帕索里尼个人最喜欢的一部：关于一对父子从罗马出发上路，跨越意大利的超现实主义的、流浪汉小说式的故事。扮演者分别是意大利著名喜剧演员托托（Totò）和尼内托·达沃尼（Ninetto Davoni），电影开始不久，就有一只会说话的乌鸦加入进来。这只持左翼知识分子观点的乌鸦，提出了很多道德问题和政治问题，对意大利政治和社会，进行了冗长乏味的抨击，然后讲述了一对中世纪的神父，西西洛和尼内托，受圣方济各（St Francis）的派遣，向老鹰和麻雀传播上帝关于爱的福音。乌鸦将两位朝圣者穿越到中世纪，把他们变成两位穿着粗布衣的方济各会修士。经过很长时间的努力，两位神父似乎学会了鸟语，先向麻雀再向老鹰鼓吹普遍之爱。结果还是一样：老鹰一如既往地猎杀麻雀。最后，神父们几乎被喋喋不休说教的乌鸦逼疯了，他们漫不经心地就把乌鸦杀了吃掉。这听上去像一个古怪的故事，实际上也确实古怪。帕索里尼把它叫作"观念喜剧"。朋友吉尔伯特和我看了一遍又一遍，试图弄明白它到底想说什么，最后认识到，寓言本身的平庸性，这就是关键所在。这部电影表现了对人生有何意义这个古老问题的不屑。由于觉得自己和乌鸦有那么一点特殊关系，它给我留下了很深的印象，这部古怪的公路电影，以及电影院外回家路上泥泞的积雪，一直深深地留在我记忆里。

　　正当我卷起白嘴鸦群栖地里的露营帐篷和睡袋时，九岁的卢克从树林中的路上下来迎接我。沿着一条被荨麻叶上的白嘴鸦粪便画上了白线的林地小路，我们一起走上山坡，回到房子里用早餐。他问我最喜欢的羽毛是什么，我说是松鸡小而蓝的翼羽。他最喜欢的，是在树林发现的一根雀鹰的羽毛。

1　1968年5—6月，巴黎发生了声势浩大的学生运动，史称"五月风暴"——译者注。

飞蛾林

　　当我靠近暮色中的树林的暗影岛时，其他人已经在那儿了。在靠近林子边缘的草地上，一束纯净的白光，围成一个小小的光的池塘，四个男人和一个女孩，围着一张铺开的床单和一盏耀眼的水银汽灯，跪在草地上。他们全神贯注于光圈中的那个小小竞技场，整个情景无疑流露出浓厚的戏剧氛围。显然，他们正在向某种令人炫目的幻象、某个神，进行奉献。走上前去，等眼睛适应这种亮度后，我发现，耀眼的光环里，挤满了十多只拍打着翅膀的飞蛾，它们大多数很小，有着脆弱的、纸一样薄的翅膀。我悄悄地在圆圈中找地方坐下来，我们互相作了介绍。

　　我受到邀请，重回小霍克斯雷村（Little Horkesley）白嘴鸦群栖地露营过的那座树林，加入包括其主席乔·弗明（Joe Firmin）在内的埃塞克斯飞蛾小组（Essex Moth Group），进行一次夜猎飞蛾的活动。朋友特雷沃·索罗古德（Trevor Thorogood）和他的女儿齐丽（Kiri）也在那儿，那个夜晚，齐丽敏锐的博物学家眼光让大家刮目相看。乔可以说是飞蛾学界的传奇：是这一行的长老，按照埃塞克斯的说法，"尊敬"测试呈阳性。他的朋友伊恩和菲利普，经常就某些鉴定细节向他请教。或许，由于潜意识里在模仿飞蛾，三个人看上去都好像穿了模糊的迷彩。我把他们戴的松松垮垮的棉帽，误认为丛林的一部分，为此，他们还夸耀了一番。

　　我得解释一下，现在，猎取飞蛾的方法一般都比较人道。把它们放在桌上麻醉，或者用大头针钉起来，这样的日子已经一去不复返了。取而代之的是，把它们的名字记在一册访客本之类的书上后，就把它们轻轻地放走了。

　　一堆装蛋箱，杂乱地垒在水银灯管底部，形成一个小型洞穴系统。朝着白光飞拢过来的飞蛾，在绕光飞了几圈后，就爬进洞穴的隐蔽处。飞蛾喜欢光谱蓝色一端的光，正如蜜蜂和蝴蝶喜欢醉鱼草和其他蓝色植物一样。水银灯发出的紫外蓝光，吸引着飞蛾，也让它们头昏目眩，所以，它们找到纸形蛋盒的凹坑，以其阴影为庇护所，开始休息。

　　乔说，没有人真正了解，飞蛾为何会被光吸引。迁徙中的飞蛾似乎用月光和星光进行导航。有理论认为，离黑暗最近的翅膀拍打速度更快，而离光最近的翅膀，则通过减速而对它做出反应，这种互相矛盾的动作，导致飞蛾偏离飞行路线，绕着光源兜圈子。但真相是，没有人知道具体原因。和野生哺乳动物一样，飞蛾生活在一个气味的世界里。是气味驱使它们找到异性，或者花朵。它们有眼睛，可以看，但视力并不太重要。它们也有对声音很敏感的鼓膜器官，位于胸腔或腹部。飞蛾能听到"振动"。

　　这是一个温暖的夜晚，水银灯的明亮，起到了让我们周围的夜色更黑的效果。飞蛾从树林里源源不断地飞出来，接近陷阱时，乔、伊恩或菲利普即可从翅膀分辨其品种。我们都很急切地看着它们，因此对黑暗里传来的任何最轻微的运动都保持着警觉。这就像钓鱼，所有的注意力都在鱼线浮标上：其他任何事情都抛到脑后了，你陷入一种冥想状态中。

　　整个夏天，我发现自己对林子里遇到的或夜里从书房门窗里飞进来的飞蛾越来越感兴趣了。单单它们的名字（乔和同行们手里的这份名单越来越长）就是某种诗歌：柳树美人、邂逅男仆、云遮白银、火焰肩膀、烟笼角影、露珠飞蛾。那天夜里我们最渴望见到的飞蛾是白点翼蛾（white-spotted pinion），学名Cosmia diffinis。它从七月末到九月中从蛹中孵化，幼虫以榆树叶为食。由于"泥沼树林"里有很多复苏的榆树，大有希望在那儿见到这种飞蛾。几天前，埃塞克斯飞蛾小组已经在不太远的乔克内树林（Chalkney Wood）设下罗网，抓到多达八只白点翼蛾。由于荷兰榆树病引起的效应，这种飞蛾现在已经很罕见了。如果白点翼蛾不肯屈尊光临，能抓到小点翼蛾（lesser-spotted pinion）也是一件令人高兴的事。

　　两种飞蛾都没出现，不过，并不缺乏令人激动的事情，来打破宁静的夜色。时不时地，处在阴影里的旁观者，会看到我们的小圈子爆发出一阵阵骚动。网子在黑暗中挥舞，又一个无辜的带翅膀的朋友，被短暂囚禁于有机玻璃药盒中，纤毫毕现，供大家检查识别。通常要经过大量讨论，或者就着灯光参考两本关键书籍，才能颁发确认身份证。"让我们看看圣经是怎么说的，"在大家都盯着罐子里某个可疑品种的时候，乔就会这么说，或者"格特会为我们解决这个问题"。突然提到格特的名字，让我留心凑近看了一下其中一本书，《英国蟥蛾》（*British Pyramid Moth*）。作者是巴里·格特，一位我多年未见的老师。另一本是伯纳德·斯金纳（Bernard Skinner）写的《不列颠群岛飞蛾颜色识别指南》（*The Color Identification Guide to the Moths of the British Isles*）。"上学时，巴里·格特教我植物学，以及绝大部分我知道的自然历史"，我说。看得出，我的话给埃塞克斯飞蛾小组留下了深刻印象。

到目前为止，巴里·格特给了我最大的影响和灵感，让我对自然界的一切事物充满激情。人们都说，每个人一生中遇到一位伟大的老师，就已经足够幸运了，他就是我的那位老师。惭愧的是，我和他失去了联系，但一直在想，我得想方设法和他取得联系，尤其是因为我想回到"新森林"。还有比最初的启蒙老师，一个新森林当地人，更好的同伴吗？乔答应把他的地址寄给我。

我到达后飞来的第一只飞蛾，是一只有着暗褐色条纹前翼的壮实的小家伙。它落在被单上，像所有的飞蛾一样颤动着，菲利普说，"不确定"（uncertain）。乔在他的书上做了笔记，我猜，他们大概不能确定它的品种吧，没想到他们解释说，它的名字就叫作"不确定"，是夜蛾科（Noctuidae）的成员之一，它还有一个近亲，名字叫"不规则"。我问乔，在这样一个美好的夜晚，他最希望见到哪一种飞蛾，他选了炼金术士，一种以榆树和橡树为食的林地飞蛾。这种飞蛾，在英国只见到过 15 只，包括 1875 年 6 月 9 日在科尔切斯特（Colchster）路边一次孤立的目击记录。他还提到了一种蝴蝶，以橡树为食的行踪不定的白字细纹蝶。他一直希望它能在泥沼树林这类树木重生的林子里出现。乔手头有一份名单，列了两三百种这一季节在埃塞克斯可能见到的飞蛾品种。一次夏夜猎蛾活动，通常能见到名单上的 80 种到 100 种，但有些猎场，猎物特别丰富。在斯图尔河口（Stour Estuary）拉博涅斯（Wrabness）一侧的斯图尔树林（Stour Wood），一座以老板栗树和橡树为主的林子里，六月的一个晚上，他和同伴就抓到了 260 种飞蛾。

　　就在此时，飞蛾们突然接踵而至：一只普通壁板蛾（common wainscot），几只"绿地毯"，一只"稻草后翅"，两三只很可能在幼虫时以树林里的桃叶卫矛树为食的"烧焦地毯"。稍后来到的是一只"枫树突起"，可能以枫树嫩枝为食。齐丽抓飞蛾的手脚非常麻利，一次一只，放到有机玻璃药盒里。许多飞蛾只有拉丁名字，但那些可爱的本土名字，乔说，在17世纪时就有了：那天晚上，有一种相对常见的飞蛾大量飞进我们的罗网，它叫"刚毛希伯来字母"（setaceous hebrew character），之所以这么叫，是因为它前翼上有象形文字图案。Setaceous是这一行的专门用词之一，指的是"有刚毛的"（bristly），正如lunate指的是"新月状的"，ocellate指的是"似单眼的"。长着硬邦邦胡茬的已故鳞翅目学家查尔斯·德·沃姆斯男爵（Baron Chales de Worms），就被朋友们亲切地称作"刚毛希伯来字母"。随着我们的夜间访客一个个到来，鳞翅目学家们像舞会上的大管家一样大声宣告它们的名字："大黄前翼，熨斗突起，小奶油波浪，硫黄飞蛾，石灰斑哈巴狗。"

　　不同郡的飞蛾小组之间，总是存在相互竞争的关系。伊恩讲了一个最近发生的故事：埃塞克斯飞蛾协会和萨福克飞蛾协会，在作为两郡边界线的斯图尔河两岸，举行了一次联合实地捕蛾活动。萨福克鳞翅目学家们，看到一只华丽的旋花天蛾，沿着他们一侧的河岸往下游方向滑翔。最后一刻，它改变主意，穿过河面，落在埃塞克斯小组灯光底下的床单上，让他们惊喜万分。

　　我们一直希望抓到一只天蛾：女贞天蛾和杨天蛾仍在飞，但都没出现。有一些飞蛾，一旦从蛹中孵化，会连着飞一个月，但大部分只能飞几天，甚至一天，它们短暂的生命都献给了婚姻和繁殖。飞蛾们懒洋洋地躲在蛋盒朦胧的蜂窝里，而我则谛听着时间一分一秒流逝：我们的一小时，可能相当于它们的十年。死亡从未远离它们。难怪古希腊人给飞蛾取了个与灵魂一样的名字："普赛克"（psyche）。这也是鳞翅目学界最知名的一本期刊的名字。弗拉迪米尔·纳博科夫（Vladimir Nabokov）对昆虫的研究和他的写作一样出名，飞蛾和蝴蝶令他着迷的诸多原因之一，是克服重力与超越死亡两者之间的"远古联系"。被束缚于地面的毛毛虫，在茧里一躺就是一个冬天，表面上毫无生机，然后以飞蛾的形态出现于天空之下，飞入夜色之中。

怀着比我们更致命的意图，外出猎食飞蛾的蝙蝠，在树顶上盘旋，从我们前面俯冲过去。一些品种的飞蛾，能真正听见蝙蝠雷达发出的吱吱声，然后立即收起正在飞行的翅膀，像石头一样落到地面上。我双手双膝趴在地上，欣赏着飞蛾的精妙和美丽，它们就像神经质的芭蕾舞女一样坐着颤抖，或者，被一阵强光惊到，突然走动起来，跳来跳去。我渐渐意识到，它们提供了一个多么丰富的研究领域：超过 1600 种大一些的英国飞蛾，以及 200 多种小一些的螟蛾。飞蛾是小号字体的自然历史，一种能让你及时想起来的东西。它们是本质上很私密性的生灵，比蝴蝶更神秘。我喜欢飞蛾伫立于手上或在手掌上走来走去时那一副充满信任的样子。一位过去常在法国多尔多涅（Dordogne）一间涂了石灰的石头羊舍度夏的朋友还记得，飞蛾和蟋蟀经常在晚上溜进屋子，"像胸针一样"挂在墙上。解剖学细节显示了它们惊人的雕刻般的复杂结构：男酒徒，一种林地骑道上常见的夏季飞蛾，初看上去像一只留着八字胡的泰迪熊，它的触须卷成精美的梳子状，像一台老旧的美国蒸汽机车前面的排障器。

飞蛾有着极其精致的对称性，由于体型微小，这一点就更突出。它们在每一个细节上都很完美，比任何人类艺术品都精妙。从显微镜底下看，它们翅膀斑纹由微小的鳞片构成，如果你想通过翅膀抓住一只飞蛾，这些鳞片就以粉末留在你手指上。如果你开着窗睡觉，飞蛾经常会轻轻地触碰你。把一只飞蛾拢在掌心，你会感觉到它在试图挣脱时体现的挑战能量。飞蛾把自己染成地衣、树干或树叶的颜色，几乎到了隐身的地步。在《不平静的坟墓》（Unquiet Grave）中，塞里尔·康纳利（Cyril Connolly）感到疑惑，"为什么鳎目鱼和大比目鱼借用海底的颜色甚至轮廓？出于自我保护？不，出于自我厌恶"。这一点对飞蛾肯定不适用，因为它们的生命基于欲望。飞蛾与树的关系是如此紧密，它们幼虫时以树为食，平时住在树上，藏在树里，以致它的着色成为某种忠诚的徽章。"浅绿小翡翠"，能毫不显眼地融于灌木篱墙和树林边缘它经常光顾的葡萄叶铁线莲的叶子和花朵里。"九月荆棘"看上去就像一枚秋叶。

那一夜涌动的对飞蛾的激情，实际上是某种旧梦重温：男孩时的我，也曾是母校一名鳞翅目学者呢。我是一位缺乏经验的猎人——采集者，手里拿着一个杀虫瓶和一块标本板。从九、十岁的时候起，随便到哪儿，我随身都会携带捕蝶网。这不是一般的竹子、窗帘做成的玩意儿，而是有可折叠铝框架的专业工具。有时候，我甚至灵光一闪，想在我木头卧室的天花板上钉满所有自己采集到的飞蛾和蝴蝶的标本。我可以躺在床上，凝视着自己乌压压的战利品。但真正的活物彻底打败了我褪色的藏品：黄昏时分，当我家后花园的花床淹没于灿烂的颜色中时，飞蛾像气泡一样涌现，于是，夜里散发香味的草夹竹桃和醉鱼草上闪耀着一对对浅色的翅膀。母亲是一位了不起的园丁，把她搭配得千姿百态、协调悦目的花园变成了一个巨大的、善意的飞蛾的罗网和蝴蝶的伊甸园，我在里面像一位真正的鳞翅目专家一样挥舞着自己的捕蝶网。我经常把飞蛾和蝴蝶视为鲜花的红利，似乎大自然在欣赏自己的杰作。一只蜂鸟鹰蛾隆重到访，从一朵又一朵玫瑰上经过，让这个夜晚的一切都变得令人难忘。从园艺和植物学转而研究蝴蝶与飞蛾，完全顺理成章。每一个园丁都知道，所有的毛毛虫都和特定的食用植物有着密切关系。飞蛾的翅膀有着花瓣一般的精致，它们的触须则像雄蕊一样修长。在模仿其他昆虫时，有些飞蛾在细节方面一丝不苟。蜂鹰蛾的翅膀是透明的，与其他天蛾不同，它们在白天跟着自己的伪装对象大黄蜂一起飞行。这种昆虫既是艺术家，又是魔术师。"拟态伪装的神秘对我有着格外的吸引力"，纳博科夫写道，"当某种飞蛾在形状和颜色上像某种黄蜂时，它们也以黄蜂似的、与飞蛾不同的方式移动自己的触须"。纳博科夫观察到，飞蛾的保护机制"发展到了很高程度，以致其拟态伪装有时精细到了让天敌根本无法辨认出来的程度"。它把天蛾的拟态伪装视为某种魔法，"一种复杂的魅惑与欺骗的游戏"，并断定"我在自然中发现了自己在艺术中寻找的那种非功利性的快乐"。

在《洛丽塔》（Lolita）开篇第一行，"洛丽塔，我的生命之光"里，亨伯特·亨伯特以飞蛾自比，它不顾一切追求光，正如他不顾一切追求洛丽塔。飞蛾翅膀的对称性，体现在亨伯特·亨伯特这一名字，体现在小说以洛丽塔这一名字开头，又以洛丽塔这一名字结尾，甚至还体现在另一位角色阿维斯·伯德（Avis Byrd）的名字上：avis 在拉丁文中的意思就是"鸟"（bird）。这些细节，都是洛丽塔和魔法师纳博科夫的素材。或许部分正是出于对细节的这种热爱，才引领着他最初走向鳞翅目研究，并且最后促使他在半官方的哈佛比较动物学博物馆馆长的位置上一做就是六年，经常每天工作十四个小时。

纳博科夫早就是一个名满天下的作家，后来又变成一位名满天下的鳞翅目专家。"昆虫学探索带来的兴奋，其丰富与强度，在满足情感或欲望，野心或成就感方面，就我所知，几乎没有其他事情可以与之相媲美"，他在自己的自传《说吧，记忆》（*Speak, Memory*）中写道。他的母亲和父亲分享和鼓励他的这一兴趣，他叙述了自己在一次成功的猎蛾活动后，很晚才回到他们在俄国的乡间别墅，隔着灯火通明的窗户，得意地向他父亲大喊着自己捕到的猎物："Catacala adultera（一种裳蛾科的飞蛾）"。纳博科夫能召唤自己作为一个作家的潜能，以别人做不到的方式，表达自己对于飞蛾的细腻、亲密的鉴赏。他描述自己帅气的蜂鸟鹰蛾的黑色幼虫"在鼓起单眼前段时，像一条微型眼镜蛇"。"我的快乐"，他写道，"是人所能知的最强烈的快乐：写作和捕蝶。"六岁时，他就已经津津有味地翻阅着父母亲的蝴蝶和飞蛾类书籍。十二岁时，他独自一人在森林里漫游，寻找飞蛾，希望自己能找到一种科学界未知的新品种，并肆意想象着新闻报道的内容："……球果尺蛾唯一所知的品种被一位俄国学童发现……"

纳博科夫的成功要等到三十年之后。1941 年 6 月 7 日，从纽约驱车前往斯坦福途中，他发现了一种新的蝴蝶，并把它命名为"新仙女多萝西娅"（Neonympha dorothea），向正好开车带着他和妻子的这位叫多萝西娅的学生表示敬意。1943 年，在他的美国出版商詹姆斯·劳福林（James Laughlin）位于犹他州山地城（Sandy, Utah）的山间别墅，他捕获了一种如今被称作纳博科夫球果尺蛾（Euputhecia nabokovi）的飞蛾。蝴蝶、飞蛾、博物学家和鳞翅目学专家不仅穿梭于他大部分文学作品中，而且为文学提供了灵感。纳博科夫很清楚挥舞着捕蝶网的鳞翅目学家这一公众形象的荒谬之处，但没人能像他一样，召唤出飞蛾与蝴蝶的超凡魔力。

一只小小的螟蛾在我们前面的床单上前前后后地踱着步，不时地飞起来。夜正在变凉，露珠也开始滴落。一只仓鸮在树林里啼唤，白嘴鸦群也发出一阵咕哝予以应和。一只金边瑞香（clouded border）鼓翼飞来，接着，另一只有着浅色后翼、黄褐色轮廓前翼的飞蛾也飞了过来，像两幅一模一样的地图。"这是一只'深色菠菜'吗，乔？"菲利普问道。乔凑近它看了一会，确认系"深色菠菜"，只不过色调很特别。所有飞蛾都有变化色调的倾向，乔手里拿着一本颜色参考书，上面画着不同微妙颜色等级的"深色菠菜"，其纯粹的艺术性让我着迷。从雅致的浅绿，一直到深色，这一品种的颜色在每个地方都可能不一样。炎热天气会触发控制这些颜色变化的微突变。黑变病有时候只是结果，正如著名的椒花蛾（Biston betularia）案例所示，它的黑变形态，黑椒花蛾，在工业革命期间，从原先的白中带深褐椒花色，渐变为有时称为黑化型的、有点像意大利面条的全黑色形态。这种黑化型见于黑乎乎的英格兰北部，目前仍然组成了那里椒花蛾的全部种群。"不错的飞蛾，椒花蛾"，菲利普半是自言自语地说道，把它放开，椒花蛾就钻进蛋盒的迷宫里去了。我们静静地坐成一圈，看着它像在占卜板上移动。过了一会儿，伊恩似乎从幻想中回到尘世。"还不错，"他叹道。"深色菠菜"给我们留下很深的印象。"我们还没逮到苔蛾"，菲利普说。夜色渐深。夜里11:30分，一只"绿地毯"停在了齐丽的腿上，随后是一只镜片蛾，由菲利普进行了确认："如果我们能抓到两只这样的镜片蛾，那我们就有一副眼镜了。""有一只双斑地毯蛾在这附近飘来飘去。"伊恩一边心不在焉地说着，一边举着网，在我们光环外头的黑暗里捕飞蛾。乔在和特雷沃介绍德威克夜蛾，一种罕见的埃塞克斯特有品种，得名于来自海上布拉德韦尔村（Bradwell-on-Sea）的鲍勃·德威克（Bob Dewick）。他是埃塞克斯飞蛾小组的成员，维护着世界上最大的飞蛾陷阱，由砖头建成，用电风扇把飞蛾吸进去。这是一种外来品种，在英国至今只发现过33个标本。与此同时，齐丽已经用药盒捕获了一只青尺蛾（light emerald），我们还捕到了一只蟊斯和一只巨型大蚊，是我见过的最大的，长着一对很大的有图案的翅膀，像清澈的教堂窗户：它是所有长腿叔叔的老爸。乔宣布，属于尺蠖蛾科的"小奶油波浪"终于姗姗来迟地到了，"看上去有点儿疲倦"。经过统计，当晚到访的飞蛾总计是 47 个品种。时间已接近午夜，狐狸在树林里叫唤。我们把蛋盒清空，在外头敲打，把挂在里面的飞蛾抖出来，并仔细检查，以免遗漏。现在，我们身边到处都是飞蛾，头发上，外套上。它们甚至还在被单上打开的两本飞蛾圣经里自己的图片上走来走去。水银汽灯被拆解下来，和网兜一起装到一辆车的后备厢里。这是一辆沃尔沃旅行车，我敢肯定。伊恩和特雷沃轻轻抖动床单，最后一只徘徊不去的飞蛾也振翅消失于夜色之中。在朋友们驱车离开时，我们从身边经过的沃尔沃打开的车窗里听到了他们只言片语的对话："飞蛾不错，深色菠菜，还不错。"

林中生活

　　朋友们从他们的岛上划船过河迎接我，我们从卡车敞开式车厢里卸下一捆捆榛树条。较短的枝条和工具被搬到船上，由迈克和玛娜划着运过河。我很早就从萨福克出发，上午十点左右从沃顿桥跨过泰晤士河。较长的枝条有 25 英尺，绿绿的、柔柔的，从后面突出来，一块白手帕在气流中鼓动着。我们从沃顿划船俱乐部外面的栈桥上，把这些长枝条漂入河中。它们被扎成筏子，拖着在泰晤士河中横穿 60 英尺，到达滚水堰岛（Tumbling Bay Island）。枝条紧紧地斜靠在船桨上，劈波斩浪地前行。

　　滚水堰起源于 19 世纪的一个岛屿游泳俱乐部。它是泰晤士河沿岸到处可见的那种小小的独立共和国之一，在柳树和蒲苇间搭满了颜色鲜艳的临时营房，墙上的木板上写着营房的名字。泳客驾着装有帐篷的轻舟，从上游顺流而下，到此度周末、度假，生营火做饭，过起《三怪客泛舟记》（Three Men in a Boat）里的生活。岛民们登上沃顿赛舟会的两条八人单桨有舵赛艇竞速，泳客们则在竞赛日和节假日，沿着泰晤士河来回比赛。每年五月，仍会举行滚水堰舞会和晚宴，岛上还会有一场板球比赛，每次你击出 6 分，或甚至 1 分，球就会找不到，这也是岛上比赛的特点。去年的比赛中，在河里找到了 8 只板球。"二战"期间，岛上搭了太多帐篷，德国人误以为是军营，投下的炸弹杀死了两名在帐篷里的露营者。

　　一年年过去，从最初河岸边的一块毛巾、一次野餐，零零星星的一两个帐篷，慢慢发展成星罗棋布于岛上、由尖木桩围起来的一块块私有领地组成的殖民地。"无名"是一间黄色的木头棚屋，建于朋友迈克和玛娜最近刚刚接手的一小块土地上。小屋始建于 1898 年，多年以来，住在里面的人一直是格雷厄姆·埃利奥特，一位职员，每天骑自行车到特威克南（Twickenham）银行上班，直到退休。八十岁时，他首度结婚，继续在棚屋里住了两年，直到新娘表示抗议。尽管后面的房间，即卧室，建在支柱上，但洪水一来，棚屋经常被水冲走，不得不原样恢复，这样已经不止一次了。

　　朋友们的想法是，建造一间曲庐（bender），秋天时把它剥成骨架，这样，冬季洪水到来，河水抬升时，水就直接从曲庐里头流过去了。这一结构也很低调、恰当，与周围林木葱茏的环境浑然一体。如果能从当地取得曲庐用的木头，这就更理想了，可惜这儿没有，于是退而求其次，从我在萨福克的树篱和白嘴鸦群栖地所在的小霍克斯雷树林砍伐木料，装在卡车后车厢里运到沃顿。

　　我们从河里把榛树拖上岸，按照长度进行布置，然后，像风水先生一样跨过来跨过去，争论着最吉利的地点，最后，决定选址于河岸边朝南、接近棚屋一侧栈桥的某处。河面上传来一声叫唤，施工队的第一名成员已经到了。迈克划船过去接他们，很快，总人数已达到十人：可谓绰绰有余，既然这样，我们也乐得轻松，说说笑笑，做做歇歇。

　　按照榛树干的长度，曲庐结构的尺寸由其自身的逻辑决定。我们用最长的那根建立一个基本框架。把两根木杆放到地上，顶端拉弯使其重叠，我们算出，曲庐的宽度应当是 200 英寸，即 17 英尺。接着，我们用钢板桩打孔，在圆圈另一面把木杆插进去，用榛树边料楔牢。我们在木杆顶部系上绳子，把它们弯成均匀的曲线，抓牢，第三个人用牢固的花园麻线，在接近顶部处将它们捆在一起。我们开始了一堂打结课，我是童子军团长，人人都学着怎么打活结、卷结和捆绑。当然，最好是用荨麻绳，或者像新石器时代的古人那样，用小叶椴扭结的树皮，但我们凑合着用了褐色麻绳。通过退后几步看，或从它下面蹚来蹚去，我们对第一个拱进行了数次调整，直到对其曲线形状和高度满意为止。它成了框架的模板，搭好第二个拱，将第一个拱一分为二，在顶端把两者捆扎在一起。它有 8 英尺高，里头空间宽敞，净空很高。现在，开始等分四足结构的角度，将其变为八足、十六足，第十六根木杆用来做门口，然后在第一和第十五根木杆之间的头高以上用过梁交叉绑住。我们的想法是，过梁一旦加固，将最终支撑起一个门廊，像圆顶建筑一样，使内部成为不受天气影响的庇护所。

用对角线对骨架进行加固：选择长而柔韧的木条，把它们固定于地面，然后缠绕于支柱内外，并捆住某些交叉点。随着越来越多榛树嫩枝以横向或对角线的方式捆绑住框架，框架变成了一只倒扣过来的篮子，越来越坚固。通过四脚梯完成框架顶部的活，很快，它就能支撑起悬挂在顶部的我们的重量。绿色的幼林木，因其鲜嫩和清白，启迪着我们去建造某种自由形式的建筑物，而用常规的直线型的建筑木材，就不可能做到这一点。没有建筑图纸，也不需要遵守木工常规，因而，也就无所限制。建筑在过程中逐渐自然成型，像一棵慢慢长大的树一样。停下来享用野外午餐时，曲庐差不多已经完工了，同时，我们还想了各种办法让茅屋能遮风挡雨。我们认为，按照传统方法，用橡树树皮里的单宁酸，将帆布封顶或篷布染成红褐色，再在下面铺上绝缘毯，应当是最佳选择。处于这一阶段的曲庐是最抽象的。作为一个美丽之物，它本身似乎就是目的。把它盖起来甚至让人觉得有些伤感，尽管如果不加遮盖直面风雨的话，它肯定坚持不了多久。如果保持干燥，避免日晒，绿树框架可以用好几年。在它的自然生命终结时，将不会在岛上留下一丝痕迹。

这个点子，是几周前我和迈克在伦敦一家饭店邂逅时灵机一动想出来的。他和玛娜刚刚接手岛上这一小块土地，想在上面塔一间能抵御洪水、和周遭环境融为一体的简单庇护所，同时兼做偶尔消夏之用：一座英国式的乡间宅邸。岛民议会规定，岛上建筑的结构应当是暂时性的，或"低影响的"。朋友们梦想着要一间曲庐，想知道我能不能帮他们搭建。我当场就答应了。两周后，迈克和我启程前往萨默塞特（Somerset）调研，拜访约维尔（Yeovil）附近"补锅匠泡沫"（Tinker's Bubble）的露营林地居民社区。

　　这一地名，得自于长满树木的小山底部林间空地里的一眼泉水。溪水呈扇形从树林中流出，然后在较低处又汇合到一起。我们在这里碰到了十几个林地居民和四个小孩，他们以合作社的形式住在曲庐里，种植有机食品，从树林中砍伐自己用的木材，自己发电，用柱塞泵把泉眼里的水抬升到山上以利用溪流的水力能。"补锅匠泡沫"是一项社会和生态实验，这一传统可一直追溯到温斯坦利（Winstanley）1649年在萨里（Surrey）的圣乔治山开展的掘土派运动（Diggers）。这是一个自给自足的社区，经营着最初由该项目各个股东购买的40英亩林地、果园、可耕地和牧场。"补锅匠泡沫"于1994年成立时，几乎没人能想象它坚持得了一个夏天。它的名字，很难让人不联想到南海泡沫事件（South Sea Bubble[1]）。不过，尽管面临重重困难，从规划人员的阻挠，到起初的怀疑和当地村民的敌意，但它最终坚持下来了。它甚至还取得了为时五年的规划许可，在遵守居民为自己制定的严格条件的基础上，建立一个深藏于树林中的小村庄。这些条件包括：最多只能有十二名成年居民，另外，它们建造的房子必须在地面留下极浅的印痕，以致一旦拆除，没人能看得出此地曾经建过房子。

　　我们见到的第一件东西，是一台巨大的老式不列颠蒸汽发动机。社区居民把它放在二十四英尺的长凳上，驱动锯木机。发动机和锯木机都安置在一个仓库里，屋顶上覆盖了几十层的空气垫，以稻草捆做墙，以达到隔音的效果。一半的林地都在1960年种植了花旗松和落叶松，因此，将砍伐下来的

1　发生于1720年，是英国历史上一场著名的经济泡沫，与荷兰的郁金香泡沫和美国的密西西比泡沫并称经济史上三大泡沫事件——译者注。

木材锯成厚木板和其他建筑木料，为团体提供了重要的资源，也是他们年收入的主要来源之一。除非有市场需要，或者其他确定的用途，否则，他们从来不乱伐一棵树，团体的股东们从一开始就决定，既不用内燃机，也不用干线供应的电力。他们用锯木机产生的边角料和从林下灌木丛中清理出来的月桂樱来驱动蒸汽机。这些灌木必须要晒得很干燥，因为焚烧绿色月桂会释放有毒的氰化氢，它来自嫩枝里蕴含的氢氰酸。他们另一个动力来源，是一匹名叫参孙的夏尔马，它把原木运出树林，拉大车，犁地。地里种着用来制作茅草屋顶的长草。

我们沿着一条小路，经过泉眼和溪流上山，穿过树林，循着一阵木头燃烧发出的芳香，走向公共圆屋。圆屋屋顶由花旗松和锯木机加工的其他厚木板铺成，上面的草皮用的是自家种植的长草。我们在这里遇到了西蒙·费尔利（Simon Fairlie），他一开始就是这一实验的重要人物，特威弗德高地（Twyford Down）反修路抗议活动的老兵，口才很好，曾是《生态学者》（Ecologist）杂志的副总编，并一度是萨利斯伯里大教堂（Salisbury Cathedral）的石匠。由于从"补锅匠泡沫"获得的经验，他还是一位了不起的规划师，是备受好评的好书《低影响发展》（Low Impact Development）的作者。该书让人们对规划法规进行反思，倡导一种新的规划思路，让人们可以在土地上独自劳作，并住在那些对环境的干扰小到可以忽略不计的房子里。那天下午，西蒙正和其他几位居民围拢坐在中央壁炉旁，就规划方面的问题进行深入的开会讨论。其中一位叫迈克尔·扎伊尔的居民，邀请我们到他的曲庐去喝茶。"补锅匠泡沫"有一条政策是这样的：除了圆屋这一公共空间，以及厨房、果汁房、洗衣房和各种工作间，每个人都有自己独立的家。

迈克尔的曲庐高高地坐落于树木丛中，通过屋子一端的大窗户，居高临下地俯视着山下。我们经过一个帆布覆顶的门廊，踏上双层木地板，进入一个大约有二十英尺长的温暖空间。一个与老旧液化气钢瓶焊接在一起的木头炉子，把薄薄的烟送入加肋管，加肋管通过一块防火金属板拧出去，固定在篷顶上。窗前放着一张桌子，桌子上堆着书籍和纸。书架沿着榛树做成的曲庐墙排列，以帆布底下垫的毯子与外头很好地隔绝。我们坐在稻草捆上，迈克尔解释了排水系统的重要性。它由挖空的水槽组成，可以将雨水从每一座曲庐引开。我注意到了围绕墙壁的小壕沟，并意识到，对于曲庐居民而言，保持干燥和温暖一定是头等大事。

迈克尔带着我们到外头参观。我们在一座有木头火炉取暖的漂亮的穹形曲庐里，见到了盖瑞、邦妮和他们的三个小孩。曲庐里总是会设置一个门廊，它是连接屋内屋外的一个最小空间，对保存热量起到了关键作用；另外还有铺了毛毯或地毯的地板。没有两座曲庐是完全一样的，处处可见匠心独运之处。玛丽住在一幢完美的缩微网格状球顶屋里，榛树条搭成的球顶六角形的交叉点，用从中间敲扁的铜水管以海星状连接，然后用翼形螺钉的螺母和螺栓固定住。每根榛树条都经过切削，紧紧贴在它铜袖口的内部。贝卡的曲庐亦呈圆顶状，上面覆盖着帆布，并有一个聚乙烯的天窗，帆布用绳子绑住并固定在地上以抵抗强风。它一头的墙是用玉米棒垒成的，屋子四周也挖了排水用的壕沟。所有的屋子都利用了废弃的窗户，一些系于树上，或用牵索加固在树上。这些屋子都是不同材料的大杂烩：从用作脊梁和框架的木头上砍下来的白蜡木和榛树的嫩枝，农场贱卖会上购来的柏油帆布和绳子，废弃的院子里拿来的窗户和门。显然，绳子是最重要的，需要用它系住像易碎包裹一样包在柏油帆布里的曲庐，然后固定在树上或木质的帐篷钉上。一座圆顶帐篷正在施工中，远处的树林里，矗立着一间堆肥厕所。所有的林中居民都对我们的冒昧造访，以及驾着汽车前来这样不合时宜的做法，报以宽容的态度。

遇到这些毫无妥协地将自己的生态政治理念身体力行的人，不能不令人深思。如果说他们是原教旨主义者，那么，他们是你能想象到的最和平、最开明的原教旨主义者，无疑，我们应当以同样的严肃对待存在的基本问题。他们想要的一切，就是能过尽可能简单的林中生活，艰辛劳作，对于自己无法制造和种植的东西，或者在生态上具有破坏性的东西，他们就算没有也行。但更重要的是，他们实际证明了，还有另一种生活方式，一种与树林和土地更亲密的生活方式，它更慢，更从容，更良性。它平静地坚守着绿林的价值观。

重游新森林

自从学生时代失去联系后，我从位于小霍克斯雷树林边埃塞克斯鳞翅目学家们所在的农场，第一次给巴里·格特写信。很快，我就收到了巴里的回信，邀请我去新森林盘桓小住，并重游博利厄附近那些老地方。巴里如今已七十多岁，从教学岗位上退了下来，专心于昆虫学研究和写作，和妻子简住在钱德勒斯福德（Chandler's Ford）新森林边缘他从小长大的房子里。

巴里出示了我们的生态记录，博利厄之书。他把它安置在书房里，和希尔公司（Hill & Company）制造的经典木制昆虫展柜排在一起。玻璃门后面，是一层层抽屉，里头放满了他心爱的蟆蛾和其他昆虫的装裱好的标本。巴里取出了那两本书，我们一起翻阅。博利厄之书上册记录了我们的植物采集和调查，下册记载了动物学方面的探索。每本活页册都用褐色硬纸板、帆布衬里的封面，用一种巧妙的固定装置装订，这种叫"洛克索尼娅活页夹"（Loxonian Binder）的装置，用两根鞋带穿过整齐排列好的纸张的孔，然后拉紧，拴在封面上一对蜗牛形状的弹簧上，好像你是在一艘小艇上，刚刚兜风回来。

巴里、简和我沿着小路穿过荒野，前往过去的露营地点。我们经过龙胆谷，欣慰的是，深蓝色的沼泽龙胆仍在那儿，开着花，一半隐藏在石南丛中。但露营地点已经完全被金雀花占据，看不出一丝痕迹。我们穿过铁路支线上面的木桥，拐向下坡路，路过黑高地上的欧洲赤松，沿路走向泉眼。它仍在那儿，汩汩地流着，但已被铁路公司围了起来，不好走近了。

在前往矮马厩的途中，我问巴里，何以在这样一个理想的蝰蛇栖息地，却没有见到很多蝰蛇。他说，新森林的所有蛇类，包括青草蛇和本来就一直很少的滑蛇，数量都已大大减少，因为人们像迫害胡蜂和大黄蜂一样迫害它们。我们发现，矮马厩已经用漂亮的新木头翻修过，地上也铺上了砾石。鼠尾巴草踪迹全无。另外，在夏特福德低地，罕见的无性布谷鸟剪秋罗种群长势良好，之前，由于英国路网公司（Railtrack）在那儿修建了一道栅栏，它显然曾经消失过一段时间。零星的植株存活了下来，度过危机，慢慢又繁殖成如今的规模。

　　到达第一沼泽时，我们趴在木桥上，在泥炭水里寻找水生细叶狸藻，当地另一种食虫植物。它还在那儿，香肠梅也在。但在第二沼泽上的另一座桥下，往日曾经清澈无比的河水，如今看上去黑乎乎、油腻腻的。罕见的小狸藻已经消失，十刺棘鱼也难觅踪影。"我爱汉普郡和新森林，"巴里说，"但对这里正在发生的事感到悲哀。"由于林业委员会的不当管理，森林密布的沼泽上游，以及沼泽本身，都已经被大量排干水分，河流也经过了疏浚，为的是得到更多的放牧地。这已经导致棘鱼在本地灭绝。后来，意识到错误后，他们筑起了水坝，让沼泽重新淹没于水中，堵住了让水保持清澈和富含氧气至关重要的入水口。于是，水涯狡蛛也消失了。

　　不过，当发现本地野生剑兰仍然生长于博利厄之书指明的地方，藏在"主教大堤"附近的欧洲蕨丛中时，我们的兴致又提了起来。绕道进入"木顶棚"，我们走向一棵四周由桦树围绕着的老橡树，它的枝条往水平方向延伸了不可思议的长度。暮春时节，我们常常在它的树皮缝隙里寻找一种叫merville du jour 的飞蛾的幼虫。到了八月，巴里有时会带着鳞翅目学者们在树下挖掘埋在那里的飞蛾蛹。在"火山口池塘"（Crater Pond）上方，我们见到一只帝王伟蜓，更远处，在老橡树丛和"木顶棚"以冬青树为主的下层木里，我们见到一棵上半部分已经枯萎的橡树，笼罩在乌压压一片大黄蜂、食蚜蝇和蝴蝶当中。铅笔大小的凿洞布满整个树干，树液从这些洞里或滴落，或喷射出来，闪闪发亮的糖浆使树干变黑，这对昆虫是难以抵挡的诱惑。这棵树仍然活着，但它巨大的身躯显然已经衰弱，似乎正在慢慢地流干鲜血，走向死亡。它就像一头被蚂蚁吃空的老年公象。

　　这样干燥的地面上，却能长出这么多苍翠欲滴的植物，实在令人惊叹。我想起泰莱集团（Tate & Lyle）的金色果汁罐头上蜜蜂环绕的卧狮，还有那句格言："甜蜜来自于强者。"我们走进这棵老树，观察着在其残骸上飞舞的几十只醉醺醺的大黄蜂、大西洋赤蛱蝶、斑点木蝶、白钩蛱蝶、孔雀蛱蝶，在这个优惠时刻，尽情汲取着它流出的琼浆玉液。巴里解释说，这是一棵木蠹蝶树，是大型木生幼虫的寄主；这些幼虫在化蛹及变为成年飞蛾之前，可以在白木质坑道里住上四年之久。一代又一代的木蠹蝶幼虫，让这棵树腐蚀、变形。我们站着观看大黄蜂，惊叹于这些饱受误解的昆虫斑纹之美。我从未发现大黄蜂具有攻击性，只要你对蜂巢敬而远之。它们是无与伦比的装饰纸艺术家，在蜂巢中创造了伟大的昆虫建筑。将黄蜂巢流动的、生气勃勃的设计和弗兰克·盖里（Frank Gehry）的设计进行比较，你很难不做出这样的结论：毕尔巴鄂古根海姆博物馆之类的建筑，不知不觉地受到了微不足道的黄蜂的启发。

穿越森林，黑斑蝗莺和汉普郡蝉的鸣叫，一刻也不停地从沼泽和湿地的黄华柳中传来。往北转向丹尼树林，踏着金黄色的山毛榉树叶，我们注意到，森林非常开阔，缺乏新长出来的植物。我们经过了一小片独立生长的冬青树林，它们或许是新森林特有的冬青灌木林的残余，已经被鹿和矮马啃得面目全非。不断的啃食已经让这些冬青变成复杂、扭曲和奇异的形状。

我们注意到了森林内部显著缺乏自然重建的现象，树冠层由高大的山毛榉主宰，很久以前，它们还是灌木，如今已经长成 60 英尺高。地面以上 6 英尺处，有一条明显的摘食线，意味着仍有很多鹿在这里采食，尽管一项议会法令，即 1851 年颁布的《迁鹿令》，已经正式禁止这么做。按照科林·塔布斯（Colin Tubbs）在其新森林生态史中的说法，那时候森林里大概有七八千头鹿，大部分是欧洲黇鹿，另有三四百头马鹿。自从 1670 年对新森林进行第一次普查以来，这一数字基本上就没变过。这么多的鹿，需要用干草进行人工喂养，特别是严冬期间。1851 年法案颁布后，至少有 6000 头鹿被官方猎杀，非官方猎杀的还有很多，但总有一些留了下来，种群数量慢慢上升到了大约 2000 头。每年仍需射杀 800 头。狍子大概在 14 世纪已经在英格兰灭绝，但在 19 世纪又重新引进，目前在新森林大约有 300 头，另外还有麂和梅花鹿。

1826 年，当威廉·科贝特骑马穿越新森林时，以其惯有的实用、怀疑的口吻问道：

要这些鹿干什么呢？谁去吃它们？它们是给王室准备的吗？你瞧，单单是里士满公园里养的鹿，就足够满足王室所有支系的所有家庭一年到头的需要，即便他们每个人都跟庄稼汉一样能吃，即便他们从来不尝任何一口其他的肉类，只吃鹿肉！既然如此，在新森林里养鹿，到底是为了什么？为了谁？

科贝特把养鹿视为"长着尖利长牙的贵族阶层又一次深深地咬了我们一口"。他指出，新森林是公共财产，一块公地，"即便再穷的人，也有利用它的权利"。任何人只要夜间去抓这些猎物，就会被流放，他对这一做法提出了质疑。用公共财政给森林委员会委员们发工资，让他们去种植干草，喂养这些鹿，同时，发给他们另一份工资，让他们去种植会被这些相同的鹿吃掉的幼林，科贝特认为这简直太荒谬了。25 年之后，1851 年的迁鹿令，要解决的正是同样的问题。

鹿、矮马和牛，喜欢吃树林里的树苗。当实验性的围墙把山毛榉林围起来后，里头长出了比以往多得多的小树，但大部分是耐阴的山毛榉，妨碍丹尼树林重生的最大因素，正是山毛榉自身形成的树荫，要么自然倒塌，要么人工砍伐，树荫最终会消失，让阳光重新照进来，从而引发又一轮混合的林地重生。我们的学童蕨类调查员乔治·彼得肯，后来以研究生身份重返此地，开始如今让他声名远扬的自然林地保护工作。

时不时地，我们就会经过颓圮的死山毛榉树，上面布满了寻找昆虫和幼虫的啄木鸟啄出的洞。巴里描述了啄木鸟的构造，如何巧妙地适应了垂直上树的需要。为了让自己的身体紧贴树干，啄木鸟的胸骨的龙骨通常是空心的，腿很短，脚和爪子呈张开状，钩状趾尖往后指向相反的方向。为了防止自己向后跌落，啄木鸟甚至用它的短而坚硬的尾羽在树皮上挖洞。啄木鸟的舌头很长，舌尖处带有倒钩，用细线把幼虫从它们在木头里挖的地道内勾出来，放进自己百得胶似的喙里。

在穿过车站荒野回来的路上，我检视潮湿的泥煤，寻找茅膏菜，它们仍在那儿，叶子临风招展，这样，一只粗心的昆虫，可能就会触动它们多蜜、易潮解的触手。纯粹出于对科学的兴趣，我曾经从博利厄顺手牵羊拿了两三朵茅膏菜，养在厨房窗台上的花盆里。母亲勇敢地接纳了它们，以及网眼帘上古怪的螳螂，后者是我从法国笔友弗朗索瓦居住的芒通（Menton）开出的蓝色列车上偷运回来的。我很喜欢这些碧绿青翠的螳螂，一半是植物，一半是昆虫，有着可以旋转的三角形脑袋，眼睛像漫画《老鹰》中的大反派麦孔。我猜，作为娱乐，苍蝇在厨房窗玻璃上角斗士般的挣扎，代替了当时的恐怖电影。但如今，当他们把这类东西拍摄下来，并在电视上称之为"博物学"，我觉得很廉价、令人厌恶。和学童时代一样，博利厄和新森林现在仍影响着我，而且，由于对它如此熟悉，并至少部分地理解了它，这影响就更深刻了。我们像一个部落，这片荒野就是我们的梦想，而巴里是我们的圣人和酋长。我们甚至说着某种富有诗意的林奈式语言：*Drosera rotundifolia*（圆叶茅膏菜）、*Impatiens nolitangere*（水金凤）、*Myosurus minimus*（鼠尾巴草）、*Dolomedes fimbriatus*（水涯狡蛛）。甚至"食虫的"（insectivorous）这个字眼都在舌头上滚动出美妙的感觉。但窃以为，没有比茅膏菜更富诗意的了。像生长于泥炭沼里层层叠叠富有弹性的泥炭藓一样，博利厄之书通过不断的积累，慢慢变成某种具有持久价值之物。我们写下属于我们自己的博利厄故事，把它们画在我们自己制作的、直到今天仍烙印于我们脑海中的地图上。我们还学会了一些新森林特有的语言：济慈将这些语言称作"大地的诗歌"。

1826 年 10 月 7 日，星期二，在丛林德赫斯特（Lyndhurst）去往博利厄村的路上，科贝特骑马经过我们的"营址荒野"和"黑高地"时，沿着右边的"木顶棚"从沼泽边缘绕过，然后穿过前方两公里处的坦塔尼树林（Tantany Wood）。那天，他最常看到的觅食者并非牛、矮马或鹿，而是猪。

在离博利厄（当地人念成"比利"）村不远的地方，我们经过了一片树林，里头主要是山毛榉，而山毛榉似乎注定要成为猪的食物，这些猪，今天我们见到的，有好几千头。我想，我们看到的猪和鹿的比例大概是100：1。有一阵子，我停了下来，清点自己周遭猪的数量，竟有140头之多，都在离我的马50~60码的距离之内。

在每年秋季的两个月内，允许公地放牧者把猪赶到森林里，啃食山毛榉的坚果和栎实。这些林地牧猪权延续至今。这是在林地里扫除十月早熟的绿色栎实的一个办法，因为这些绿色的栎实可能会令牛和鹿中毒。

次日早晨，巴里和我走的是和科贝特一样的路线，沿着博利厄河，路过博利厄村的大池塘，再经过巴克勒哈德村。海军曾在这个村里，用新森林出产的橡木建造战舰，并在此下水。我们和科贝特一样，来到海边一座位于圣莱奥纳德教堂和一个巨大的什一税谷仓旁的农场。他被一位村民误导至此地，但能看到索伦特海峡（Solent）、博利厄河以及怀特岛，他感到很高兴，并觉得这个地方要比博利厄村本身漂亮得多，它才是博利厄（beaulieu，法语"美丽之地"）最初得名的缘故。他接着给那位叫约翰·比尔先生的农夫一堂短课的福利，向他介绍"比利"这个词的诺曼词源。

我们沿着一条小路向南，穿越田野，经过由橡树和黑刺李组成的树篱，来到海边。这些树篱蜷缩着，随风飘动，似乎没有融入这个平静而壮丽的早晨。海滩上没有其他人，除了依稀可见进进出出博利厄河的船只的帆尖，和涨潮线上的浮木，见不到一丝人类生活的痕迹。眯缝着眼迎着朝阳，往宽阔而平静的索伦特海峡看去，只见考兹（Cowes）那边几十艘游艇的轮廓：这一片遥远的桅杆和风帆的森林，不久前都是木质的，由直纹的云杉精巧制作而成，而现在可能都是铝或碳纤维制成的。

这是一个远离尘嚣、多少有些私人化的海滩，其漂浮物并未得到清理。这是蒙太古勋爵庄园的一部分，是一个自然保护区，大部分游客都是观鸟爱好者。我们不时遇到他们用浮木长凳搭建的临时帐篷，吃三明治的场所，旋开的热水瓶胆，以及关于新到鸟类的交流情报。浮木和海岸沿线丰富的鸟类活动是紧密联系的。漂浮物为蚋和其他小群涉禽的食物提供了庇护所。这些涉禽——剑鸻、赤膀鸭、黑腹滨鹬，像一个单一有机体一样变换方向，飞起、降落，保持完美的一致。它们都沿着海岸觅食，警惕地注视着河口桅杆上休息的一只游隼。

一条狭长的卵石带，孤独地在盐泽和大海之间延伸了一英里左右，直到博利厄河的河口。我们沿着卵石往前走，巴里肩上扛着一架望远镜和三脚架，不时放下来，观察鸟类。在波光粼粼的索伦特海峡那边，怀特岛起伏不平的地貌，它那树林密布的山岗，它的田野和绿篱，看上去如此温馨诱人，很难想象它居然是我叔祖父乔待过的监狱。

浮木的美妙之处在于，大海的运动，会蚀刻纹理线之间较软的木头，暴露出木头的肌腱，把它漂白成淡灰色，使它变得光滑，把它所有的边边角角都磨圆。你想把它捡起来，触摸它。心念一动，我拾起一块两条面包大小的别致的松木片，它的角已被海水磨成漂亮的圆形。只要时间够久，大海说不定能把它磨成卵石。松木片底下，是一只长尾田鼠和它的窝。它坚守着阵地，护着两三只已半成年的小田鼠，麻利地溜进隔壁的海篷子丛中。在如此遥远的地方，打扰到这一家子的宁静，我有点尴尬，于是轻柔地把它们的房顶放回原位，希望能用某种方式告诉它们，刚才的举动完全是一次误会，它们安全得很。田鼠脸上那副受伤、不确定、疑惑的表情，一直留在我脑海里。它坚守家园、引诱我们远离其子女的勇气亦令我难忘。这对人们是一个有益的提醒，让他们看到，遇到意外的暴行，你会展现出何等的力量、何等的潜力。

卵石带的半路，有一根临时旗杆，旗杆一半处，飘着一面法国旗，这是一个像园丁鸟巢一样的浮木堆。各种各样的漂浮物聚集在一起，形成一个超现实主义风格的装置。一堆浮木桅杆簇拥在中央图腾柱周围，周边的灰色木棍排列成编织物图案，并点缀着诸如此类的物件：似乎永远踏浪而行的啪嗒啪嗒响的拖鞋和运动鞋、可乐罐子、华丽炫耀的软木塞、捕龙虾桶上的浮标，还有海滩上数量庞大的蜘蛛蟹的全副武装的白色甲壳。巴里认为，这是"马铃薯肉饼们"（the Cottage Pies）的杰作。他指的是那些周末旅行者，他们每周五晚都会出现于沼泽另一侧那一排庄园别墅里，或者，当观鸟者暂时无鸟可观时，出现在他们的望远镜镜头里。

浮木，像沙与海一样，是自由的，因此，它能强烈诱惑人们去玩耍。正如沙塔，它召唤出人们心中原始的建筑欲望，以及在沙滩上留下自己签名的需求，不管这签名是多么转瞬即逝。浮木篝火往往很美丽，尤其是黄昏时分，因为木头里蕴含的盐分，燃烧起来会发出绿色和蓝色的光。

这儿几乎长着所有的海滨植物：亮黄色的长角海罂粟仍然开着花，淡粉红色的海南芥也一样。海滨刺芹、海甜菜、蝇子草、悬崖海篷子、海大戟，以及据说蒙太古勋爵爱吃的海甘蓝，都在卵石滩上丛生着，掩蔽在浮木小凹坑里头，它们的颜色，在盐渍木头的淡灰色映衬下，显得格外鲜艳。卵石滩后面的沼泽上，长着成片的淡紫色海薰衣草和深红色的美洲地榆，而在水面对岸，河口所在之处，那头游隼仍旧安坐于桅杆上，监测着周遭的动静。

栎瘿日

夜幕降临，我走了一英里上坡地，穿过大维熙福德村（Great Wishford）外的玉米地，往沿着熟睡的山脊延伸的黑魆魆的格罗夫里树林（Grovely Wood）走去。这是一个星光闪烁的美妙夜晚，一弯新月，两旁长着峨参的白垩路，在夜色中闪闪发光。在树林内十几码、路一侧岸上的长草丛中，我找到一个绝佳的露营地。它俯视着通往村里的货运路，而一旦钻进露营睡袋，陡峭的路岸就把我完全隐藏了起来。我栖息于非官方露营者熟悉的那种混杂着疲倦和警醒的感觉中。獾很快在树林中吵吵闹闹起来，不时夹杂着几声嘶哑的狐狸叫。但当一切归于静谧，我抬头凝视着星星时，能听见露水轻柔地滴落到身边的像树叶、滴落到我脸上的声音，我沉沉地进入梦乡。

这是栎瘿日（Oak Apple Day）的前夜，也是大维熙福德村村民，按照 1603 年一份给予他们的特许状的规定，每年一度到皇家格罗夫里树林重新主张自己采集木头权利的日子。特许状肯定了他们"自远古以来"就拥有的对树林的权利，所谓"自远古以来"，通常指的是最后审判日之前很久很久。它郑重要求全村的人，在每年的五月，到六英里外的萨利斯伯里大教堂（Salisbury Cathedral）参加舞蹈，大喊"格罗夫里！格罗夫里！格罗夫里！全部的格罗夫里！"以此声明他们对森林的权利与习俗。村民有权拿走装得下一大车的"枯死的树枝和木棍"，直到最近，一些年老的教区居民，仍在践行这一权利。但带有明显异教痕迹的最古老的仪式，是在栎瘿日砍下橡树上的绿枝条，运回村子里，点缀每座房子的门廊和教堂的塔楼。习俗要求仪式在一大早进行，这就是我来树林宿夜之故。

目前这一阶段，我对格罗夫里树林的了解，无非是地图告诉我的那点信息。我知道，它高高地坐落于纳德河（Nadder）与怀利河（Wylye）交汇处上游三英里处的分岔地带。两河于威尔顿（Wilton）合流，并在萨利斯伯里汇入埃文河（Avon）。树林有两千英亩，沿着白垩山脊东西向分布。它最近的边缘，即我目前藏身之地，离维熙福德村不到一英里。我还知道，自己正扎营于彭布罗克与蒙哥马利伯爵（Earl of Pembroke and Montgomery）兼采邑领主和森林管理者领地的一个小小的角落里。他的祖先们曾不时地试图剥夺村民们获取柴火的权利。

深更半夜，我被下面路上传来的脚步声吵醒。有人就在我身边走过，并消失于树林里。才三点四十分，我睡意正浓，不想一探究竟。偷猎者？患了失眠症的乡巴佬？到三点五十分，第一缕晨曦开始发出微光，几只白嘴鸦在浓重的雾气里飞出树林。当第一批云雀已在下面的田野上空飞翔，蝙蝠们仍在森林里飞来飞去。我躺着听布谷鸟叫。到三点五十五分，下面的村子里传来一阵杂乐乐队发出的噪声：这是所有刺耳声音的大杂烩，为的是把村民们叫醒。从雾气里传上山来的这片声音，让人实在不敢恭维。低音鼓、猎号、炖锅盖、踢足球的砰砰声、手推车上的老教堂钟，都混在杂乱无章的游行队伍里，一家一家地使劲地敲过去，直到屋内的灯光亮起。此时不捣乱，更待何时！

　　乌鸫和画眉此时已在树林里纵情歌唱起来，四点钟时，我已起身，透过漂浮于怀利河谷上方的薄雾的深海望过去。转过头，我看到一个绿色的轮廓，用带叶的橡树枝做成的鹿角把自己整个包裹起来，浑身一半是树，一半是鹿，从树林里钻出，沿着下面的路，大步向我走过来。这个怪物乐呵呵地随口跟我说了一句"早安"，又往前去了。我跟上他，发现他顶着两根精选的树枝——一根装饰他的房子，另一根是"婚枝"，将会吊到教堂塔楼外面挂出去，祝福这一季节结婚的夫妇多子多福。他从树叶里和我解释说，任何比男人手臂粗的树枝，都不可以砍伐。

　　我们到达村子时，杂乐乐队已经回到教堂远端的村头树（Town End Tree）那儿。村头树现在是一棵橡树，但据说早年间曾经是一棵古榆树。它标志着下午进行的栎瘿日游行的起点。窗户里都亮起了灯，光线照进晨雾中，林鸽仍然熟睡在电报线路上。教堂的钟声敲响了，手拿钩镰和弓锯的人们现身于西街的旗布下，向树林进发。

　　我搭着克里斯·洛克的便车，和他们一起重新上山。克里斯在自己村内的家里撰写教育类书籍。走了一段上坡路后，我们从雾气里钻出来，沐浴在照耀着树林边缘的朝阳的光辉里，进入以橡树为主的林中牧场。橡树林有一条摘食线，可能是几个世纪栎瘿修剪和牛羊啃食的结果。克里斯和我加入其他忙于砍伐枝条的人群中。克里斯一边仔细挑选着自己的枝条，一边向我解释这一技艺的微妙之处。这一天稍后，栎瘿俱乐部会对这些树枝进行评判和颁奖。俱乐部成立于 1892 年，是村民伐木权的代表机构，并旨在让五月庆典永远流传下去。获奖的树枝应当像牡鹿的角，树叶繁茂，形状匀称，上面最好嵌着栎瘿，一种因瘿蜂幼虫刺激而长在树上的富含深棕色五倍子的奇异球状物。

　　世界各地都有关于这类树木崇拜遗迹的详细记载。在康沃尔（Cornwall），人们在五月第一天，用美国梧桐或黑刺李树枝装点大门，而在爱尔兰的韦斯特米斯郡（Westmeath），人们会于五月前夜（May Eve），在门前堆出一整个灌木丛，再装点以从田野采摘来的春日鲜花。各村子里人们围着跳舞的五朔节花柱，过去很可能是每年从树林里带出来的活的新树。在《金枝》里，詹姆斯·弗雷泽爵士引用了北巴伐利亚人的例子，他们每隔几年，就会从森林里带回一棵鲜活的冷杉树，砍掉它的枝条，但小心翼翼地在顶部留下一束绿叶，"以此作为纪念，告诉人们，他们要相处的，不是一根死的木干，而是绿林里的一棵活的树"。诸如格罗夫里仪式之类的庆典，最初是怀着极其严肃的目的而举行的：希望在整个即将到来的季节里，促进教区内所有活的生物的繁衍。人们真的相信，在活的树枝里存在着某种神圣：它蕴含着某个看不见的生长之神。它是一件能保佑所有进进出出之人的圣事，并且，通过携着树枝，在春天最旺盛的时节，绕着农家庭院并进入田野游行，能够将其再生和生长之力，传递给所有遭遇之物。

曾经神圣的树林，如今人头攒动、人声鼎沸。两名妇女举着像大花束一样的树枝拍照，俯视着山谷："看那薄雾——我们是在瑞士吧"，"我觉得更像是在威尔特郡"。

大部分橡树、冬青和榛树都经过了截枝和修梢作业，它们在树林的劳作和收获季节，可以提供充足的林下灌木、秋季坚果和冬青饲料。我往橡树丛深处走去，欣赏着林间空地上的美景：那里长满了特氏老鹳草和水杨梅，筋骨草呈现出浓烈的蓝色，宿根山瞬上撒满了黄色的花粉。浓重的露水和雾气，诱出了几十只蜗牛，它们在白垩石头上爬过，像全副武装的骑士一样，精神抖擞、四处探索。沿着坚硬的小路，登上掩盖于树林之下的山脊顶部，我发现越来越多的冬青、白蜡木和覆满苔藓的老山毛榉树。一棵巨大的山毛榉，或许无法承受自身树枝的重负，倒卧于一片落叶松中间的空地上。它的树皮已经剥落，树干裂开，上头长满了头重脚轻的蘑菇，它们已部分腐烂，吸饱了水分，菌柄过分生长，肥大无比。太阳渐渐爬升，被薄雾衬托得更清晰的阳光，斜斜地透过落叶松的枝叶，照射到长满风铃草的地面上。狍子沿着一条骑道蹦跳而过，而我则发现了一棵呈自然螺旋形的橡树。另一棵橡树嫁接在一棵榛树上，形似杂交，有着两套根，却像单棵树一样生长。

当教堂大钟指向八点半时，我已经回到大维熙福德村。钟声当当敲响，人们把婚枝吊到钟楼外边，倒过来挂着，像一面旗帜。我加入小酒馆里的新异教徒中间。在用橡树枝装点完自己的房屋后，他们胃口正好，一起到"皇家橡树"酒馆用早餐，准备接下来挤上四轮马车，登上去往萨利斯伯里的六英里路程。

大教堂前面，四名妇女，身穿维熙福德妇女自 1825 年以来就穿戴的农村盛装，头上顶着榛树束和橡树棍，跟着草坪上一架手风琴发出的音乐，跳着庄严的舞蹈。她们围着由橡树枝搭成的正方形表演，栎瘿俱乐部的成员，则围拢在一面写着"团结就是力量"的旗帜旁，观看她们跳舞。我们都挤进大教堂里面，圣坛上的牧师身前，响起了一片呼喊："格罗夫里！格罗夫里！格罗夫里！全部的格罗夫里！"多年以前，当人们问及，为何要连叫三次树林的名字，一位古老的村民据说是这样回答的："我们要的是树林的三分之三，少一点也不行。"不过，我注意到，他们并没有呼喊"团结就是力量"。

所有人都成群结队回到村子里，参加一场由侍者服务的盛大午餐。午餐在栎瘿牧场上搭起的一个大帐篷里举行，放食品的搁板桌有好几码长，人们互相祝酒，聆听本地头面人物的十几场演说。我碰到好友苏和安吉拉，她们在烈日下的草地上野餐。1970 年，一度是村民敌人的第 17 任彭布罗克伯爵，已变成一名尊贵的客人，他在午餐时起身，对村民说："栎瘿日必须延续下去。"或许午餐实在太丰盛了，但当时的掌声一定震耳欲聋。如今，成员已超过一千人的公司，对这些仪式和庆典仍不满足，于是聚集在村头树下，来一场餐后堂区辖界大巡视。游行队伍由一个铜管乐队和四位像木棍舞者领头，跟在后头的是栎瘿俱乐部的旗帜和一个五月皇后，以及举着橡树枝的村民，推着着色手推车的农夫，还有伯恩河莫里斯人（Bourne River Morris Men）。他们围绕整个村子兜了一圈，并穿过渍水草甸，一直来到斯托福德河桥（Stoford River Bridge）的堂区辖界，然后返回。接下来是莫里斯人表演的歌舞，各种游戏和玩乐也在栎瘿牧场上进行。

到了午后喝茶时间，我明显感到困倦，尤其是疲于应对当日举行的各种活动中体现出的暧昧。首先，一棵显然具有异教风味的丰产树枝，被竖立在教区教堂钟楼外，而教区牧师却并无异议。接着，在诸多萨利斯伯里当地显要满含赞许的众目睽睽之下，在萨利斯伯里大教堂里举行了更多的异教仪式。作为一个通常能让保守党国会议员获得舒适的多数票的选区，选民们却坐在一起吃午餐，然后戴着橡树叶的扣眼、手持绿色橡树枝游行去了，头顶上飘扬着一面绣着确凿无疑的工党口号"团结就是力量"纹章的保皇党人的旗帜。乱上加乱的是，在格罗夫里树林这一问题上，村民体现出了明显的共和立场，而为庆祝这一立场所挑选的日子，却是 5 月 29 日。众所周知，栎瘿日之所以闻名全国，乃因其是国王查理二世藏匿于希洛普郡（Shropshire）博斯科贝尔（Boscobel）的一棵橡树里，并于 1660 年成功复辟的周年纪念日。在最初的特许状里，砍伐树枝的日子，应当在五朔节（May Day）和圣灵降临节后的第一个星期二之间，因此，这一节庆日似乎有意被延后，以庆祝王政复辟。

这些暧昧之处让我充满疑惑，因而求助历史，以求解某些格罗夫里故事的奥秘。首先，是特许状起源这一历史问题。特许状是 1603 年在格罗夫里森林举行的一次庄园法庭会议上草拟的，原因或许是村民收集柴火和砍伐树枝的权利遭到了某种形式的威胁。有证据显示，森林保护方曾在更早的 1292 年、1318 年和 1332 年，分别企图终止这些权利。每一次，村民们都通过法庭进行斗争。1603 年，庄园和森林刚刚被理查德·格洛布汉姆（Richard Grobham）爵士收购。他是一名发烧级的猎手，1624 年猎杀了英国境内最后一头野猪。看起来，他也很热心地希望格罗夫里森林完全为自己私人所有。

但是，保有收集足以徒步带走的死木头的权利，当然不过是一场付出了极大代价而取得的胜利。从生机勃勃的林下灌丛中截取嫩枝和树梢，这必定是平民的原始权利和习俗，而村民们对簿公堂，维护的无非是这一可怜的权利。这些枝梢材，一直是全国上下的普通村民用以燃烧面包炉子和村舍壁炉的原料。收集死木头的权利，差不多就是吃一点富人餐桌上的面包屑而已。正如每一位林中居民都知道的，死木头虽然体积大，但是重量很轻：它们是很好的引火柴，也能提供面包炉子需要的旺火，不过，几乎一半的死木头已经被真菌、细菌、木虱和昆虫消耗掉了。村民们在去萨利斯伯里的六英里路上载歌载舞，尽管是个饶有兴味的想法，其实无非暗示"让他们为晚餐尽情歌唱吧"。

　　隆冬时分，大维熙福德的村民们，围坐在村舍里微暗的死木头燃起的炉火前，不管他们私下里是怎么想的，事情似乎已经告一段落，直到 1807 年，彭布罗克伯爵购买了维熙福德庄园和森林，并立即在 1809 年向议会提交了一份圈地法案。1825 年，第 11 任彭布罗克伯爵再次企图取消这一权利，但遭到一名 18 岁女性格蕾丝·里德的挑战，她和另外三个人仍然像往常一样去格罗夫里树林收集木柴。四人都被逮捕拘留。由于太穷，支付不起罚款，他们被判罪，并关押于萨利斯伯里监狱。后来，由于公众的强烈抗议和一名律师的介入，他们得以释放。村民的权利再次受到法庭的支持，但在农业萧条和农村陷入赤贫的漫长年代里，更多的争议一直没有断过，而在这样的年份，从格罗夫里树林采集的柴火，对大维熙福德村的村民们烘焙面包以及在冬季取暖至关重要。大维熙福德村民和一代代彭布罗克伯爵们就格罗夫里树林产生的争端，达到了极其严重的程度，并在整个 19 世纪里主宰了村民们的生活。教堂门前头顶橡树棍跳舞的四位妇女，如今代表着与彭布罗克伯爵勇敢抗争的格蕾丝·里德和格罗夫里四人组。

　　在描写诗人约翰·克莱尔（John Clare）生平的剧本《傻瓜》（The Fool）中，爱德华·邦德（Edward Bond）表现了克莱尔和他的同伴们1815 年左右在面对《圈地法案》时的焦虑。大地产所有者颁行的这些法案，剥夺了他们的公地共用权，包括他们对于森林和树林拥有的权利：

帕蒂（紧张地）　　今天早上，他们看见一些家伙绕着牧场转，手里拿着铁链和写字本。就是这么回事。把河名写到本子上。

达基　　还有森林。

克莱尔　　就是因为听了这些让你烦恼？（她点头）你怎么把一条河拿走——（笑）把它关了！

帕蒂　　筑个坝，把水抽干，伙计！

克莱尔　　不能让他这么干——河是他的，也是我们的。沼泽也一样。树也一样。这意味着什么，伙计？我们没法捕鱼了——没了树林——奶牛也不能在沼泽公地上吃草。我

们怎么活？用给他们做工换到的几个钱活不了。我们
需要自己的土地。

达基　　　　他们把地都拿走，就得付给我们像样的工钱。

但地主们并没有支付像样的工钱。1826 年 8 月，在格蕾丝·里德及
其同伴因在格罗夫里树林收集柴火被收监的次年，威廉·科贝特从萨利斯
伯里出发，沿着怀利河谷骑马赶路，穿过大维熙福德村，震惊于触目皆是
的颓败和贫穷。孩提时代，他曾在三英里外的史迪颇朗福德村（Steeple
Langford）待过一阵子，对河谷有着非常美好的回忆。因此，看到普
通人生活如此艰辛，他深感失望。当他抵达河谷更上游的海蒂斯伯里村
（Heytesbury）时，在小酒馆里碰到几个"衣衫褴褛"的男人和男孩，他
们从埃文河上的布拉德福德（Bradford-on-Avon），一直走了 12 英里路
程，到此地采集树林里的坚果。他们是被工厂解雇的失业织布工人。科贝特
没吃晚饭，并在次日上午斋戒，以省下一些钱"让这些伙计吃一顿一辈子从
未吃过的早餐"。"他们有八个人，六个男人，两个男孩；我给了他们半品
脱面包，两磅奶酪，以及八品脱烈性啤酒"。科贝特对他在怀利河谷的所见
所闻态度很明确：

当我看着这些可怜的同胞；当我亲眼目睹他们因为虚弱而步履蹒跚；当
我看着他们可怜的只剩皮包骨头的脸颊，却累死累活忙着准备好小麦肉类给税
收吞噬者们（tax-eaters）狼吞虎咽，再看看自己，骑着肥硕的马，挺着吃得饱
饱的肚子，背上穿着笔挺的衬衫，我实在感到羞愧不已。我为看着这些可怜的
人，并想到他们是自己的同胞而羞惭无地。

公然藐视伯爵的意志，在 1825 年是一件风险极大的事情。格蕾丝·里
德和她的朋友们一定是走投无路了才这么做的。

此后，产生了更多关于格罗夫里权利的争议，乃至到了 1892 年，情势
走向极端，74 名维熙福德教区居民组建了栎瘿俱乐部，并以"团结就是力

量"作为自己的座右铭。这一时期，集体主义的政治理念风起云涌，因此，很难想象，座右铭的选择和俱乐部的组建，没有受到这一时期某些著名的社会主义者和无政府主义者的直接影响：威廉·莫里斯、萧伯纳、爱德华·卡朋特、约翰·罗斯金和其他许多人，在雨后春笋一样涌现的诸如《正义》（*Justice*）和莫里斯主办的《公益》（*Commonweal*）之类的小册子和周刊上，发表了大量的文章。费边社（The Fabian Society）于 1884 年成立，由威廉·莫里斯设计了会员卡的民主联盟（Democratic Federation）成立于 1882 年。设计图案的主题是一棵枝叶繁茂、橡实累累的橡树，里头悬挂着一面旗帜，旗帜上"自由、平等、博爱"的词语下，铭刻着"教育、鼓动、组织"的箴言。到了 1892 年，像栎瘿俱乐部那样扛着旗帜游行，已经是工会牢固树立的传统了。

对格罗夫里的争议仍在继续，1931 年和 1933 年麻烦格外地多，但到了 1987 年，事情似乎已经得到了解决。那一年，陆军中校罗斯（C. C. G. Ross）出版了一部关于大维熙福德村栎瘿日的简史。该书前言是某位彭布罗克伯爵写的："在一个英国农村很多事物正变得越来越糟的时代"，伯爵写道，"知道维熙福德村的栎瘿日传统一直未变，仍像几百年来一样延绵不断，实在令人振奋。维熙福德的人们享有的权利，一直以来都受到了热情的保卫，在萨利斯伯里大教堂开展的几近于异教的仪式，也是独一无二的。我相信，栎瘿日在英国乡村生活的历史中扮演了重要的角色，并诚挚地希望它能延续到'邈远而不可知的未来'"。

这段话肯定能让格蕾丝·里德和她的三位朋友绽开笑颜，当然更不用说科贝特了。到了这一天结束时，我都分不清自己到底是基督徒还是异教徒，托利党人还是老工党党员，保皇党人还是共和党人了。但再次拜访栎瘿牧场上的啤酒帐篷后，我觉得，同时成为这些角色是最佳选择，就像大维熙福德所有其他人一样。"大维熙福德村肯定有许多烧木头的炉子"，我在酒吧排队时跟旁边一位女士说道。"这太麻烦了，"她说，"我们都有中央暖气系统。"

柳树

那天，西风肆虐着吹过平地（Levels），我前往金斯伯里·埃皮斯科皮村（Kingsbury Episcopi），到布莱恩·怀特的柳条园圃，和他聊聊柳树的话题。我从卡里城堡（Castle Carey）驱车出发，前天晚上，那里仍云淡风轻，我看到一队獾若无其事地沿着洛奇山（Lodge Hill）下的街道闲逛，像爱玩的青少年一样，把垃圾箱盖顶下来，偷走，甚至停下来，把杂志店门外的冰激凌广告牌翻倒。黄昏时分，它们早早出现在小镇猪鼻状的峡谷里，焦躁而高效地巡视着，像追求丰厚奖金的市政工人一样，从一幢房子慢慢跑到另一幢房子。

沿山路而下，驶入山脊下方平地南部的萨默顿（Somerton），我在慕切尔尼教堂（Muchelney Church）驻留片刻，欣赏其天顶上的天使。这些绘制于1600年代初的天使，环绕着一轮橡木雕刻、镀着金箔的太阳。教堂导游一本正经地向我解释："天使们穿的是都铎时期的服装，有的非常女性化。"一句话，她们袒胸露乳。一年中的这个季节，你忍不住想看看外边果实累累的苹果园映衬之下，天使们丰满、蔷薇色的胸脯。教区牧师们为何不在教堂院落内种植苹果树呢？作为生命更新和愉悦的象征，还有什么比苹果树更合适象征死而复生的树？我询问两名从教堂塔楼的脚手架上下来的石匠，他们是否知道这附近有绿人（Green Man）的存在。"抱歉，先生，这个我们不清楚"，他们警惕地回答。实际上，我后来获悉，在塔楼作业的过程中，发现了一整套目前尚未引起重视的滴水嘴兽和蠓的雕像；它们是刻在石头上的半人半兽的林地生物，我猜想石匠们是想独自拥有这些秘密。一旦告诉陌生人，它们的魔力就失效了。

去往下一个村子索尼村（Thorney，意为"多刺的"）的一路上，由围住平地的榆树组成的树篱，倒确确实实长满了刺。在金斯伯里·埃皮斯科皮教堂院子里，果园小道上，那些乱七八糟的墓碑，表明湿润的土地在不断移动。暴风雨侵袭的墓地，带来了意外的收获。我的时间还早，因此沿路又走了一英里，登上故事书一般的地洞山（Burrow Hill）。山顶上孤零零地矗立着一棵美国梧桐，还有一架木质秋千。秋千把你升到离峰顶几英尺的高度。你悠闲地荡着秋千，俯视着苹果园，曲曲弯弯的一行行柳树和白杨树，在风中招展着它们银色的叶片。柳条圃分布在芦苇丛生的排水沟中间，牧场上徜徉着蚂蚁般大小的牛群。矿脉里的静水向东延伸，一只秃鹰叫唤着，某个人正骑着一辆旧摩托车，围着下方苹果园里的鼹鼠丘缓慢地颠簸骑行，照看着羊群。我注意到，山顶上的这棵美国梧桐，已经被切割、剥皮，树皮上两英尺见方的伤口，漆成了淡蓝色，可能是用来防护昆虫的。据说，苍蝇尤其不喜欢淡蓝色，因而农舍厨房一般都漆成淡蓝色。我注意到一只木蠹蛾的毛毛虫往树干上爬，它围着疤痕的边缘攀缘，避开蓝色的地方。它往树冠的方向长途跋涉了足足八英尺。

　　下面的村子里，布莱恩·怀特和布莱恩·洛克是平地上硕果仅存的几位种柳人了。一捆捆的柳条，用柳树皮以传统的玫瑰花式捆扎打结，堆在小屋里，准备送走。在一个前开式的大机库里，一年的收成，纵横交错地码放着，足有二十英尺高。布莱恩·怀特牵着他那条黑白相间毛色的狗，在院子里迎接我，然后一起前往威斯特摩尔沼泽（West Moor）那边的柳条园圃。布莱恩说，沼泽一度从头到尾都种满了柳条。村子里每个人的工作，以这样那样的方式，都和柳树有关。十年前，沼泽上还有十位正儿八经的种柳人。如今，这一行已经衰微：平地地区只剩下四位较大的种植户，还有一些园圃只有几英亩的小种植户。今年，另一名本地种柳人梅尔先生业已 75 岁高龄并退休。没人接替他的位置。

　　两位布莱恩种植了 26 英亩的柳条，再细分成每个 3~4 英亩大的小园圃。柳条排成相隔两英尺的行，每棵间距 14 英寸：一英亩大概可以种植五六百棵。尽管每个小园圃周围都有一道山茱萸、枫树、榆树和白蜡木构成的保护性树篱，风还是把它们红褐色的茎干吹得东倒西歪，似乎有意把它们弄乱，以测试其柔韧性。我们走在深沟（rhyne）旁垒起的货车路上，这些深沟是和更大的堤坝连在一起的排水沟。它们将水位保持在刚刚让柳树根够得到的水平。Rhyne 和 seen（看见）押韵，和莱茵河（Rhine）这个词一样，都来自同一个古日耳曼语词根。沟岸边长着绣线菊、紫草和芦苇。

布莱恩指指点点，向我介绍柳树的不同品种。黑槌和弗兰德斯红一直是威斯特摩尔沼泽最流行的品种，他说，这两种柳树他们目前都种植了许多。最适合做篮子的，除了柔韧的黑槌，就数霍尔顿黑了，他们还种植了魏尔伦法国黑和橘色茎干的白柳。旁边的园圃里，一丛丛生机勃勃的杂交种在风中摇头晃脑，一个季节就能长到八九英尺高。其他的柳条只能长到一半的高度。布莱恩说，在朗阿什顿（Long Ashton）的农业研究站，种植着 1200个品种的柳树，还有大约 60 种主要用于藤艺的蒿柳（Salix viminalis）的杂交种和栽培变种。

九月中旬，一旦树叶凋零，树液下沉，种柳人就开始割取柳条。人们一般用钩镰来收割。"我们用镰钩，它顺着茎干滑动。你不得不一天到晚不停地收割，"布莱恩说，"手工收割一英亩，需要一周到两周的时间。那就是四百到五百株，你的高筒靴会烂成碎片。但手工收割是最好的。多年前，我们还有年龄七八十岁的园圃。机器切割的植株，只能维持二十年时间，但有了机器和拖拉机，我们一天就能收割三英亩，它还能帮我们收集柳条并捆扎成束。"

园圃移植是在冬季干的重活，插条是一英尺长粗硬结实的柳枝。布莱恩说，你得戴着用旧靴子制成的露指手套，用脚底板把枝条硬挤进地里。一个园圃需要三年时间才能长成，每个冬天都要砍掉新长出来的部分，以刺激进一步的生长，还得在行间除草，并控制真菌和害虫。柳树从插条自发生长的天然习性，从其学名 Salix 可一窥端倪。该词从拉丁动词 salire 而来，意思是"跳跃"。它的的确确是跃入生命的。动词 sally 意为"进发"，亦来自同一字根。柳条种植极易，所谓无心插柳柳成荫。扎一个柳条桩子的篱笆，或者把一根绿色柳树原木放在潮湿的地面上，它就能存活。所有的柳树都充满生机和活力，它们柔韧的枝条令其袅娜多姿。

"柳树需要经过许多处理。"回到院子的布莱恩说。割下的枝条必须在整个夏天都放在外面干燥。它们需要一年的风干时间，当然，18 个月，甚至两年，风干效果更佳。有一些泡在水里，从圣诞节一直到四月都维持存活状态，然后剥皮，制作白柳。其他柳树则在一个形似饮牛槽的 16 英尺长的水槽里，下面用砖砌的煤火锅炉加热，连续不停地煮 8 个小时。单宁酸从树皮里溶解出来，将木头染成金棕色。融满了单宁酸的水槽变成黑色。柳枝投入剥皮机——一个像打谷筒一样的旋转闸——出来的时候，就是制作钓鱼竿或自行车篮用的软皮了。布莱恩说，十年前软皮还供不应求，但现在人们更喜欢棕柳：带着树皮、看上去更有乡村风味的柳条。人们甚至一捆捆地买来棕柳，举行婚礼时立在教堂的走道上。不过，种柳人现在通常不是卖给批发商或制造商，而是卖给做编织活的个体妇女。他们还供应热气球吊篮的制造商，对吊篮而言，富有弹性和坚韧的柳条是最理想的材料。他们还给柳条棺材的编织者供货。

塑料购物袋和大型超市出现后，编篮行业除了少数人硕果留存，绝大部分已经自然消亡。诺福克（Norfolk）有一个人，仍然在制作禁卫军官兵所穿熊皮的藤夹圈，而汉普郡那边的泰斯特河（River Test）上，有个人还在做捕鳝笼。斯托克桥（Stockbridge）上游一英里处的朗斯托克（Langstock），你转入一条通向河边、叫作"兔子"的小街，就会看到，在河流看护员茅草覆盖、圆锥屋顶的茅屋旁，厚木板桥底下，十几只柳条编织的、看着有点像蜂巢的捕鳝笼，横跨着河面一字儿排开。

不算太久以前，靠种植柳树，也能维持不错的生活。1938 年，马辛厄姆（H. J. Massingham）记述了对一名普通的英国乡村编篮工的拜访经历。"如果生意不错，"马辛厄姆说，"编篮工一年能用掉 8000 捆的柳条。"这位编篮工 40 年来一直在编织煤筐、燧石筐、果篮、容量五布什尔的糠篮、给桑篓，"以及肉店伙计和蔬菜店通用的肉篮、蔬菜篮"。生涯早期，他还编织捕鳝筒、捕龙虾筒和"霍迪罐"：一种以蜗牛为诱饵捕捉麻雀的柳条罐。他还会编一种特殊的"黄油篮"："这种篮子上面有一个盖子，可以装 36 磅黄油，三配克水果，或八到十二只爱兹柏立鸭。"柳的用途极其广泛多样，编织工的技艺也是代代相传。"两个小时——其中一半时间用于聊天，我看着一捆柳条上下翻飞、弯曲扭折，变成融艺术与实用为一体的成品，这一建筑经验我大概再也忘不了。"马辛厄姆写道。在技艺最娴熟的时期，这个人一天能编织十二只篮子。各种各样像蛛网一般刚开了个头的篮子，挂在我工作间的零散角落里。作为屡尝失败苦果的编织新手，我深切体会到，这一手艺需要怎样的力量和技巧。编织通常被描述为"缓慢的""冥想的"工作。对某些人而言或许不假，但当你看到一个正在劳作的职业编织匠，就会发现，它也可以速度飞快、一气呵成。

根据布莱恩·怀特的说法，环境保护署对延续平地上的柳树种植传统几乎没什么热情。他们甚至从波兰购买廉价柳树来维护河岸，压低本地种植户的价格，或忽视他们的存在。几个夏天以前，当威斯特摩尔沼泽上的柳条园圃，被阴雨连绵后满是污水和死鱼的死滞河水淹没，环境署也没有派出哪怕一个人来视察岌岌可危的柳圃。污浊、有毒的河水，将那一年的收成毁坏殆尽，给洛克先生和怀特先生造成了30000英镑的损失。他们从来没有得到任何补偿。许多博物学家和徒步爱好者来到威斯特摩尔沼泽，欣赏柳条园圃的文化和自然风光，然而，布莱恩说，环境保护署计划永久性地淹没这一地方。这将意味着当地柳树种植和编织行业的末日。

接下来的一周，我前往埃塞克斯，到板球世界的圣地之一，寻找制作板球拍的柳树。在切姆斯福德（Chemsford）附近大莱伊村（Great Leighs）的柳树批发商赖特公司（J. S. Wright & Sons）的贮木场里，我找到了大致切割成板球拍球板大小和形状的裂片，高高地堆积在货盘上，在空气中自然风干，看上去像刚出炉的淡奶油色面包。赖特公司出产的板球拍，比世界上其他任何地方都多，不同制作者制作的四五十把拍子，都摆放在克里斯·普莱斯办公室的墙上，他就是我要来见的人，是这家公司里唯一一名非赖特家族的董事。没有被板球拍占据的剩余墙面，挂满了这家百年老店各个时期的摄影档案：著名板球手，或者是穿着背心和衬衣、站在沟渠岸边刚砍伐的柳树旁的工人。

板球这一我国最流行的运动，有很多有意思的地方，其中之一就是，好的板球拍，只能用紧皮白柳木料制作，而这种树只在英格兰长得特别好，尤其是埃塞克斯和萨福克地区。人们在克什米尔和澳大利亚堪培拉以北的某个地方，也马马虎虎算是种植成功了，但远离家园，让这种可怜的柳树不太高兴。气候不太适宜。因此，克什米尔紧皮白柳由于太重，除了制作初学者用的板球拍，别的什么也做不了；而澳大利亚紧皮白柳经常会染上奇怪的颜色，因为它必须要人工浇水。自然地，澳大利亚板球选手一直为此深感沮丧，因为要得到一把最高品质的球拍，他们不得不从英国进口紧皮白柳。

数百种不同的柳树品种里，有一种叫作蓝花白柳（Salix alba coerulea）的品种，给板球拍提供了理想的原料。这种柳树似乎 1780 年最早出现于萨福克，并且喜欢水。它最北可以生长于达拉莫郡（Durham），最西则到德文郡（Devon）。它在水流缓慢的河流与堤坝边的肥沃、深色的潮湿土壤中长得最好。要让最好的柳树均匀生长，关键的一点，是一年到头都要不停地降水。白柳生长速度很快。六、七、八三个月，一棵白柳树的周径能增加 4 英寸之多。15 年到 20 年之内，它能长到 60 英尺高，周径可达 4 英尺 8 英寸。这个时候就该砍伐了。过去，赖特公司会派出一个四人小组，拿着一把几乎和链锯差不多快的横截锯，每个把手由两人握着。他们把砍伐下来的树干切割成 28 英寸长的圆段，用肩膀扛到地外，堆到卡车上。在砍伐这些柳树时，你绝不会放进管颈和槽口，而是在锯子后面打入一枚楔子。如今，赖特公司改用链锯，在乡村各处巡游，一天砍伐 25~30 棵树，然后运回埃塞克斯的贮木场。根据品质差异，一棵活的立木可以值 150 英镑，它们在沟渠岸边每隔 35 英尺种一棵，或者每英亩栽种 30 棵。克里斯·普莱斯说，公司计划每砍伐一棵树，都要种三棵树。一些农场主，像黑水谷（Blackwater Valley）的古德温家，有种植白柳的传统，马上要收获第四或第五茬了。这档生意有利可图，但柳树生长过程中要不断地修剪。

战后不久，英国文书局（Stationary Office）出版了一本名为《白柳的栽培》（The Cultivation of the Cricket Bat Willow）的书。这样的标题，会让你以为，书里面说的其实是完全不同的东西，类似《禅与摩托车维修艺术》（Zen and the Art of Motorcycle Maintenance），不过，除非我漏看了内容，这本书大概是这样写的：每一棵树苗生命之初，都是苗圃里的一棵"赛特"，也就是"托德"上切割下来的插枝，所谓"托德"，指一棵 4 英尺长、截去树梢的母树，这棵母树从最高贵的血统培植而来。当你的幼柳达到 12.5 英尺通径，剪掉树枝，移植到外面地里一个至少 30 英寸深的坑里。坑的上部，还留下 9~10 英尺的长度，也就是 3~4 根板球拍的长度，来长成树干。接下来的 5 年到 6 年里，你必须像希律王（King Herod）一样，在任何侧向幼枝刚刚冒头的那一刻，就把它们剪掉。[1]这就意味着每年要修剪幼枝 2 次到 3 次，直到柳树更加成熟，这个时候你就可以稍许放松些，每年修剪 1 次到 2 次就可以了。修枝刀固定在一根杆子的末端，这样你就可以举得更高，对准嫩芽或嫩枝，修掉它们，作业时时刻保持沿着柳树纹理向上。这样精心的呵护，保证柳树不会有树瘤，保持笔直、均匀的纹理。

现在，伐倒的树干被整个运到贮木场，在那儿再被锯成传统的 28 英寸长的圆段。下一步是用楔子和斧背，把每一根圆裂成八块。然后，由锯木工研究这些裂片，决定哪一面做拍面更好，再把它们锯成粗略的球板形状。它们的两端都要浸在蜡中，防止在自然风干的 3 个到 12 个月中开裂。

赖特公司的每一块裂片都要经受检查，然后标上 1 级到 4 级的等级。只有最高等级的裂片，才能做成参加国际板球锦标赛的板球手用的球拍。克里斯从贮木场材料堆上挑出一块裂片，用圆头锤重击板面。它很容易产生凹痕。"这一阶段的柳树是一种软木，但当球拍的面和边缘通过滚筒压缩后，它就变成了硬木。板球在球场上以 90 英里时速飞行。如果不经过压缩，球拍很快就会变成木浆，无法将球击回去。"克里斯说，他们曾经用白杨木做实验，但它无法保持压缩后的状态。

为什么这种特别的柳树具有独一无二适合做球拍的特性呢？它是一种轻盈、强韧、纤维状的不会折断的木头。它的密度始终如一，而且，与直觉刚好相反，纹理越宽，球拍寿命就越长。一把好球拍可以持续 1000 分，但它拍面可能只有 3 条到 4 条纹理。纹理更紧密的球拍，有 10 条甚至更多的纹理，它硬击球效果更好，但或许只能延续 200 分。唐·布拉德曼（Don Bradman）1930 年在第三次利兹国际锦标赛对阵英国时击出创纪录的 334

---

1 用的是《圣经·马太福音》典故：希律王为了杀害诞生不久的耶稣，下令屠杀伯利恒城中所有两岁以下的婴儿——译者注。

分时用的球拍，有 10 条纹理，但或许连一局都坚持不了。这是因为，宽纹理的木头更年轻、更有弹性。事实上，布拉德曼以对球拍无所谓的态度而闻名，有时候甚至当场借来一根打比赛。与之相反，格雷斯（W. G. Grace）对球拍简直吹毛求疵，常常雇用几名低级别的击球手，通过击打，为他挑出合适的球拍。

　　球拍的尺寸有严格的规则，但各个球拍制造商对球拍形状、平衡性和"手感"可以自由施展自己的偏好。规则以实用为目的不断在演变。自从 1741 年 9 月 23 日，拉伊盖特前十一人（Ryegate First XI）队的肖克·怀特（Shock White），在对阵汉布尔顿（Hambledon）的一场比赛中，手持一把几乎和三柱门一样宽的球拍，推进到球门区以后，关于球拍的规则就有了，是恼火的汉布尔顿队提出来的，规定球拍"宽度不能超过 4 又 1/4 英寸"。同时，随着丹尼斯·李利（Dennis Lillee）1979 年企图引入铝制球拍，又制定了以下戒律："球拍必须只能用木头制成。"

　　某种神秘感一直围绕着板球拍：用手指仪式性地摩擦进去的生亚麻籽油的味道，由著名板球手签名后的拍面会具有额外的强度，等等。说服某位板球巨星为某家制造商签名，至少得花费 40000 英镑一年。"敲打"球拍仍然是一项至关重要的隆重仪式：口念咒语 10~15 遍，连着十分钟，用一根圆形木锤轻敲上油后的板面，使其更加坚韧。挑选恰当的球拍，需要板球手的技巧和经验。每把球拍都是独一无二的，其质量取决于木料、树、土壤和天气的最初特性。

　　球拍制作仍旧是一个以手艺为主的行业，要开办一个球拍作坊，你不需要太多的机器和工具。球板用刮刀、辐刨和木制横纹刨制作成形，球板肩用薄刀片与具有橡皮般弹性的沙捞越藤编手柄融为一体。最顶级的制造商仍旧用马的胫骨打磨球拍，以获得真正光滑的抛光效果，并听到那种最有特点的英国音乐：皮革抽打在柳树上的声音。

　　我自己也种植公地柳树，或者叫花园柳树，对它们怀有很深的感情。一棵截去树梢的爆竹柳矗立在公地边缘的农场大门口附近。1987 年 10 月的那场大风，折断了几根特别长的树枝，整整一天把我堵在里面，把邮递员堵在外边。我把它们锯断以后才得以外出。老树很快重绽生机，树冠上形成了一个由接骨木、树莓、常春藤、白蜡木、荨麻和牛筋草组成的生机盎然的微型树林，木虱、蠼螋与甲虫也在上面构建了一个喧闹的城市。在遭受那次风灾之前，树上居然还有一个树屋，当然已经疏于维护，因为树屋以前的居民都已经成年而离开。我喜爱树篱里头的黄华柳，喜爱它们黄色的花粉掸子，早春的蜜蜂在四周嗡嗡飞舞。柳树在三月就早早地开花，给从冬眠中醒来的饥饿的大黄蜂蜂后提供了宝贵的食物来源。有时候，它们会生长在一条绿色小道的两旁，根系在路面底下交织成一张不断生长的筏，加固道路，并帮助道路排水。柳树也是很好的烧火柴，当然先要彻底风干。我把柳树锯成原木，根朝外，整个夏天都堆放在小木屋的墙边晒太阳。一棵截梢的柳树长在壕沟的一端，到了春天，长着绿色树皮的树干头往上生长，速度如此之快，你几乎听得到细胞分裂的声音。它是树液的源泉，将数百加仑的水汽释放到夏天的空气中。

庇护所

　　我的朋友兰道尔和佩奇夫妇，把他们在德鲁斯坦顿（Drewsteignton）附近泰恩河（Teign）溪谷一个老橡树林里的橡木小屋借给了我。背上装满食物的双肩包，我搭车前往，经过两行无毛榆组成的灌木篱墙，沿着一个地势陡降的牧场，进入光影交错的橡树林中。树林沿着一条修建在山腰上的烧炭人小路，分布于河谷沿线。小路旁不时出现宽阔平坦的平台，堆满了黑乎乎的石头，凑近了看，它们是深紫色的，其中许多因长期受热而碎裂。直到大约八十年以前，整个橡树林都被用来伐取烧制达特穆尔锡熔炼炉所需的焦炭。也有一些焦炭，用货车运出沼泽，运往南方沿海地区，再从德文波特（Devonport）等地装上平底帆船，运到伦敦销售。如今，橡树已经从嫩苗长成高大、修长、枝干相对挺直的可伐林了。达特穆尔国家公园管委会一直在树木间作业，为橡树定株：削减初生主根上长出来的分枝，只保留一根主干，这根主干最终会长成更大、更强壮的标准树木。他们还进行了某种清洗，砍伐掉任何橡树、白蜡木和榛树以外的树种。橡树和美国梧桐的树干躺在林间地面上。桦树原木堆在路旁风干。

小屋与树林简直融为了一体，以至于走到近前，我都几乎没有注意到它。树木和小屋不分彼此。它建于烧炭人的一个老平台上，树林往下方直陡陡地延伸下去。从门前厚木板搭建的走廊上，可以看到河流在数百英尺下方湍急地流过岩石。一整天都很晴朗、温暖。现在，暮色中，知更鸟在整个河谷鸣叫。几英尺以外一棵橡树枝上，一只知更鸟给我来了一场个人吟诵会。

小木屋有 11 英尺宽，18 英尺长，有一个覆盖着橡木盖板的坡顶。它全部是用林子里就地取材的绿色橡树建成的。每块盖板都是从一英尺长的橡树原木上劈开制作而成的，宽 5 英寸，厚半英寸。橡木结构的小屋里，所有横梁的榫卯都是建造房子的卡梅隆制作的。地板是宽阔的板栗木板，由一个木头炉子给屋子取暖。我一直用这个炉子煮东西：用茶壶烧茶，把一听西红柿汤加热到沸点，用一把橡木勺舀出来，橡木勺是我自己做的，因为这儿似乎没有餐具。我用自己从法国多尔多涅买来的欧皮耐尔（Opinel）刀，饶有兴味地花了一个钟头，从一块烧火柴中刻出这把勺子。运气不错，勺子刚好跟杯子相配，我可以用它往里头舀汤。靠着煤油灯和插在酒瓶烛台上的蜡烛的光，我在餐桌上写作。它们在橡木桌上投下橙色的光线。

小屋的墙壁由 9 英寸或一英尺宽的笔直橡木板搭成，垂直的挡风雨条固定在屋外墙板的接缝处。除了榫里的橡木楔子，所有地方都用锻铁钉固定。在铁钉砸入橡木的地方，渗出了单宁酸的黑色污渍。这些橡木在建造木屋的时候还是活的，里头充满了树液。你在英国乡村见到的所有传统橡木结构房子，都是用绿色橡树建成的。这种木头更容易切割和作业，过段时间，它就会因自身单宁酸的作用而变硬。随着它们在建筑物里风干，横梁屈曲、扭转成新的形状，这是赋予木结构房子有机特征的原因之一。人们在维修或扩展橡木结构的房子时，经常犯一个错误，把屋顶整得笔直，其实，应该让屋顶线条轻柔地起伏，这样，随着时间流逝，瓦片就能起起落落重新调整自己的位置，就像鱼身上的鳞片一样。

在我就座的桌子上方，是一个可由垂直的橡木梯子爬上去的睡廊。有一扇两截门，通往外边的低矮走廊，走廊两边各有一扇直面陡峭河谷的窗户，可以看到更多的树林和悬崖，还有下面的泰恩河。后墙上的门对面，是一台烧木头的暖炉，不时地发出木头爆裂撞击的声音，当我打开暖炉添加木头时，它烧得正旺。一个角落里，立着我今天下午刚刚用过的斧头，我用它劈木炉子用的桦树和橡树原木。它们非常干燥，只要让斧头自然下落，其自身的重量就可以轻易地把木头劈开。

制作这把粗糙的汤勺，让人很有种鲁滨逊的感觉。这是一种最原始意义上的创造，它把任何其他思想都驱除出我的头脑，让它只专注于此时此地这块美丽的木头。夜幕降临，坐在这儿，耳中唯有下方河水冲刷过石头的声音。那种不变的声音，可能是雨，也可能是林间的风。无疑，当所有这些声音同时涌来，就协调成一个单一的和弦。

前一夜，我睡在彼得和夏洛特的农舍里，农舍是用玉米轴穗建成的。睡在一间茅草覆顶的黄色空卧室里，我谛听着一两英尺外屋子尽头传来的溪水声。晚饭后，我们坐在一棵无花果树旁，它去年刚经过截梢，如今新长出来的藤蔓又显得生机勃勃。天空明朗，星光熠熠。彼得从他的工作室里取出一些椭圆形的基尔肯尼酸橙树边料，堆到一起生火。他在一个烤肉架上烤马鲛鱼和鱿鱼。烤肉架由一个曾经为海军潜水员送气的古董脚踏风箱提供动力。彼得在橡皮管上绑上了铁管喷口，喷口投入焦炭和橡木块中，然后鼓气，火焰马上变得通红。我们在无花果树下坐了很久，品味着夏天的第一个户外夜晚。"我喜欢待在户外，"彼得说道，"如果可能，我愿意一直在户外生活。"

日落时分，小木屋沉入阴影中，于是，我往山腰方向移动了30码，坐在金色的崖顶上，俯视着泰恩河及其树木茂盛的河谷。接近地平线的太阳，把所有的毛地黄花染成了半透明的粉红色，山腰上的欧洲蕨也像河流一样粼粼闪光。回到小屋，我给火炉添上木头，点亮蜡烛，打开酒瓶，坐在走廊上，看着蝙蝠来回飞过，听着夜色降临时传来的河水声。当天色真正暗下来后，猫头鹰开始在树林间鸣叫，山另一边的德鲁斯坦顿正在举行泰恩顿节（Teignton Fair），烟花绽放的隆隆声从远处传来。

早早醒来，栖息在高高的阁楼上，我感觉自己与树林里栖息的鸟儿成为了一体。夜间，我只听到敲击石头发出微妙变奏的连绵的河水声，以及炉子冷却、炉管收缩时炉膛深处偶尔发出的撞击声。从床上对木屋内部进行空中鸟瞰，我对屋子内部极简的装饰赞叹不已。它多少类似梭罗在瓦尔登湖边小屋内的风格：一张桌子，两把椅子，一把自己坐，另一把客人坐。

木头暖炉用来取暖和烹饪，有一根高梁把床铺吊在空中，远离老鼠的侵扰。我想象着，只要我前脚走，它们后脚就会像那些小小的"借用人"（The Borrowers[1]）一样出来游玩。我带的所有东西，包括吃的喝的，可以轻松放进一个帆布背包。这样的地方，无论什么东西，甚至一粒甜豆，都是那么美味可口，所以你也不需要吃很多东西，每一杯茶都是一个隆重的仪式。第一天尤其如此，因为要煮开茶水，你不得不先点着炉子。

当我爬下去，赤足走在走廊的露天平台上时，感觉脚底板很温暖。乌鸫在树林里到处歌唱，一只大斑啄木鸟沿着河谷底部滑翔，一对秃鹰从容飞过，与我的早餐桌正好在同一水平线上。阳光照亮树叶，像彩色玻璃一般，舞动在橡树覆满苔藓的树干上，反射出下方河流的粼粼波光。坐在门边的柳条椅上，我看着每一个经过的生物。蜜蜂正飞向我右手边的一丛毛地黄。一只经常冒头的金龟子，在橡树被砍过的碎片上爬着。一只大西洋赤蛱蝶翩然飞过。一只黄粉蝶。风一起，昆虫们就散入小屋前开阔空地上的欧洲蕨、风铃草、繁缕、毛地黄和纸皮桦树苗中去了。一只松鼠走到门前，大胆地寻找食物碎屑。

后来，当我在午后阳光中坐着阅读时，一只卵珍蛱蝶（pearl-bordered fritillary）飞过来，落在书上，享受着反射的阳光。昆虫经常被明亮的书本吸引。在我家里的花园内，蜻蜓和豆娘经常会停在书页上，并待上一阵子。

---

1 《借用人》（*The Borrowers*）是英国作家玛丽·诺顿（Mary Norton）出版于1952年的一部儿童文学作品——译者注。

这既是它们的也是我的休闲时光。除了休息、晒太阳，或睡个回笼觉，它们还操心别的什么事情呢？我永远弄不明白，昆虫和小动物究竟是在恣意挥霍自己的精力，还是做高度节约的活动。一只苍蝇嗡嗡地飞来飞去，明显用不着这么忙碌，但一只蜘蛛，除了赶过去抓住落网的苍蝇，或逃避某个危险，会在它的网上一动不动待上四个钟头。蜘蛛会在整个田野里织起公共蛛网，把田野覆盖在让人眼花缭乱的晨露的湖中：这项工作所花费的精力之大，就像行为艺术家赫里斯托（Christo）把整个德国国会大厦（Reichstag）包裹起来一样。

德文郡的神圣丛林

我和教堂绿人（Green Man）约定，在金斯宁普顿（King's Nympton）村的酒馆"小树林"附近的路上见面。他是一个沉默寡言的人，经常像树篱中的鹪鹩一样，半隐身地埋头于木制品或石雕中。教堂内，我倚在靠背长凳上，抬头凝视拱成筒状的木质中殿屋顶的暗光。条纹状横梁上的每一个十字接头，都装饰着一个一英尺见方的橡木浮雕：这是一个装饰性的装置，用以制造一种无缝木结构的幻觉。逐渐适应暗光后，我开始辨认出大约半打不同形状、戴着树叶面具的绿人面孔正回望着我。对他而言，最重要的事情就是藏起来。他高高地藏在教堂屋顶内，或蜷缩在唱诗班座位底下布满雕刻的横木上，少年歌者经常将糖纸头塞到里面。在金斯宁普顿教堂，把头靠着它有着千年历史的北墙上，我知道自己正被人注视着。

一个 15 世纪的工匠，发现绿人在自己的凿子和圆凿底下，像匹诺曹一样慢慢成形，看着他从工作台上向自己回视，树叶从他的嘴、耳朵、鼻孔，甚至有时从眼睛里迸发出来，一定感到很奇怪。树叶像诗与歌一样从他身上流溢出来。他本身就是某种民歌。人人都知道这首民歌，但每位歌手都有自己不同的个人版本，一首围绕主题的变奏。"我并不老，"在简·嘉达姆

（Jane Gardam）一则迷人的绿人故事中，绿人说道，"我是绿人。"他是大自然重生的精灵。他是丢向每一棵树，激起一圈圈年轮涟漪的卵石。他是一位绿林好汉，无处不在，就像切·格瓦拉的海报一样。

扇形圆顶的圣坛屏那八根橡木圆柱，延伸出外曲线形的分枝，顶上是一个丰饶多叶的森林天蓬，树叶间到处都是面孔。在教堂后面，矗立着一架 20 英尺长、由一整棵橡树一劈为二做成的巨大而粗糙的梯子，伸到钟楼上，并且，在巨大的橡木门外面的门廊里，我满怀惊奇地凝视着 36 个叶状屋顶浮雕，它再一次充分展现了 15 世纪金斯宁普顿木匠和木雕艺人精湛的技艺。每一个浮雕，就像孩子们说的，"相同，只不过不一样"，并且，其结构一定包含了比支撑一般的铅皮屋顶实际需要量多 10 倍甚至 20 倍的橡木。一个原本构成门槛的凯尔特十字架已经掉了下来，它陈旧的枝干，在教堂矗立于此的很多年以前，就已经标志着这个地方乃是圣地。这种神圣性当然是和树尤其是橡树息息相关的，单看门廊屋顶体现的荣光，这一层就昭然若揭了。甚至连礼拜堂厢座的铰链，也锻造成橡实的形状，同时，有证据表明，绿人曾和德文郡团（Devonshire Regiment）里的金斯宁普顿士兵一起，参加过第一次世界大战。在阵亡人员名单中，有二等兵西尔瓦努斯·希尔（Sylvanus Hill）的名字。

在北陶顿镇（North Tawton）各处，沿着陶河（Taw）与约河（Yeo）河谷，我用铅笔圆圈和下划线，突出显示了两样高度集中的东西：一是内部有变色龙般绿人面具的教堂，二是叫宁美特（Nymet）、宁普顿（Nympton）或宁芙（Nymph）的地名，足足有 13 个之多。我盘桓于宁普顿的圣乔治（St George）教堂和宁美特的罗兰（Rowland）教堂，一直未能摆脱像田鼠一样被注视的那种感觉，接着，我往南走了几英里，来到人头攒动的桑福德·考特内（Sampford Courtenay）教堂院内。步入教堂，就像进入橡树林，它拱形的圆筒状穹窿上，树木繁茂无比。"看看信仰的力量。"它说。我发现了七张绿人的面孔，包括几乎在祭坛正上方高坛上的一张长满胡须、神情圣洁的宏伟面孔，和另一张以鱼尾巴做胡须的面孔。剩下的，正如简·嘉达姆所言，"都像希腊式晚餐一样，被树叶包裹了起来"。

在穹窿别的地方，一只母猪舔舐着它的幼崽，在两座浮雕上，三只野兔相互追逐，形成一个圆圈。在可与荷兰版画家埃舍尔（Escher）相媲美的灵巧的错觉图案中，三只兔子共享着居于设计图案中心的三只耳朵，然而每只兔子看上去却似乎都有两只耳朵。同样的错视画（trompe L'oeil）母题，出现在遍布德文郡的 17 座教堂内。因为当收割者接近田地正中间那一小块地时，野兔是最后从未收割的直立庄稼里蹿出来的动物，它被老一辈乡下人看作伪装逃脱的谷物女神赛里斯（Ceres）。根据詹姆斯·弗雷泽爵士 1922 年版《金枝》中的说法，在苏格兰加罗韦地区（Galloway），收割最后的未割谷物仍被称为"割野兔"（cutting the hare）。众所周知，每年三月的月圆时分，当谷物种子必须播种时，野兔会发狂。在穹窿浮雕上相互追逐的三只野兔，象征着三种月相：上弦月、满月和下弦月。正如母猪和猪崽，它们再次表现了桑福德·考特内老百姓通过教堂内的橡木雕刻召唤生命与丰产，并使其永驻的愿望。沿着德文郡诸河谷的一些木匠，因木刻技艺高超而声名远播，也会旅行到更远的地方去献艺。离我萨福克的家不远，在亨庭菲尔德（Huntingfield）和温菲尔德（Wingfield）这样的村子里，奢华的德拉普尔（de la Pole）家族在他们庄园的教堂里制作橡木天使穹窿，甚至带着萨福克木匠，到牛津郡（Oxfordshire）的艾维尔米（Ewelme）也造了一个。

在斯普雷顿（Spreyton）教堂，我发现了更多的野兔，以及一个长须、面色死一样苍白的令人难忘的绿人，他头戴酒神狄奥尼索斯式的葡萄花冠，巨大的叶子从他的眼睛和嘴巴里迸发出来，堵满了他的嘴，蒙住了他的双眼。在南陶顿（South Tawton），沿着叶状橡木屋面板，是一排排充满诗意的天使浮雕，它们的正上方，每隔一个穹窿浮雕，就有一个绿人扮着鬼脸。如今，这种充满灵感的结合会被称作"多元文化主义"，但正如罗纳德·布莱斯所言，"绿人不是基督的敌人"。约翰·罗斯金在《威尼斯的石头》（The Stones of Venice）令人眼光缭乱的一章"哥特的本质"中，对中世纪哥特式的"装饰系统"中每一位工匠享有的自由和独立赞叹不已，他们和古希腊、亚述和埃及的建筑场地里工匠所处的奴隶状态形成鲜明对比。相形之下，基督教的大小教堂的建造者更加自由和放松，"基督教，在大大小小的事情上，都认可了每一个灵魂的价值"。坦率承认人的脆弱和无价值，并通过石雕与木刻加以表达，这与主张真实而谦卑的基督教精神是一致的。罗斯金说道："哥特式建筑流派主要的令人赞叹之处，或许正在于，他们通过这种方式，收获了次等头脑的劳动成果；从充满了不完美性的碎片当中，在流露出这一不完美性的每一出设计中，以不受羁绊的放任心态，创造出一个圣洁的、无可指摘的整体。"通过赞美哥特式风格，罗斯金主张回归到劳动的尊严当中。他认为自己所在的 19 世纪新的工业机械化，通过给自我表达戴上枷锁，恰恰奴役了其人民、工人和消费者的灵魂。"环顾你所在的这个你经常引以为傲的英国房间，"他告诫读者，"……再次检视一下那些精确的模制和完美的抛光，那些对风干木材和回火钢的分毫不差的调整……唉！如果你正确的解读所示，这些完美正是我们英国奴隶制的征象，这种奴隶制要比非洲和古希腊的奴隶制更苦涩和堕落一千倍。"

罗斯金关于哥特风格的文字之所以令人振奋，在于他对此进行了政治性阐释，将其视为具有正面意义的革命性力量，而这种革命性力量，恰恰存在于我们认为最不可能出现的地方，即那些大大小小的中世纪教堂：

　　另一方面，再次出发，去凝视古老大教堂的正面，那儿，你曾经常嘲笑那些古老的雕刻家不可思议的无知：再次浏览那些丑陋的妖精，无形状的怪物和表情严厉的雕像，它们看上去僵硬，且不符合解剖结构；但不要嘲笑他们，因为他们是每位雕琢石头的工匠生命与自由的符号；这是一种思想的自由，是存在的最高等级，法律、宪章和慈善都不能与之相比；这是今日欧洲需要为其子孙重新获得的至高目标。

罗斯金罗列了哥特风格的六个特征，以"野蛮或粗砺"开始，还包括对自然物体的爱，以及导向怪诞的"受到扰乱的想象力"。罗斯金指出，怪诞的最佳形式，他称之为"那种天马行空式的想象力的绝妙状态"，几乎总是包含着两种元素，"一种是滑稽，另一种是可怕"。正如仍然代表了现代戏剧的两个狄奥尼索斯面具，绿人既是嬉戏的，又是可怕的。他同时具有喜剧和悲剧的色彩，或者，如罗斯金所言："怪诞具有两个分支，嬉闹的怪诞和可怖的怪诞"，并指出，"几乎找不到任何例子，不是在某种程度上兼有这两种元素"。

绿人，从他身上迸发出的树叶的熔岩流中，显然在诉说着某些东西。但他的绿色语言泡沫究竟是什么意思呢？它听起来有点像荒野的呼唤。然而他经常表现出更多的痛苦，而非欢乐。这不是罗宾汉举起号角凑向嘴边的坦率面孔：更像爱德华·蒙克（Edvard Munk）的名画《尖叫》（*The Scream*）。怪诞的精神和能量本质上是讽刺性的，在我们的时代里，这种怪诞依然能在杰拉德·斯卡夫（Gerald Scarfe）和拉尔夫·斯泰德曼（Ralph Steadman）的作品里见到。绿人经常一方面看上去像死了一样，另一方面又流溢着生命，这不奇怪，因为他的本质正是悖谬。既然他本身就是生命，他说出（或者叫"吐出"）的东西，是春天里树林活生生的绿色。他体现着狄奥尼索斯本人的精神，经常光顾的地方就是树林和荒野之地，而且，人们从来见不到他的真面目，除了他留下来挂在树上的面具。

许多雕刻了北德文郡地区绿人的木匠，一定互相认识；甚至可能具有亲戚关系。这些雕刻都可追溯到14世纪和15世纪。作为不同教区的同时代人，匠人们会互相交换意见，"绿人"和"三只兔子"之类的图案，会作为某种保留项目，父子相传。你可以从绿人脸上看出某种德文郡人或者其邻居的长相：这些脸型，你在一直留存到1970年早期的那些古老的农业共同体中仍然可以见到。这是泰德·休斯（Ted Hughes）的《摩尔镇日志》（*Moortown Diary*）里关于牲畜销售的诗歌"她已出现"（"She has come to pass"）中若隐若现的那些面孔：

> 一整天
> 斜倚在售卖处的大门上
> 在半岛活的滴水嘴中间，
> 劳动者们饱经风霜的脸颊
> 在灼热的泥土和风构建的

大地的熔炉中……

　　生活并耕作于北陶顿这一绿人／宁美特之乡核心地带的休斯，在关于这首诗的注解中，描述了其邻居、北德文农民的古老世系："这些古老的德文郡人（Devonian），生活于自己的时空中。他们隐藏于深谷之中，住在年代久远到无法追溯的玉米穗轴做墙的农庄里，这些农庄不仅远远地避开英国其他地方的喧嚣，甚至相互之间也几近隔绝，只通过那些难以解释的、德文郡特有的深巷相连，这些小巷更像一个洞穴组成的防守迷宫。"Devonian（泥盆纪）这个词将我们带回到 3.6 亿年以前的地质时代，那时，最初的森林刚刚形成。这个双关词给这一地区笼罩上了某种远古的、化石般的感觉。近至两千年之前，陶河及其支流周围、达特穆尔沼泽以北这一与世隔绝的地区才有了原住民，他们是罗马人称之为 Dumnonii（深谷居民）的凯尔特人。他们提供了这一带多见宁美特、宁普顿之类地名的线索。这些地名几乎肯定得名于当地的神圣河流。古代凯尔特人称作耐美特河（Nemet）的摩尔河（River Mole），流经宁普顿附近。宁美特或尼美特（Nimet）也是约河过去的名字，它的源头在宁芙，靠近现代的东宁芙农场（East Nymph Farm），其流经之处至少有六个地方以它得名：宁美特特雷西（Nymet Tracey）、布劳德宁美特（Broadnymet）、尼克尔斯尼美特（Nichols Nimet）、宁美特罗兰（Nymet Rowland）、宁美特伍德（Nymetwood）和宁费耶斯（Nymphayes）。河流源头和泉眼都是特别神圣的地名。这些现有的宁美特、宁芙和宁普顿地名，都拥有共同的凯尔特源头，高卢语 nemeton，古威尔士语 nimet，古萨克森语 nimid 和凯尔特语 nemeto- 或 nemitis 都是指"神圣的丛林"。当地的村庄，如 Morchard Bishop 和 Cruwys Morchard，得名于凯尔特词语 mawr coed（大木头），这一地区另外十几个叫作 Beer, Bear 或 Beere 的地名，都是古英语单词 bearu 的现代形式，其意思与凯尔特词语 nemeton 相近。

　　Nemetotacio 是记载下来的罗马堡垒的名字，这一堡垒建于北陶顿的陶河岸边一两英里的地方，靠近从埃克塞特（Exeter）出来的罗马大路。这个词是凯尔特语 nemeton 和拉丁语 stationis 的混合，指的是 road station（路边驻地）或前哨："神圣丛林的路边驻地。"堡垒设计驻扎 500 人的步兵大队，侧面还有另外两个分别建在奥克汉普顿（Okehampton）和拜利巴顿（Bury Barton）的堡垒拱卫，不到半英里处还有一个军营，足够容纳半个军团：2500 人。如此集中的军力在这一地区集中，暗示了罗马人在此遭到"深谷居民"们的殊死抵抗，他们拒绝将其神圣丛林和神圣河流拱手交给罗马人。

　　1984 年夏天，考古学家弗朗西丝·格里菲斯（Frances Griffith）坐飞机飞过德文郡这一地区时，从空中拍摄的作物标记照片中有了惊人的发现。在弓村（Bow）以西半英里、靠近约河拐弯处的一片麦田的角落里，她辨认出一个史前巨木阵（wood henge）的模糊轮廓：这是一个圆形的空间，直径达 148 英尺，周边环绕着一条出口在东西方向上的大沟。巨木阵内部是排列成椭圆形的 19 个深坑，大部分可能是木柱坑，每个坑里原先都矗立着一根巨大的原木。这是德文郡发现的第一个巨木阵。考古学家对巨木阵进行了仔细的勘察，和其他同类建筑一样，它的时间很可能要追溯到公元前第三个千年。Bow 这个地名，是过去七个世纪从 Nymetbowe 和 Nymetboghe 这两个词中缩略而成的。其字根是古英语 boga，一段曲线，用来描述附近约河的宽阔河湾。

　　就在弓村外面，我从路边爬上一块留茬田的平缓斜坡，站在最高的角落里，俯视着宁美特河波动起伏的河谷。它隐藏在层层叠叠的田地后面，而田地之间，则是十几道整齐的灌木篱墙。我可以探查出看不见的渠道环内部地面的水平高度。渠岸很久以前就被翻耕了。四处游逛，扫视着光秃秃的残梗，我满怀希望地寻找燧石和骨头，脑中想象着木头圆圈的最初形状：它四周围着深沟和峭岸，荒凉的木头，直挺挺地指向苍穹。

　　弗朗西丝·格里菲斯发现的这个木头圆圈，与 60 年前吉尔伯特·英骚（Gibert Insall）发现的巨木阵形成了呼应。英骚是一战时期的著名飞行员，也是空中摄影和考古的先驱。1925 年 12 月，驾驶着他的单座索普威思复翼螺旋桨战斗机（Sopwith Snipe），在 2000 英尺高空飞过巨石阵

（Stonehenge）时，他发现，几英里外的一个田角落里有某个东西：一个大圆圈，中间是由暗淡的白点组成的椭圆形的环。他把身子探出座舱拍了照。次年 7 月，当麦子长起来后，他拍了更多照片，揭示出六个灰色同心椭圆点的轮廓。迅即于 1926 年展开的实地发掘中，默德·坎宁顿（Maud Cunnington）证实，英骚看到的那些椭圆，其实是不少于 168 个柱坑，每个坑用于固定一根木柱，很可能是橡木柱。她估计，最大的一根木柱，至少有 30 英尺高，露出地面的部分有 25 英尺，直径达 3 英尺。它们可能是一整根树干，在茂密的林地里长得又高又直，有着高高的树冠。巨木阵的布局，与南边不远处巨石阵的布局看上去极其相似，在阵地中央，柱子构成的椭圆形的后面，是一个幼童的墓地。显然，这个地方具有某种典礼或仪式性的作用。

很快，别的巨木阵也被发现了。1929 年，吉尔伯特·英骚在诺里奇（Norwich）附近的阿明豪村（Arminghall）发现并拍摄到了一个，里头有一个由 8 个巨大的跨径 3 英尺的木柱坑构成的椭圆形。次年，默德·坎宁顿在埃夫伯里（Avebury）大石环西面的白垩山丘上，发现并发掘了至圣所（Sanctuary），它比巨木阵小一些，93 个柱坑形成 6 个同心环，有迹象表明，在内圈矗立的可能是石柱。

最富有戏剧性的发现在 1967 年到来，杰弗里·维恩莱特（Geoffrey Wainwright）发掘了迄今为止英国最大的圆形围场建筑：杜灵顿垣墙（Durrington Walls）。它距离巨石阵 4 英里，靠近埃文河。它是一个单一的、互有关联的纪念碑系统的组成部分，这一系统包括了巨石阵、林荫大道、一排排的壕沟护堤、河流以及白垩山丘上数以百计的古坟。它比埃夫伯里遗址稍大，里头不是石柱，而是一圈圈的原木。巨木阵就在它的南边，显然也是同一个建筑复合体的一部分。维恩莱特在杜灵顿垣墙发掘出了两排原木圈的遗存。大的一圈超过 120 英尺宽，有至少 200 个排列很紧密的木柱坑。有些人认为原木圈是开放的、无支撑物的木头版本的巨石阵，另一些人，如维恩莱特，则认为这些木柱曾经支撑起了一个巨大的屋顶，或许像环球剧院（Globe Theatre）一样，沿着建筑物的轮廓线在中央部分开口。这两部分人对于遗址的建造时间存在分歧。但是，没有证据显示，这个地方的降水量大到能引起地面侵蚀，从而导致巨大的屋顶轰然倒塌。考古学的思维模式经常在变化，无支撑派渐渐占了上风。

考古学家兼作家马克·爱德蒙兹（Mark Edmonds），对人们在与其日常生活和自身寿命的关系中体验原木圈与石头环的方式，颇感兴趣。他相信，看上去、感觉上都像杂树林一样稠密的无支撑柱子，可能考虑到了对参加仪式的人的安排。他说，很容易低估在一年中的某个特定时间聚集在杜灵顿垣墙的人数，他们在一起参加盛宴，交换货物，交流建造本地区那些长期纪念碑建筑时所花费的巨大的公共劳动。在那儿发现了含有猪和其他动物骨头的大垃圾箱。建造了杜灵顿垣墙及其原木圆阵的巨大数量的新石器时代的人们，从一个个小规模的分散的团体，在一年的某个特定时间，跋涉一段距离，聚集到一起。爱德蒙兹认为，那种属于某个更大团体一部分的感觉，对他们的生活具有重要意义。参与建造纪念碑性质的圆阵，以及在一起饮宴，将有助于在分散的新石器居民中锻造亲属关系之纽带。

正如芭芭拉·本德（Barbra Bender）在《巨石阵：创造空间》（*Stonehenge: Making Space*）一书中指出的，这项工作的劳动量巨大无比：排列杜灵顿垣墙南边的原木圆阵，估计需要 11,000 个工时，用鹿角做的鹤嘴锄挖四周的壕沟，另外需要 500,000 个工时。砍伐这么多树供应圆阵里的木柱，肯定会开发周边的大片林地。奥伯雷·波尔（Aubrey Burl）、理查德·布拉德利（Richard Bradley）和其他考古学家估计，要堆成巨石阵北边的西尔布利山（Silbury Hill），需要 3500 万筐的土石，或者 1800 万个工时。参与到这一工作中，本身就是纪念碑建设期间持续进行的庆典和集会的极其重要的组成部分。

为什么把巨石阵，或其他任何圆阵，建在它们目前的地点？在巨石阵停车场，原先有三个白点，白点处是三个柱坑，柱坑里曾矗立着三根巨大的松木柱，现在，白点已经被混凝土抹平了。和它们一起的，是一个显示原先某棵大树所在位置的坑。对这些柱坑进行放射性碳年代测定后，显示它们非常非常古老：古老到公元前第八个千年，那时，最后的冰川期仍在苏格兰消退，萨利斯伯里平原仍旧覆盖着松树林。巨大的木柱是松木而非橡木，是显示其古老的另一个征象。考古学家蒂姆·达威尔（Tim Darvill）编织过一个创世神话，他说，在狩猎——采集者游荡于这块土地上的时代，这棵大树给这一地方赋予重要性，或许也是我们现在称为巨石阵（或至少是其停车场）的地方的第一个地标。有些人甚至还把原木和活的树木排成一排，凸显其作为记忆与神话之地的重要性。

迄今为止，尚未发现此地在接下来的数千年间有进一步的标志，直到考古学家发掘出约公元前 3100 年左右的古赛道（cursus）的平行白垩护堤和壕沟，以及其后 150 年建造的巨石阵的圆形护堤和壕沟。月光般乳白色的白垩护堤和壕沟，发出耀人眼目的光芒。大约从公元前 2900 年起，巨石阵里首先开始支起原木，随后，从公元前 2500 年开始，原木的使用又见于巨石阵东面埃文河附近的杜灵顿垣墙和巨木阵。因此，巨石阵是最先使用原木的建筑，即便在新石器时代晚期到青铜时代的过渡期，当石头逐渐取代原木后，它似乎在时间上也和自身圆木结构里的木柱子以及杜灵顿垣墙里的大木阵重合。正如芭芭拉·本德指出的，在巨石阵，石头是用榫和榫眼、舌榫和榫槽这样的木工技艺塑形和连接的。威尔士普雷斯切利山（Presceli Mountains）著名的青石堆，也显示了被岁月磨平的榫和榫眼的痕迹。

巨石阵和杜灵顿垣墙会不会是由埃文河连接起来的单一木环和石环互补的建筑综合体呢？这是 2003—2004 年由迈克·帕克·皮尔森（Mike Parker Pearson）领导的对该地区调查活动的主题。这一调查活动的灵感源自于皮尔森同事、马达加斯加考古学家拉米里索尼纳（Ramilisonina）的观察评论。他认为，巨石阵"并不是为了转瞬即逝的活人、而是为祖先建造的，他们的永恒物化在石头中"。圆阵经常与河流相连，巨石阵也不例外，它通过一条土木工程的大道与埃文河连接。杜灵顿垣墙的东南入口，面对着同一条河流略微上游一点的地方，帕克·皮尔森和一个七十多人的团队，发现一条燧石和卵石铺成的新石器时代晚期的大道，从埃文河一直通向圆阵的东入口；大道，包括其边坡在内，有 65 英尺宽，与夏至日的落日精确地连成一条直线。相反，从埃文河通往巨石阵的大道，与冬至日的落日呈一直线。帕克·皮尔森正在调查以下可能性：这会不会是新石器时代晚期的一条送葬和游行道路。如果巨石阵的石头是纪念死者的，那么木头可能是杜灵顿垣墙的活人的领域。对准备从240英里以外的威尔士把青石拖运过来，再花费成千上万工时用鹿角鹤嘴锄开采白垩石料或把三英尺粗的树干支起在圆阵里的人而言，天然材料显然具有重大的象征意义。芭芭拉·本德追踪了在纪念碑建造过程中自然力的逐步演进：从泥土的壕沟护堤，到白垩，到木头，再到石头：既有本地的砂岩残块，又有远方运来的青石。除了这些，还有天空（或空气）和水这样的自然力，它们用于对齐太阳、月亮以及来回河流的道路，这些道路通往其他的世界和地点。

　　作为死者之地，巨石阵似乎在大多数时间都平静地存在着。相比之下，木元素的杜灵顿垣墙则充满生命与活动。通往河边的燧石卵石路，中间部分被行人们踩得平整光滑，从地面上饱受践踏的结实的通道，可以明显推断出，曾经有大量的人流，沿着固定的路线穿行于圆阵之间，由控制视线的柱子、走廊和屏风引导，通往圆阵的中央。大垃圾堆里发现的层层叠叠的牛骨和猪骨，表明这里举行过盛宴，但同时，人们也按照正式、固定的模式，在圆阵的原木柱周边放置祭品。

　　理查德·布拉德利在影响很大的《自然地点的考古》（*Archaeology of Natural Places*）一书中指出，"很明显，仪式渗透了（新石器时代）社会生活的每一个角落，它可以在圣地举办，也可以在居住地进行"。他还认为，威塞克斯的新石器时代纪念碑建筑"具有十分特别的结构，这可以依据到那里的人们的运动加以理解"。放射性碳年代测定已经揭示，放在原木柱旁边作为祭品的骨头和工艺品，其本身就已经有些年代了。其他东西，如斧头，可能来自不同地方：湖区兰代尔（Langdale）或威尔士普雷斯切利山的采石场。来自遥远地方或很久以前的材料，在其新的、形式化的建筑语境中，会被赋予象征意义。布拉德利接着做出了一个关键认定："把存放于差异巨大的各个地点的元素聚拢到一起，就会发现，这些土木工事，以及它们内部的建筑，最终变成了作为整体的地形的微宇宙"。与此同时，布拉德利注意到，通往圆木阵中央的导引路线上，按照某种形式整齐有序摆放的物品序列，相当于对威塞克斯地区新石器时代人群历史与演化的展示。在西肯尼特（West Kennet）的圆木阵里，比较简单、没有装饰性图案的陶制器皿，被置于入口处，而那些具有最繁复装饰图案的陶器则被放在最里边。在各种各样不同的圆环中，序列的一般形态，是从野外进展到家用。布拉德利指出，假如仪式是在演绎某个故事，那么，威塞克斯新石器时代纪念碑式建筑叙述的，就是世界的历史、起源和人们所在的地方。该故事很可能是一个创世神话，是对这一地区歌之版图（songlines）的吟唱。

弓村的圆木阵是又一个纪念地，弗朗西丝·格里菲斯已把它标到地图上。在那以前，德文郡的文物图表上显示，在达特穆尔高地上，遍布着大量以花岗岩为天然材料的古代石头建筑物，但围绕着弓村和宁美特那些位置较低的可耕地，却有一片空白。弓村圆木阵坐落于 Nymetbowe，即圣河的河湾里，因此，它与约河互相联系，正如杜灵顿垣墙与埃文河相关。在对这一地区的进一步作业中，格里菲斯在弓村周边发现了一个巨大的古坟和环形壕沟群。她确信，这是一个主要的典礼活动举办地，可以和达特穆尔高地上或更东面萨利斯伯里平原上的那些同类地点相媲美。

在布劳德宁美特以西一英里处，一条长路的末端，菲儿和瑞秋在前头领路，走出他们家的庭院，穿过一个果园和一个蔬菜园，来到废弃的圣马尔定小教堂。它曾经是教区教堂，不过多年来，一直用于存放旧家具。如今，常春藤的藤蔓爬过了石头山墙，山墙孤零零地矗立着，上面覆盖着一棵高大的山毛榉树和一棵白蜡木。菲儿说，隔壁的地里，原先有两座长古坟，现在几乎看不出：坟头已经被犁平，古老的树篱也全部被拔光。这些名字里带有 nymet 的地方，都坐落于一条从埃克塞特到奥克汉普顿的狭长的新红砂岩带上。它变成了肥沃的土壤，以及谷仓和农舍的玉米穗轴墙壁，这些墙壁透着明亮的锈红色，偶尔在日落时分带上些许粉红。一镐子挖下去，一英尺深处就碰到砂岩了。树木四处萌发。"橡树在这儿长出来，就像玩儿一样。"菲儿说。

透过周围的树，绿色的光线渗漏进马车状屋顶的小教堂内。有着精巧木刻的屋顶，与斑驳陆离的石灰墙壁形成鲜明对比。在橡子巢箱下方积满灰尘的石头地面上，躺着一只仓鸮的干尸。这是一只幼鸟，翅膀已完全长成。"在野生动物协会的小伙子来这儿，登上梯子爬到鸟巢给它做环志两天后，它就死了。"菲儿说。通过"连续淘汰"，他在口蹄疫期间已经失去了所有健康的畜群。两旁的农场都暴发了这一疾病，因此，他家的奶牛也难逃厄运。然后，人们用能多洁（Rentokil）杀虫剂给整个农场消毒，毒死了所有的老鼠。仓鸮也第一次出现死亡现象。一只鸽子从屋顶梁之间振翅而出，然后消失在屋脊瓦下面的一束光线里。

布劳德宁美特这一名字能留存至今，意味着它在早期德文郡人心中具有特别神圣的意义。布劳德（broad）来源于古英语形容词 brade，现代英语中仍然保留了该词作为强调语的用法，如 broad daylight（光天化日）、broad Yorkshire（整个约克郡）。作为一个生活于公元 4 世纪、热心于将异教圣地改造为基督教堂的人，都尔的圣马尔定（Martin of Tours）可谓教区圣人的合适人选。这些含宁美特的地名顽固地存留下来，暗示了一代代具有自由思想的德文郡人，对古老信仰的显著偏爱。很多世纪以来，他们在此地过着某种双重生活。

在向南去往沼泽的途中，我停下来，一探"鸡树喉"（Cocktree Throat）的究竟。鸡树喉是茂密的橡树林中一条阴森森的小路，路上有一个位于山谷底部的浅滩。鸡树喉小溪在陶河磨坊处汇入陶河。其他小溪出现于眼前，并蜿蜒穿过沼泽般的林地，小溪的流向让我百思不得其解。有些溪流甚至似乎沿着上坡方向在流。越过东宁芙和西宁芙，我来到一棵叫作"滚动的啤酒"（Trundlebeer）的橡树旁：它侧面是一条小溪，这条小溪，同其他溪流一起，将最终汇成德文郡中部地区的恒河——神圣的约河。

汽车行进于两侧是陡峭斜坡的小路上，经过人迹罕至的通往吉德利（Gidleigh）的沼泽北部狭长地带（North Moor Arms），向南爬坡前往达特穆尔高地。在斯科利尔（Scorhill），我穿过沼泽，去看那里的石头阵，及其竖石纪念碑列石（Stone Rows）的游行大道，然后下坡行驶一英里，碾过一排排黄色、石南紫和绿色的、顶上长满金雀花的崎岖不平的废锡矿石堆，前往如丝线般的泰恩河，以及围着河潭的孤独、平顶的英国山楂。在被风吹得东倒西歪的树枝间，有一个由石南嫩枝和羊毛编织起来的旧的秃鹰巢。其弯曲的、缝隙里长满苔藓的树干，由于经常有绵羊和矮马在上面磨蹭，变得很光滑。这些孤零零的树木，是达特穆尔高地的地标，冬季薄雾中的救世主，正如巨石阵中的乌尔树（ur-tree）。附近查格福德（Chagford）教区的小村索恩（Thorn，意为山楂），就是围绕着这样一棵山楂树慢慢形成的。理查德·索恩，著名的景观历史学家霍斯金斯（W. G. Hoskins）的外高祖父，耕耘着村里的 32 英亩土地，其祖先就从那里得到自己的姓氏。先是农场以山楂树而得名，接着，农场的第一个拥有者又以农场作为自己的姓氏（从 1332 年罗伯特·艾特·索恩开始，索恩家族就一直住在那里）。自 1880 年起，一直到他去世，理查德·索恩都是教区牧师，他死后，他的儿子、村里的马具商和邮政所长继承了这一职位。父子俩在这一职位上连续不停地服务了 82 年之久。霍斯金斯写道："这些事情让我兴味盎然。这是古老的、乡野的英格兰，它稳定不变，深深地植根于泥土，不为潮流所动，心满意足，神智健全。那些人是我的祖先，他们让我变成了现在的模样，不管我喜不喜欢……"泰恩河河潭含有泥炭，潭水清澈而冰凉，水从芦苇丛中长满青草的完全平坦的岸边流入。从水平面看去，河湾处的山楂树布满了天空。

那天晚上，我回到索恩村寻找原先那棵树的后代。在它古老的树篱中，我发现了冬青、荆豆、榛树、橡树和白蜡木：什么树都有，就是没有山楂树。在逐渐暗淡的光线中，小路对面的一位农夫，正呼唤着他的猫进屋。

迪恩河与瓦伊河沿岸的森林

跨过塞汶河（Severn），即便过河地点是格罗斯特（Gloucester），于我而言，仍有出国的感觉，正如跨过塔玛河（Tamar）进入康沃尔（Cornwall）

一样。我正前往英格兰的边缘地带，瓦伊河（Wye）河谷沿岸树林密布的边境乡间，去见一个在英国的林地保护方面比任何其他人都做出了更多贡献的男人：我的老同学乔治·佩特肯（George Peterken），《天然林地》（*Natural Woodland*）一书的作者。我快速行进在迪恩河乔木掩映下的高岸上，沿途经过利德尼（Lydney）镇外的泥滩，那里，每年从马尾藻海（Sargasso Sea）洄游到塞汶河里的幼鳗，就像西方男人的精子计数一样，最近几年神秘地从亿万条减少到只有数百万条。盛产苹果和梨的果园，遍布于森林下方陡峭的草地：巨大而凌乱的果树上，缀满玫瑰红的罗宾梨，嫣红的雨滴梨，它们尚未被最近移居此地的矮马和宠物圣殿的人摘下来。若隐若现的蜿蜒道路在林间向上爬升，房子和花园的墙壁由呈柔和枣红色的砂岩砌成。不管你怎么靠近，森林总似乎在设防，充满隐秘，一如丹尼斯·波特（Dennis Potter）的那些电视片。这里和外面世界的关系一直有点紧张，村里仍有人甚至从未去过20英里外的格罗斯特。爬升到森林里之后，我看到了整套蜡笔的颜色：一座蔚蓝色的英国退伍军人协会（British Legion）小屋，橙色的欧洲蕨，森林里亮红色的欧洲甜樱桃叶子，紫杉木黑色的阴影。道路在山毛榉形成的天然隧道里延伸，经过火炉别墅（Furnace Cottages），一路上松鼠上蹿下跳，还有一位老人，跪在地上，用他手杖的弯头，把橡实耙进口袋。进入森林深处，光线越来越暗，像到了井筒里一样。

与林地魔术家的身份相配，乔治·佩特肯住在英国一些最最古老、有趣的森林深处的小巷里，这些小巷错综复杂，沿着圣布里亚维尔公地（St Briavel's Common），像手背上的血管一样分布着。圣布里亚维尔位于森林西边三英里处的高地上，在远处高高俯视着瓦伊河河谷。最后一次见到乔治，还是在博利厄路露营地，那时，我还未毕业，他已经上了大学，但回来加入我们的活动。他已经深深地爱上了新森林，将其一部分视为自己青春的原始丛林，后来又重返新森林，进行实地调查，为他关于森林中冬青再生的博士学位论文做准备。对乔治、我和其他人而言，巴里·格特仍然是我们一辈子致力于生态和保护工作的最初引路人。

乔治来到屋外的花园迎接我，他中等身材，虽颀长消瘦，但筋骨强健。

戴着眼镜，迈着经常徒步的人特有的大步子，他明显是一个属于森林的人。像任何习惯树林生活的人一样，他频繁使用双臂，或通过悬伸于其上的树枝晃过石墙，或攀住农场大门，轻轻一跃而过，或双手交替，在林地陡峭的斜坡上上下攀缘，撷取灌木林里的幼苗，或岩石边树枝上的嫩枝。他穿着自己特别喜爱的深蓝色羊绒外套，发现这件外套时，它正挂在树林里的一根树枝上，他把它称作自己的亚瑟王神剑。

如正宗的林地居民一样，乔治和妻子苏住在覆盖了丁登寺（Tintern Abbey）上游瓦伊峡谷南向河岸古老的小叶椴木林树顶上方 800 英尺的地方。河岸的另一边就是威尔士了。我们开始了对佩特肯领地的巡游：这是一个令人惊讶的微型围场的迷宫，围场之间由长堆状的圆砾岩相隔，这是一种冰河时期遗留下来，在此地的山腰和圣布里亚维尔公地上随处可见的砾岩。直到 1800 年，这里还是树林牧场，公地使用者在此放牧牲畜，为小叶椴、橡树、山毛榉、榛树和冬青修枝或截梢。到 18 世纪末，公地非法占有者开始在森林边的圣布里亚维尔公地定居下来。之前，这里也有过公地非法占有者。在此前一个世纪，克伦威尔驱赶了已经在森林公地的小屋里定居下来的 400 个家庭，而到了 1680 年，又有 30 座圈地的小屋拔地而起，接着又被拆除。但是，煤矿工人、烧炭人和炼铁厂的人总得有地方住，迪恩森林地区的工业也欣欣向荣。

和新森林一样，王国政府与迪恩森林本地公地使用者，即森林居民之间，有着源远流长的冲突史。但铁矿石和煤的存在，令这里的情形有所不同。要成为一个森林自由矿工，你必须出生在圣布里亚维尔公地方圆一百英里以内，并且在方圆一百英里以内的铁矿或煤矿工作一年零一天。自由矿工和森林居民一直拥有强烈的独立传统。1800 年到 1820 年，圣布里亚维尔公地经历了一次人口爆炸，公地的一大部分被非法圈地占有了。乔治认为，某种形式的管理崩溃，造成了这一状况，但这一陡峭、偏远、遍布石头的地方，对农业和林业而言都没有太大价值。然而，不到二十年，景观就彻底改变了。圣布里亚维尔的穷人齐心协力，决定接管这一块同样贫穷然而美丽的土地。他们以令人震惊的速度和决心，清理了石头，用手或马把它们拉走，堆成三四英尺高的巨大的长排，顶上是平的，宽度足以供一台拖拉机行驶：
这是中等规模版本的哈德良长城（Hadrian's Wall）。实际上，这些长排
不是用来做墙的，尽管许多墙面经过了干砌，看上去像一个由小围场组成的
偶然系统，这些围场有些只不过和一个中等大小的后花园差不多大。走在里
头，就像在某个森林城堡遗址或热带雨林里的玛雅遗址各个房间之间穿梭。
乔治把它比作海格特公墓（Highgate Cemetery）的某个角落，那里，你穿
过茂密的树林，不时会看见一些废弃的墓穴或陵墓。圆砾石堆在巨大的由小
叶椴、橡树和榛树组成的老灌木托架上，或围绕着它们堆放。它们还靠着截
梢后的树干堆叠。结果，超过 200 年树龄的树，从 1800 年就已生长有年的
灌木托架上，透过覆满蕨类的石头长了出来。

　　小叶椴在其伸展出去的低处枝条接触地面后，有着长出新根的习性。
似乎厌倦了重力，这些枝条俯下身去，用鼻子爱抚着地面，沉潜下去，很快
就埋入地中，形成足够的腐殖叶子和泥土，长出新根，绽出新枝。这样，树
就沿着石岸或石墙不断伸展蔓延。但是，这些最后看上去好像一排排独立的
树，实际上仍是一个单一的有机体。乔治向我演示如何观察每一棵树的独特
习性和形状，甚至其叶子的精确阴影，并认识到每一棵树和它同一品种的邻
居是多么地不同。因此，在我们行走过程中，笼罩在头顶的小叶椴常常只是
一棵单一生物，在 200 年间不断复制克隆，长出新根，像《麦克白》里面
行走的树林一样，沿着石岸爬出很多码远。这些树在圣布里亚维尔公地上
鬼鬼祟祟爬行的方式，与非法占有者侵占公地的模式如出一辙。科林·沃德
（Colin Ward）在《佃农与公地侵占者》（Cotters and Squatters）一书
中，描述了新森林的公地放牧者和侵占者，如何通过某种有机的、巧妙的过
程，逐步扩展他们占有的地盘，这一过程与圣布里亚维尔公地的小叶椴毫无
二致："树篱的内侧被砍掉，荆棘之类的东西被扔到外面。这些砍下来的荆
棘重新发芽生长，形成某种滚动的篱笆，于是，未来的公地侵占者不断地修
剪树篱内侧，并增加其外侧。"

　　在乔治揭开这一小规模人文景观的面纱时，我一直在想科林·沃德和
威廉·科贝特。森林居民和公地使用者们的艰辛劳动、相互支持，以及对在

这块土地上建造庇护所、拥有自己应有份额的权利的顽强而勇敢的坚持，共同创造了这一人文景观。在他关于土地配给、公地侵占者和埃塞克斯与苏塞克斯（Sussex）小块土地拥有者的《所有人的阿卡迪亚》（*Arcadia for All*）一书中，沃德一直捍卫自给自足的村社居民的美德和生产力，科贝特最初也是因为他们才写了《村舍经济》一书，书中坚称，这些经常被贬称为"穷人"的劳动者，也有可能过上独立而富足的幸福日子。科贝特是乡村理想主义者，但他也是一个实际的人，他的小书出版于 1821 年，圣布里亚维尔的公地侵占者们，那时正维护着他们自由林地居民的权利。书里随处可见关于酿造啤酒、制作面包、养殖奶牛、猪、蜜蜂、母绵羊、山羊、家禽、兔子的资料，以及其他被认为对劳动者家庭的生活有用的信息。科贝特写这样一本实际而富有争议的书，有其政治目的："大部分人能够生活富足，这是良治的试金石，也是国家伟大和安全最确切的基础。"在关于猪的章节中，科贝特可能想到了布里亚维尔公地，他写道："很大程度上要取决于村舍的情况；因为所有猪都要吃草；因此，在公地或森林边缘，如果家庭人口众多，需要养两到三头猪。"在接下来的一段旁白中，科贝特小心地让读者明白他自己到底站在哪一边：

> 当我住在博特利时，曾经跟邻近的不动产权拥有者和农民们提议，我们应当向拥有附近庄园的地主，即温彻斯特主教请愿，让他给荒地上的所有数量庞大的所谓"擅入者"赐予权利；并赐予所有其他愿意在荒地边缘开辟不超过一英亩围场的贫苦教区居民以同样的权利。我认为，这样做会大大缓解教区的压力，它们当时正承受着失业者的巨大负担……但没有一个人同意我的主张！

当科贝特骑马路过新森林，理智地提出"养这些鹿到底用来干什么"这一问题时，他实际上想问的是："这些森林应该用来派什么用场？"而他对这一问题的答案，体现了一如既往地支持公地使用者和侵占者的立场：

> 这些森林具有的唯一正当目的，就是给居住在它边缘的劳动者家庭提供

生存之地；这些村舍都干净整洁，这些人都强健有力，像居住在汉普郡森林边缘的那些人一样。每个村舍都养着一到两头猪。它们在森林里吃草，秋天，它们就吃橡实、山毛榉坚果和白蜡木的种子；因为，白蜡木种子，和其他的坚果一样，都富含植物油，轮到放牧的猪，能灵巧地从果壳里取出种子。有一些森林居民还养牛，他们所有人都有一小块土地，当然，是不同时期从森林中圈出来的，土地还能有什么比这更好的用处呢？

圣布里亚维尔公地的地形测量图，看上去很像达特穆尔高地东北边缘查格福德和斯罗利这些村子周边的"新得地"：过去由小农户和公地使用者从开放沼泽开垦并围起来的一英亩或以下的土地，因此，农场像细胞分裂一般增长。圣布里亚维尔的小块土地，有点像某位老妇人嘴边的褶皱：最多是四分之一英亩到半英亩之间的围地，这儿一个干草牧场，那儿一个放牧草场，一个猪圈，或就是一个石头猪舍。乔治指给我看他土地上一个带墙的围场，它和一般的起居室差不多大，可能是一个猪圈，夜间用来圈养，白天自由放牧，也可能是一个微型的干草牧场。在这样一个以谨慎的、人性化的规模慢慢演化而成的景观中，从一个房间走到另一个房间，倒确实给人家居一般舒适自在的感觉。把景观抑制在极小的规模，带来了无穷的惊喜，在每一个转角，你都能发现它更多的秘密。我想起了 18 世纪园丁们建造的角树屋（hornbeam rooms），用树篱围起来的小小的休憩地。

如乔治所说，我们正走过一个有 200 年历史的景观，它叠加在另一个历史更悠久的景观，即古老的林地景观之上，这是一个放牧牛、绵羊和猪的森林公地牧场。我们穿过树林，抓住低处的树枝，直陡陡地爬下坡，来到瓦伊河上方 700 英尺高处的一条清晰的线上，这条线由一堵墙确定，墙下方的地既未被侵占，也未被清理。墙以下一直到河边，是一块森林公地，林地居民在这里放养猪，给牛和绵羊吃草。仍旧住在森林里的无地流动牧羊人，所谓的"獾"，也施行着他们随心所愿挑选地方放牧动物的权利。

这些树林里还长着榆树、白蜡木、欧洲甜樱桃、野樱桃以及稀有的本地大叶椴，一片片的赤杨木沿着高处的沼泽渗流生长。我们遇到的石头沉井，里头水量都很丰沛，乔治说，它们似乎从未干涸过。它们大多数位于冬季间歇河的河道上，比如流经乔治家花园并总是溢满他家游泳池的那条。瓦伊河河谷的小叶椴相对集中，这一点很独特。椴树通常不与其他种类的树混长。在英国许多其他地方，它们在一千年前，就和此前曾经主宰了艾平森林（Epping Forest）和新森林堡垒的罗马人一同消失了。

走进树林深处，我们沿着一个旧路网络走了一段，来到一个石墙围起来的方形围场。这样的围场不止一个，都连在一起。它们是开垦地，夜里可以把绵羊围在里头，通常是畜棚里。旁边是"桂冠小屋"，一处废弃的公地侵占者的住处，它隐匿在茂密的常春藤中，周边是一丛丛的月桂，它们一度温顺地长在小屋前，枝叶修剪得整整齐齐，一根橡木过梁支撑着楼上的石墙和后面的一个猪圈。这地方如今草木蔓生，我们走近时几乎看不到小屋的存在。河谷沿岸分布的这些孤立小屋，有的是沿着瓦伊河进出森林运送货物的船夫用过的。乔治说，圣布里亚维尔公地上的人行小道星罗棋布，全部走一遍至少得花一天时间。我们沿其中一条上坡，登上乔治和苏拥有的最高的牧场。他们再造了这一牧场，把它围起来，将逐步侵蚀过来的树篱清理回原来的地方，并在这里放羊。石墙和树篱已经变成一个单一有机体。黑刺李、榛树和冬青从石头缝隙里长出来，穿上了对抗食草动物的盔甲。一棵橡树从石墙顶端发芽生长，在两小块潮湿、沼泽似的土地上，乔治种下了黑杨插条，这些插条是从克里克霍威尔（Crickhowell）的乌斯克河桥边的一棵黑杨上剪下来的。如今，树林里的无地流动牧羊人太多了，他和苏有一天早上醒来后，发现整块地都被翻耕过了。

沿着瓦伊河高处的树林，有着一条丝带般蜿蜒的古老的林荫小道。在下红溪村（Lower Redbrook）外河岸边的考克斯博里（Coxbury）和瓦伊盖特（Wyegate）小道，乔治、苏和我沿着一条中间凹陷的路往上爬，冬季洪水形成的激流从山上倾泻而下，年复一年，把巨大的石灰岩卵石旁的泥土冲刷殆尽，形成了这条凹路。路的两岸是截梢椴树和冬青树的树篱，我们走在中间，有如走在绿色的隧道中。小路向东南方向通往森林地区的中世纪法庭和行政中心圣布里亚维尔城堡，然后经过赫维尔斯菲尔德（Hewelsfield）

及其教堂院内那棵千年树龄的紫杉，一直延伸到塞汶河岸边。圣布里亚维尔城堡还是一家兵工厂和军需品仓库，从森林地区开采出来的铁，被制成数量庞大的箭头和对扣螺栓，和紫杉木或风干白蜡木制作的箭杆一起交给皇家军队。这些军品会装上驮马和驮筐，沿着小路上上下下送到瓦伊河里的船上。

走了一英里左右，我们向左转，攀上左侧的陡坡，穿过海布里森林（Highbury Woods）的老椴木，前往修在山顶上的奥法大堤（Offa's Dyke）巨大的石灰岩堤岸。在此地树林的中心，一块次生林地已经从大坝堤岸的土方工事和一连串的石灰岩采石场上再生。巨大的老紫杉树生长在大坝沿岸，它们的根暴露在身下的石灰岩采石场悬崖壁上，本地白面子树已经萌芽，我们发现树丛里还藏着一座石灰窑。年代老得多的椴木和冬青树林，环绕着更年轻的次生林，因此，在乔治眼中，其效果就像一个秃顶上重新长出头发的和尚。

在这儿的石灰岩和砾岩上，椴树长得很快，许多截梢树显得头重脚轻。我们偶然发现一棵三分叉的截梢树，它像一只马上要破碎裂成两半的酒杯。乔治估计，树的底部，尽管很粗大，树龄也只不过 200 年到 250 年，再加上顶部 80 年到 90 年的新生部分。他说，瓦伊河谷的树木从未有如此之多。修枝和截梢都是过去的事，树木在不断伸展，重新占据过去的草地和牧草围场。河谷沿岸的很多土地，都属于林地信托基金（Woodland Trust），他们明智地管理着某些作为牧场的草地，也允许其他人跑到林地去。另一棵倾倒在岸上的截梢椴树，已经往自己的腐质中扎下根去，新芽蓬勃生长。对这一地方有了切身体验后，乔治说，触动他的，是此地的易变性：今年你看到的一朵花，明年就不在那儿了，在它原来的地方，又长出了新的东西。大自然的动态本性，给他留下越来越深刻的印象。

除了偶尔看见一棵挺拔的截梢老树，白蜡木在海布里树林似乎相对罕见，但在高处的石灰岩采石场里，我们发现一棵嫁接在一起的白蜡木和桦树，它们树干连在一起，紧紧拥抱着。在树林深处，我们发现一棵极其高大的中空橡树，还有树前一堆小火留下的焦黄斑。很可能有人在橡树前举行了五朔节跃火仪式。在过来的路上，我就听说了"切尔滕汉姆异教美食女巫"

（Cheltenham Pagan Gourmet Witches）的轻松仪式。这是一个由八九名自称"某个年龄的胖女人"组成的小团体，她们惯于走进格罗斯特的树林和乡间，庆祝古老的季节性节日，随身携带上等美酒佳肴作为野餐。当然，她们很小心，以免引起任何危险。我听说，她们在饼模上生起一堆适度的火，举行五朔节跃火仪式。乔治说，他在大自然中漫步时，偶尔会在这儿的树林里遇到这些妇女，她们坐在树下，吹奏长笛或竖笛。按照我线人的说法，切尔滕汉姆女士们的这些聚会，是充满欢闹的快乐场合，毫无秘密色彩。她描述了最近一次远足，目的地是镇外五月山（May Hill）上那棵吱嘎作响的高大松树。美食家们跟着录音机的音乐跳舞，然后组成星星的形状，躺在树下，凝视着逐渐显现的夜空，而山脊上的长草丛中，附近感化院里的一帮管教少年，正不加掩饰热切地注视着她们。

一两天前，我在牛津听一位森林学家说，由于气候变化，英国所有的本土森林，都无法存活到本世纪末，我问乔治，他对这一论断有什么看法。这一见解还成了《独立报》某篇特写稿的基础，大意主要是，我们不要再种植本土树种了，最好开始从东欧国家进口栽培变种，因为来自这些地方的树，习惯了炎热干燥的夏季和寒冷的冬季，或者进口来自南方国家的橡树和山毛榉。乔治认为这个看法完全是胡说八道。他认为，它忽视了英国树种的顺应力，和它们成功应对过往气候波动的历史。

俯视瓦伊河，乔治谈到了树木影响河流走向和历史的方式。倒塌的树形成了水坝和浅滩。碎石和岩屑在它们周边累积，形成沙洲或水池，增加了河流栖息地的多样性。海狸经常干同样的活，但根据乔治的说法，最后一次对海狸的记录，是 1188 年在苏格兰的泰非河（Teifi）上，记录者是威尔士的杰拉尔德（Geraldus Cambrensis）。已经死去和正在死去的树，是林地生态的关键组成部分，但这一条件，在有人管理和清理的当代树林里是没有的。问题正在于不必要的管理太多，而恰如其分的忽视太少。在我们的天然林地有能力维系的许多物种中，乔治认为，大概有五分之一的物种，其存活依赖于死木，或正在死去的树，或长在树和死木上的真菌：甲虫、木虱、蜘蛛、幼虫和其他统称为"枯木生物"（saproxylics）的无脊椎动物。需要更多所谓的粗木质残体（coarse woody debris），林地生态学家如今对这一点谈得很多。弗朗西斯·吉尔维特（Francis Kilvert），在 1876 年于克莱罗河（Clyro）上游所写的日记中，将其称为"休耕木"（fallow wood）："我们跌跌撞撞直下莫卡斯公园（Moccas Park）的陡峭山坡，在橡树、桦树和休耕木之间跌倒、撕扯、滑动。这些休耕木在脚底下有好几英尺厚，或许汇集了几个世纪的毁坏与腐朽。"这种陈年腐朽物，和那种逐渐延伸到老截梢树内部，将其树干和树冠掏空，被吉尔维特叫作 dottards 的东西，是树林里特别肥沃和有价值之物，因为其中包含了以木为生的古老林地物种，由于人为的清理，许多在本地已经灭绝。不像鸟类和飞蛾，这些小动物不容易从一片树林转移到另一片树林，因此，一旦从某片树林消失，它们就无法再次回来，然后就永远消失了。这是需要保留并珍视古木老树的另一个原因。大部分老树在树龄达到 150 年后，就会有死树枝，等树龄达到 250 年到 300 年，树干中空、树枝枯死也是很正常的，而这些地方是真菌和无脊椎生物的丰饶家园。

在《天然林地》一书中，乔治·佩特肯记录了生活于森林或树林中的物种惊人的多样性。他说，据说波兰的比亚沃维耶扎森林（Bialowieza Forest）蕴含了 11 000 个动物物种，包括 8500 种昆虫，206 种蜘蛛和 226 种鸟类。动物数量比植物数量要多得多，但仍有 900 种开花植物，254 种苔藓，200 种地衣和大约 1000 种高等真菌。相比而言，面积小得多的亨廷顿郡（Hungtingdonshire）蒙克斯树林自然保护区（Monks Wood Nature Reserve）在 1973 年仍然蕴含了 372 种开花植物，97 种苔藓，34 种地衣和 337 种真菌。其中的 2842 种动物，除了 149 种，其余全是无脊椎动物，其数量也超过了植物。这些数据只能是约数，因为林地条件时刻都在变。随着越来越多真菌被确认，对真菌的了解也一直在变，但它们在树林和树木的生命中起到的关键作用，还有很多等待揭示。为了更好保护树林的自然平衡和生命多样性，如果有树木倒下，就让它待在原地，不去管它，这是森林学家能做的最低限度的努力了。

我们再次攀缘下坡，抱住前路上的每一棵树干，减缓下降的速度。乔治聊起了他和苏在新英格兰和梭罗的马萨诸塞树林度过的那一年。那儿的树林里，到处可见农庄的废墟，和掩藏在常春藤中覆满苔藓的古老石墙。乔治说，类似的风景，在英国只有圣布里亚维尔公地才有，它的林地里，处处隐藏着古老的农业风景的痕迹。

在林荫小道更远处的赫维斯菲尔德教堂，我挤入千年紫杉中间的空洞，仰望其扭曲树干上的灯笼，从那些久已死去的树枝造成的孔洞里透进来的光线，把树干内部照得像鸽舍般明亮。然而，这棵树树叶非常茂盛，乌鸫正享受着它第一批粉红色的成熟浆果。

与美洲豹同行

这儿有点像个图书馆，那些穿着白外套的好学者，像是图书馆员或档案保管员，他们小心翼翼地搬动着成捆的旧手稿，或快速翻阅着，或笃定地在光线充足的书桌上仔细阅读。在考文垂（Coventry）的捷豹（Jaguar）汽车厂，160 名细工木匠两班倒，日夜不停劳作，为这些高等动物——汽车这个字眼似乎太俗了——的仪表板和车门，挑选、切割出雅致的胡桃木饰面形状。它们似乎都从 1936 年那款外形凶猛的 SS 捷豹 100 型跑车脱胎而来：弧线形的车身，钢丝辐轮，连锁铬合金轮毂，以及巨大而时髦、有着乳酪磨碎器似的活百叶挡板的阀盖，另外，从驾驶员座舱看去，似乎有无穷的视野。

如今，汽车里满是各种各样的衬垫，显得胖乎乎的，就像坐在后座或自己开着车的脑满肠肥的企业高管和政客一样。每一辆新车，从生产线上款款而来，像西装革履的人猿泰山（Tarzan）。现代捷豹仍属于罗兰·巴尔特（Roland Barthes）所谓的"权力的动物寓言"（the bestiary of power），但它们已经从原始阶段演化到古典阶段了，巴尔特在关于新款雪铁龙 DS（Citröen DS）的文章中，最早描述了这一过程。该文写于雪铁龙 DS 于 1955 年巴黎汽车展惊艳亮相的那一刻。他认为，现代汽车是哥特式大教堂的完美对应物："是无名艺术家们的激情所孕育的时代的至高创造物，其用途乃至形象，被视其为纯粹魔法之物的全体人们所消费。"巴尔特认为，神话是理解汽车世界的关键：作为物体，汽车是"来自自然之上的那一世界的使者"。生产线上的新款捷豹，在线条流畅和装饰奢华方面，比隔壁公司博物馆内的老爷车们不知高了多少。1948年面世的XJ120，绝妙地模仿了亚马逊雨林里美洲豹（Panthera onca）跳跃时优雅的波动。它给人的印象主要是动物，然而，与其猫科导师一样，这款车拥有奢侈的盈余储备和天生的优雅。当一位小男生走在街上，被一辆XJ120超过时，会带给他某种祝福的感觉，令他在班内的地位有了短暂提升。"我看到一辆XJ。""天哪！什么颜色的？我能坐你旁边吗？"

在我们这个冒险精神式微的时代，一辆捷豹新车的吸引力在于更舒适自在。"在XJ热情好客的客舱内"，宣传手册介绍道，"奢华的皮革，富有光泽的胡桃木饰面，将你团团包围，绝对令你陶醉不已"，在介绍排量3升的XJ6模型和XJ8时，宣传手册写道，"树瘤胡桃木饰面筋膜和车门饰件，与胡桃木和真皮方向盘及胡桃木档位杆完美匹配"。

为什么在广告文字撰写者的词汇表里，胡桃木是这样一个强有力的单词？其词根来自古英语Walhhnutu和古德语Walhoz。第一个音节wal，与古英语里的wale相关，wale演变为weal，如同commonweal一词中的weal，然后变成wealth（财富），既指幸福，又指占有。无疑，身体和钱袋子两方面的良好状态，最初指的是胡桃带来的收益。但车内的胡桃木仍旧象征财富。它还代表着某种工艺传统，推而广之，某种工程传统。这得回溯到英国细工木匠的鼎盛时代。直到18世纪，因其硬度、丰富的棕色色调和复杂的纹理，胡桃木都是最有价值的木材，但1700年早期，整个欧洲经历了连续多年的冬季极寒天气，尤以1709年冬天为最，气温降到零下20℃以下，导致各地的胡桃木纷纷冻死。到1720年，胡桃木木材变得极其稀少，乃至于法国政府禁止一切出口，以保护其濒临枯竭的存量资源。面对这一危机，英国家具制造商转向热带殖民地出产的桃花心木，其细腻的纹理、强度和抗朽坏的能力，使家具商们如获至宝，桃花心木家具很快成为了新的时尚。

　　然而，胡桃木依旧是更加漂亮的木头，树瘤饰面的相对稀有，也给捷豹车主带来某种个性。树瘤只有在上了年龄的大树上才有，大概千里挑一。它们就像牡蛎里的珍珠。用在捷豹上的饰面，来自加州萨克拉门托河（Sacramento River）的老胡桃园。这些树是波斯胡桃木或英国胡桃木，嫁接到黑胡桃木树干上形成的。树瘤一般会长在树根顶部和树干底部的嫁接处，像崴了的关节一样肿大。胡桃木有巨大的主根，它们与其他根在树干处交会，有如涨潮线，不同事物在此变化争斗，并留下痕迹。拥有六七十年树龄长有树瘤的树，不能砍伐，需要连根拔起，因为最好最细腻、拥有最复杂纹理图案的树瘤，长在树根顶部变成树干的地方。树瘤也可以像腹膨隆一样长在老树树干的更高处。我曾见到过 1930 年前往吉尔吉斯斯坦（Kyrgyzstan）的费尔干纳河谷（Ferghana Valley）偷盗树瘤的英国盗猎者留下的疤痕。以重量计价的树瘤，有时会公开浸在水里，提高其表面价值。它们千差万别，因而没有标准价格。每块树瘤都会经过讨价还价，有时会争得面红耳赤，这些一般都发生在偏远地带。戴夫·康顿和布莱恩·皮尔斯带领我参观捷豹的饰面生产中心，他们告诉我，过去，在加利福尼亚搜寻树瘤的捷豹采购员，在工作过程中，偶尔会被人用枪顶着脑门。

　　一旦连根拔起后，树瘤原木被刮干净，像蔬菜一样称重。接着煮沸，防止碎裂，然后在一个类似削铅笔刀的机器上旋转，从厚木板上削下半毫米厚的饰面。饰面是从树瘤上切割下来而非锯下来的。三四英尺长、两英尺宽的饰面片，按照它们切割时的原有顺序，包扎成 24 片的一捆。每一片标上数字顺序的条形码，让纹理能在每一辆新车内做到镜像匹配（mirror-matched）。在未处理状态下，每片饰面摸上去像小山羊皮，按照行内人所谓"像书叶一样"的顺序达到的纹理对称，给我留下非常深刻的印象。

　　在牛津植物科学系从事胡桃木研究的彼得·萨维尔（Peter Savill）博士曾告诉我，伊普斯维奇的一家知名高档家具公司，最近以 5000 英镑的高价，从女王的桑德林汉姆（Sandringham）庄园购买了一棵大胡桃树。当这棵胡桃树转变为面饰后，其总价值已经上升到 50000 英镑。未切割的胡桃木根干，换一下手，就能赚个 10000 英镑，这样的事并不少见。它们有时巨大无比。1980 年在加州得到的一个样品，据说重达 4000 磅，共生产出了12000 平方英尺的饰面。一经切割，饰面片就必须保持湿润，以免开裂。在它们一路行经工厂的过程中，你可以看到，不断有人像美发师一样往它们上面喷水，这些喷上去的纯净水，让它们保持着良好状态。

　　树瘤是一种赘生物，是从树内某个源泉一样的深处涌出来的萌芽。当这些萌芽向着树皮沸腾，然后被巨大的削铅笔刀贯穿纹理切割时，它们的湍流得以展示，大大小小的漩涡固定在静止状态。树瘤可能是对树内某种瘙痒的反应，是树的一种良性肿瘤。这里有过疯狂的细胞分裂，然后患上了象皮病。一开始的毁容，最后倒成了富裕的装饰品。青蛙原来是一位公主。饰面，在其眼睛和棱镜中，将光线进行了一千种形式的分割，它是对蓄积在树木内部的能量的颂赞，这种能量，表现为旋转的木之舞蹈。

　　捷豹面饰切割员都坐在明亮的灯光底下，用电脑辅助，计算出如何才能最经济地利用每片面饰，并让它与其双胞胎——即一捆中的下一片——的纹理相匹配，为捷豹跑车的仪表板，或整个中央控制台，创造一种完美对称的图案。看着这些技术工人全神贯注于工作，我禁不住觉得，那棵母树已经放弃了某个秘密。我正在目睹某种动物标本剥制术。创造树瘤的所有不为人知的痛苦，现在都已公开展示，成为汽车制造者天才的又一表征，也为某一次未来的演出，比如，以 120 英里每小时风驰电掣于高速公路上的车内立体声系统中播放的蒙特威尔第（Monteverdi）的《晚祷》（Vespers），准备好了部分的舞台布景。

　　每辆车消耗 6.5 平方英尺珍贵的树瘤面饰。我看着汽车形状的胡桃木，被轻柔地嵌入三层白杨饰面组成的基座上，每块饰面的纹理都以合适的角度与其邻居相接。这个木制三明治，巧妙地加压浇铸到仪表板、门板或传动控制台的金属轮廓下，并以 140℃高温蒸煮 5 分钟。17 世纪的伟大木雕家格林灵·吉本斯（Grinling Gibbons），见到这样的情形，一定会惊掉下巴。现在，面饰组件要用砂纸打磨、抛光、上清漆、再次用砂纸打磨，然后精细抛光两次。"众所周知，"罗兰·巴尔特说，"柔滑总是完美的一个特征，因为其反面揭示了某种技术性的、典型人类的装配操作：耶稣的长袍是无缝合线的，正如科幻小说中的飞艇由一整块金属打造。"

　　"我的兄长以扫是一个长满毛发的人，而我是一个光洁无毛的人"。上午茶歇时分，坐在如教堂一般肃穆的捷豹装配线前，我脑海里禁不住浮现《边缘之外》（Beyond the Fringe）里阿兰·贝内特（Alan Bennett）的布道词。这些汽车最重要的品质，乃是其光洁的本性。胡桃木的纹理如此细密，比其他任何木头都适合高度抛光，赋予捷豹驾驶舱以一把经典小提琴特有的细腻光泽。车门打开，驾驶者进入一个共鸣箱，其中，引擎的轰鸣也已柔化为某种微妙的颤动声，这种整洁优雅，是精益求精的结果。饰面被打磨得闪闪发光，其深棕色的旋转烟熏图案，表明其出自老师傅之手。我堂而皇之坐在驾驶舱内，感受到的绝不仅仅是胡桃木：它简直是时尚宣言。座舱非常宽敞，仪表板上分布着令人延缓缭乱的刻度盘、计时器和操纵装置，两边完美对称，配上车削胡桃木挡位杆把手，以及胡桃木加真皮方向盘，让我下意识地联想到某种东西，只是一时半会记不起名字了。

　　后来，在 M42 的中间车道上，我终于想起来了。是詹姆斯·普迪父子公司（James Purdy & Sons）南奥德利大街（South Audley Street）门店里一排排摆放得整整齐齐、有胡桃木饰板的猎枪。它重量轻、操作灵活，受潮后不收缩或膨胀，并且特别防震。它能由机器加工至非常细微的容差，因而是各种金属部件的优良底座。因为这些原因，也因其固有的美感，枪械师对其青睐有加。普迪公司偏爱土耳其胡桃木，其他公司则挑选英国或法国胡桃木，甚至黑胡桃木。走进任何枪械师店面，扑面而来的总是某种胡桃木的气息。一棵其坚果被赞为长寿神药的树，投胎到了枪械身上，而战争总会增加对胡桃木的需求，这颇有点讽刺意味。胡桃木的作用是斡旋机器和它的主人。就像我切面包刀的木柄，或其他任何工具手柄，它缓冲了钢铁的冷能，且摸上去温暖、舒适而光滑。在捷豹工厂，一位细工木匠用一个胡桃木挡位杆把手，现场制作了一个螺丝刀柄。

　　胡桃木和工程、工艺和设计之悠久缘分，另一个结果就是置于我书桌上的层压启明星螺旋桨轮轴。绝大多数欧洲制造厂用胡桃木制作螺旋桨，因为它强度高、纹理均匀。层压提高了强度和稳定性，对树中蕴含的木材，有了更加经济的利用，且使切割、干燥和定型更加容易。这些螺旋桨和木结构的飞机中，许多是在伊普斯维奇的提本汉姆飞机制造厂（Tibbenham's Aircraft Company）生产的。在一战期间，逾 100 名妇女在该厂工作，和她们共事的，还有 90 名技艺极其精湛的男性细工木匠。在螺旋桨车间，一排排穿着长工装裤、头发盘到帽子里的女性，绘制纸样。穿着背心、戴着白围裙、布帽子、衣领和领结的男人，则从四分之三英寸的厚木板上，用带锯切割出叶片的形状。接着，他们像打扑克一样，将叶片铺成十个一排，胶合、用螺丝固定，制成螺旋桨的层压轮廓。他们团队合作，一次制作 10 个螺旋桨，细木工以金属模板为辅助，将它们刨平、修光成型。接着，在楼上一间通风良好、由天窗采光的长房间里，手工塑型的叶片，由穿长裙和带护脚高跟鞋的妇女用砂纸磨光。8 英尺长的螺旋桨，挂在墙上的一排排钉子上，底下的工人们相形见绌。同时，男男女女们在木头横梁下巨大的工厂地板上忙忙碌碌，把木制机翼连接、安装、胶合并固定到栈桥上。最后，螺旋桨叶片和顶端被装入涂油布叶鞘，上清漆，装入长木箱，送到由穿着花呢背心，戴着帽子，脚蹬靴子的货运马车车夫驾驶的四轮马车上，拉车的是名叫飞马（Pegasus）一类名字的萨福克马。其他人，包括木材搬运工和锯木匠，则不断地把锯好的干燥英国胡桃木树干运进来，小心翼翼地在院子里堆成大六角形形状，每块厚木板之间垫上木棍以保持空气流通。比格尔斯（Biggles）和阿尔吉（Algy）把他们的飞机叫作"板条箱"，因为它们跟后者多少有点像。启明星一代的飞机，几乎都是由木头制成的，通常是白蜡木，覆以加强纤维制成的紧致外皮，配有一或多个木制螺旋桨。即便到了 1930 年，大约只有 5% 的机身是金属的，晚至"二战"期间，最成功的快速轰炸机之一，蚊式轰炸机（De Havviland Mosquito），由云杉、桦木胶合板和轻木制成。它 1938 年问世，战争期间，有近 8000 架蚊式投入战斗。甚至雷金纳德·米切尔（Reginald Mitchell）设计的革命性的喷火战斗机（Spitfire），其螺旋桨也是木制的。

许多轿车和卡车的驾驶室，也是木结构的。最初的 SS 捷豹也不例外。

用螺栓把白蜡木框架连接到钢制底盘上，再以金属镶嵌，SS 捷豹就是这样制造的，而摩根跑车今天仍旧这样制造。白蜡木既轻盈又强韧，有足够的灵活度以吸收驾驶或飞行的压力。回头看，捷豹公司最初的名字 SS，在 30 年代显得有些怪，但斯瓦洛跨斗车公司（Swallow Sidecars），听上去实在太瘆人了。威廉·里昂斯（William Lyons）成立公司的初衷，是生产跨斗摩托车，它也是木结构的，制造汽车是一个新起点。当广告公司建议给 1936 年的 SS 跑车取名为捷豹时，里昂斯很不情愿地同意了。不过，用不了多久，他就为谨慎地把 SS 从公司名称中移除而感到庆幸。捷豹（jaguar）这个词如今已彻底融入英语，它借自图皮语（Tupi）或杰拉尔混合语（Lıngua Geral），这种语言，曾有数以百万计的葡萄牙裔巴西人使用，但如今注定要消失，因为现在只剩下几百人仍在使用它。从字面上翻译，jaguara 意思是"掠食性野兽"。水虎鱼（piranha）一词来自同一种语言，据我所知，目前在汽车制造业中仍在使用。没人知道目前仍有多少美洲豹存活于世，但对它们的生活至关重要的荒野河流和热带雨林，正一天天从南美洲的地图上消失。导致全球变暖的同一种力量，正在加速美洲豹的灭绝。美洲豹的体型在大型猫科动物中排名第三，如今栖息于亚马孙盆地，在曾经的大本营中美洲地区，目前只剩下了几百只。栖息地的消失是主要原因，但整个 1960 年，每年多达 15000 只美洲豹因其皮毛而遭到诱捕，至今仍有许多遭受猎杀。可以肯定的是，它们绝大多数如今以铬黄肖像的形式存在于跑车阀盖上。

捷豹董事会里的高管，不可能不注意到，他们很快就将管理一个以某种已灭绝的哺乳动物命名的公司。广告公司那边不太好办。我们注意到，美孚公司的埃索牌润滑油（Esso）在几年前已经放弃了"把一只老虎放到你油箱里"这句广告词了。在塔姆沃思（Tamworth）的电力煤气公司（Reliant）厂家，却没有这样的问题，因为知更鸟依然是英国最成功的鸟类之一。因此，作为制造商，如果捷豹公司最近几年已经习惯于因其杰出的环保资质而获奖，并尽心尽力推广热爱自然的形象，谁能责备它呢？努力创造一个更加绿色的星球，减少对森林的破坏，让美洲豹这种处于困境中的公司图腾动物能重焕生机，在这方面，恐怕没有哪家公司拥有比捷豹更充分的理由了。公司已经停止使用水银和镉，关闭不必要的灯光和水龙头，循环使用办公室纸张，对清洗新车的水进行净化和循环利用，并早在 1992 年就成立了自己的环境战略委员会（Environmental Strategy Committee）以"寻求让汽车更生态友好的途径"。作为一家生产具有强大引擎的高性能汽车的厂家，捷豹明白，自己处于环保运动组织的众目睽睽之下。其兄弟公司路虎（Land-Rover），福特汽车集团旗下的另一个成员，由于在节约使用燃油方面不为人知，最近就尝到了被绿色和平组织直接诉讼的滋味。

　　甚至来自加州果树林的树瘤胡桃木也越来越难找了。捷豹的公开反应，是斥资在斯坦福郡（Stanfordshire）建立一个 200 英亩大小的胡桃木林地：捷豹胡桃木森林。森林建在德比（Derby）南边阿什比德拉祖什（Ashby-de-la-Zouch）附近朗特村（Lount）的可耕地上，包含 13,000 株胡桃木和 70,000 株其他的树。当然，这只是某种姿态，不是为了保证饰面仪表板、挡位杆把手或方向盘的未来用料供应。

　　罗宾·伯彻姆（Robin Bircham）在萨福克种植胡桃木，并为捷豹的新树林提供了 6000 株树苗。我前往宝克斯泰德豪农场（Boxted Hall Farm）去拜访他。他照料着 7.5 英亩果园里的 180 棵树。许多树是 1935 年种下的，主要品种是巴德维尔（Bardwell），它可能就是所谓的法国宝石（French Bijou）吧，之所以叫这个名字，是因为有时候女性会把珠宝放在它的大壳里。我们走在一排排间距合适的胡桃树间，它们有六七十英尺高，树冠亭亭如盖。罗宾说，在潮湿的萨福克，枯萎病是主要问题，它降低了好胡桃的产量，但他没有使用化学喷雾剂。果园的树冠一旦闭合，讨厌竞争的树，自己就会从叶子里分泌有机除草剂胡桃醌。松鼠、乌鸦和人也会来偷胡桃，而晚霜能让整年的收成化为乌有。在好的年景，罗宾可以收获 3.5 吨的胡桃。

　　最初，罗宾和妻子常常在 10 月和 11 月采集掉下来的胡桃，把它们送到科芬园（Covent Garden），但大部分都因卖不出去而腐烂，因此，他们转而决定专门经营新鲜、湿润的胡桃，并开始向哈洛德（Harrods）、福特纳

姆和玛森（Fortnum & Mason）等百货公司以及白金汉宫（Buckingham
Palace）供货。他们清洗胡桃，按照大小分等级。大的销售到伦敦，小的
则卖给本地店家和熟食店。不同的胡桃品种有数百种之多，正如有适合不同
口味和生长条件的苹果和李子。胡桃形状各异、大小不同，各有独特的风
味和纹理，有的比较容易开裂。法国盛行的品种是 Franquette, Marbot,
Ronde de Montigniac, Lara, Fernor, Fernette, Chandler, Serr,
Tulare 和 Broadview。罗宾说，Lara 每英亩可以出产一吨多胡桃。

　　种在果园里用于出产胡桃的胡桃树，不大可能提供有用的木材，因为为
了更多挂果，你需要大量位置较低的水平枝条。相比之下，一棵用于出产木
材的树，应当是挺拔的，树枝越少越好。在胡桃种植中心之一，多尔多涅省
佩里格市周边，法国果农会挑选出一两棵作木材用的果树，从早期就开始修
枝，让它们长出 12 英尺高的直干，他们还给所有产胡桃的果树修枝，让它
们的树干长到七八英尺高，这比英国果用胡桃树通常四五英尺的高度更高。
胡桃树最好直接由种子而来，因为它们不喜移栽，即便移栽树苗很小。幼苗
很快就能长出巨大的主根，它很容易遭到毁坏。

　　罗宾·伯彻姆把我引入了胡桃木俱乐部（Walnut Club），它由约 100
位胡桃木热心人组成，旨在让这一树种在英国重新流行起来。某个晚夏的上
午，我到牛津附近的诺斯摩尔信托（Northmoor Trust）参加了第一次会
议，此地位于威腾汉姆山（Wittenham Clumps）的背风处，保罗·纳什
（Paul Nash）为这座山和山顶上的山毛榉树画了无数的画，那座铁器时代
的堡垒也因此名闻遐迩。罗纳德·布莱斯跟我说起过，保罗和他弟弟、也是
艺术家的约翰，经常跟他们曾与爱德华·李尔（Edward Lear）订婚的姑妈
古茜，一起到沃林福德（Wallingford）的赛诺顿屋（Sinodun House）并
待在那儿。在这座山上，保罗发现了某种永恒和神秘的元素，它们让小山超
越了它在开阔、平坦风景中的单纯的物理存在。他写道：他们"销蚀了我了
解的早期风景的印象……它们是我的小世界中的金字塔"。

　　在这一浓厚的英国背景中，我们二十多人在一个 20 英亩的胡桃种植
园中来了一场晨间散步。这些胡桃树，都是加布里埃尔·赫梅里（Gabriel

Hemery）博士 1997 年从哈萨克斯坦带回的种子萌发长成的，他的目的，是从这一基因多样性的独特源泉中，挑选和繁殖最适合出产木材的胡桃木品种。我们眼前的这些胡桃木，是赫梅里博士从费尔干纳河谷的野生胡桃木森林里精心挑选的 375 棵长势特别好的胡桃木的子一代。我们比哈萨克斯坦的纬度高十度，但生长于 7000 英尺高处的父本树，必须要承受天山山脉的中亚严冬，因此，赫梅里博士推断，它们很容易在英国的气候条件下生长。他用塑料管种植胡桃木，因为他很快发现，幼苗在塑料管的庇护、湿度和高温条件下长势要好得多。他很快就了解到，如果不做保护，本地野兔经常会吃掉顶芽。

如今，幼苗已经长到 8 英尺高，播种时，它们相隔 16 英尺，这样，未来就可以形成宽大的拱形树冠。与树高相比，胡桃木的树冠比英国任何其他树种都要大。赫梅里博士及其团队，针对保育林开展了一些精心设计的实验。他们推断，胡桃木喜欢潮湿和氮，于是，在每棵胡桃树两侧，都种植了原产于亚洲的秋橄榄灌木林。秋橄榄长着固氮根，可以给胡桃树提供营养，并且，它能长到 16 英尺高，为幼胡桃树提供湿度和庇护，让它们往上生长，而不是旁逸，同时，还能抑制杂草。他们还用意大利桤木、榛树或接骨木做保育林，并采取了同样的措施，取得了良好的效果。

很多人建议种植高大、生长迅速、具有笔直树干的胡桃木，以便获得木材，而我和胡桃木俱乐部的其他几位成员都觉得，法国人最懂得欣赏胡桃木的非凡美德。他们采取了折中的办法，种植的胡桃木，树干很矮，可以收获六七十年的胡桃，然后再连根拔起，用作木材和饰面。有几位工匠和我看法一样：一棵长满树节和树瘤的老果树的纹理，要比一棵相对乏味、拥有统一直纹理的商用木材树的纹理漂亮得多。塞巴斯蒂安在法国的小园地里种了 50 棵 Franquette 胡桃木，克莱尔和马修在诺福克有一个 Broadview 胡桃木果园，假如能防止乌鸦的偷吃，一年的胡桃收成相当好。我和他们并肩走着。

诺斯摩尔信托的胡桃木研究项目，由捷豹公司提供赞助，它似乎比其母公司福特更热切地向世人证明对环境的关注。当公司自己的股东都施压，要求在汽车设计和制造方面进行更彻底的变革，以应对全球变暖的挑战，你无法对他们求全责备了。2005年4月，福特公司美国董事长小威廉·克莱·福特（William Clay Ford Junior）宣布，公司将很快发布"一份综合报告……考察降低福特汽车温室气体排放所带来的业务影响"。长期股东、康涅狄格州财政部长丹妮丝·纳皮耶（Denise L. Nappier）乐见此事。"我祝贺比尔·福特"，她说，"他认识到了，为气候变化进行规划，不仅是一个环境问题，也是一个关键的商业问题"。粗体是我加的，因为"不仅"似乎意味着，"业务影响"比地球的未来更加重要。问题是，这一关注究竟有多郑重？福特，及其英国子公司路虎和捷豹，究竟想在终结大排量大型汽车有害排放的路上走多远？

安托万·圣埃克絮佩里在《人类的地球》（*Terre de Hommes*）中所写的，和16年之后的1955年，罗兰·巴尔特就雪铁龙DS所写的文章，内容很类似。他写道："机器越完美，它们就越隐于其功能后面而不可见……完美的达成，不是在你增无可增之时，而是在你减无可减之时。在其演化之高峰，机器完全隐身。"

注视着装配线上一辆大型捷豹缓缓而来，我突然想到，这台大机器"完全隐身"的一个办法，恰如潜入水中的野生动物，是经过的路上不留印记，没有碳尾迹，于地球丝毫无害。把这些都做到了，它也就完美了。那样，也就没必要种植胡桃木了。

大卫·纳什

走近布莱诺·费斯蒂尼奥格（Blaenau Ffestiniog），感觉步入了一部黑白电影中。放眼各处，板岩的单色调占满了银幕。然而，正如壁炉煤火内部发出的红光，我知道，大卫·纳什就在其中某处，在他那木制工艺品满满地堆到椽子上的小教堂工作室里：这是一个阴郁世界里想象力和冒险的熔炉。巨大的板岩废石堆，采矿中废弃的笨拙鼠丘，矗立成又高又陡的轮廓，凌驾于那些带有阳台的肃穆房子及其闪闪发光的屋顶之上。采石工的陡峭小道蜿蜒向上，或以对角线斜穿过镇子里随处可见的阴郁、摇摇欲坠的岩屑堆。一座废弃的高架桥探身进入虚空。电车和火车轨道通往废石堆所在的悬崖边。七曲八拐向上穿过针叶林的山谷，你就来到了一个无树的世界，只有寥寥几棵杜鹃，怪异地依附于板岩上，或紧紧抱住没有屋顶的绞车房的墙壁。破碎板岩呈锯齿形、对角线的单色调垃圾场，像被丢弃的零钱，这里有某种建筑上的考虑，因为只有极少数裂得很齐整的岩石，才能用来做房子的屋顶。

　　布莱诺·费斯蒂尼奥格盘踞于离爱尔兰海 10 英里处、北威尔士山脉某个山谷的入口。在艺术界，纳什就是木头的同义词，这样一个艺术家，选择这样一个地方居住，有点奇怪，不过，这是纳什青春时期的乡村，他和弟弟从祖父的房子出发，把整个假日都花在探索费斯蒂尼奥格河谷和杜伊利德河（Dwyryd River）两岸。他在这儿的小路上已经走了 50 年。有讽刺意味的是，艺术学校毕业后，纳什来到这里，为的是逃离一个灰色的世界：60 年代中期伦敦的西服和金钱文化。这是一个深思熟虑的自我放逐之地，有着凯尔特乡村的风景，人们仍然说着另一种语言。到这儿拜访大卫·纳什，感觉就像 1940 年启程前往偏远的康沃尔，到圣伊芙斯（St Ives）渔业社区的工作室拜访本·尼克尔森（Ben Nicholson）和芭芭拉·海浦沃斯（Barbara Hepworth）。

　　大卫·纳什生活和工作的维多利亚式卫理公会教堂 Capel Rhiw，在镇郊一排板岩采石工小屋中间可谓鹤立鸡群。在这个威尔士的马丘比丘（Machu Picchu），一度生活着 18000 人，教堂就有 26 座。这些教堂一到周末就人流汹涌，会众溢出教堂，只能在街道上唱诗。纳什和妻子、画家克莱尔·兰当（Claire Langdown），住在教堂后面他们改建过的校舍里，这里既是工作室，也是仓库，存放运输途中、准备发往某个海外新展览的作品，或者一些纳什视为老朋友、不舍得放手的保留作品。

　　步入教堂，斑斓夺目的异教色彩跃入眼帘：这是木头温暖的光芒。这是一座美丽、令人振奋的建筑，一块块的原色，经过悬在高处窗户的彩色玻璃带，滤进蓝、黄、红色的光线。纳什的作品，层层叠叠，从地面一直堆到高高在上的天花板，生机勃勃，数量庞大，委实令我过目难忘。我穿过教堂，混迹于众多木制品、即纳什所谓的"会众"当中。这种感觉有点像家族聚会，由于家族特别大，所以既让人激动，又令人畏惧：你不可能记住所有人的名字，只有一个粗略的印象，等以后有机会，再一个一个好好亲近熟悉。我突然回想起自己作为一名教师走进教室时常有的印象：在我进入之前的那一刻，他们早就已经聊得很热乎了。

　　我们把靴子留在厨房门外，坐下喝茶。纳什家的猫，睡在一个以巧妙的悬臂方式挂在散热器上的篮子里。纳什说，散热器噪声奇响无比，有如荒腔走板的风笛。从灶头延伸出来的一英寸铜水管，蜿蜒而上天花板，像一个次中音号。这种排管方式有点超现实主义，但也很具实用特色，因为它既能起散热器的作用，又略带喜剧意味。厨房操作台也显得大胆、实用，别出心裁：它由四英寸厚切片的美国梧桐木制成。纳什说，这种木头通常用来做挤奶桶，因为它不留味道。克莱尔用加拿大樱桃木边料创作的一系列早期木雕，以浮雕方式，描绘了窗帘在一扇打开的框格窗顶部随风飘动，像玛丽莲·梦露在《七年之痒》中如波涛汹涌的裙子。风转变成了木头。窗外，除了板岩还是板岩。两个男人在花园里用手推车搬着板岩石板。

　　稍后，纳什驱车带我们登临镇上方的一座小山，我们爬过一道低矮的栅栏，来到一个有羊群吃草的高地，登上一片煤渣样的地面。直到纳什弯下腰，捡起一片皮革的烧毛碎片，我才意识到，我们正踩在一个古代军靴焚烧后的巨大遗址堆上。这有点像《傻瓜秀》（Goon Show）里的一个场景。所有完好无损的都是金属：踢踏作响的金属跟掌，微小的鞋带扣眼，以及不计其数的鞋钉、大头钉和饰钮。纳什喜欢这个黑暗的混沌堆：这是另一个已经灭绝的行业的坟茔。人们建立军靴厂，为战争期间的军队提供军靴。接着，当战争结束，工厂解散，他们堆了一座军靴山，一把火烧个精光。作为一个偶然的装置，它最生动地表现了布莱诺·费斯蒂尼奥格的历史，也是对所有奔赴战争的失业板岩矿工的最好的战争纪念碑。

回到教堂，我认出了许多单件艺术品：靠背很高、像汤勺一样的《王座》（*Throne*），高高耸立着；各种各样的《梯子》（*Ladders*），把倒置的树一劈为二，再以雕刻出的梯级将对立的两半连接起来，制作成通往天堂的楼梯；还有《船》（*Vessels*），一艘由一整棵树干雕刻的象征性的船。游荡于这些木碗、木勺、木椅、木船、木炉和木桌中间，有种爱丽丝漫游奇境之感。它们都是从家用尺寸和语境中抽离出来的人类工艺品，夸张而奇特，暗示了木头在我们生活中的无处不在。

有些作品，我以前曾在画廊或展馆看到过，但在教堂这样一个精工细作的环境中，与不在展览状态中的它们再次邂逅，给人以别样的体验。纳什如今在一个路前面的独立工作室和院子里工作，那儿，他的链锯声不会打扰到别人，因此，教堂及其里头的作品，成了一个有意识的装置。很快又要举办一场国际性展览，这次是在奥尔良，这儿和新工作室的几件作品正在捆扎打包，准备启程前往法国。有一些则已经在托运箱里，木中之木，它们像假日前夜放在大厅角落里的行李箱。等着打包的作品中，包含一对乌布（Ubus），它们得名于阿尔弗雷德·雅里（Alfred Jarry）的荒诞派戏剧《乌布王》（*Ubu Roi*）中特大号的国王和王后。这些生灵那蜿蜒的、阴茎般的、向外倾斜的、萎黄的恐龙脖子，与它蹲着的结实的躯体相映成趣，恰如它们的原材料——橡树的枝条。纳什一再回到这一形式。像纳什那些形态各异的梯子一样，树木通常连接着大地与天空，自然垂直轴，即木纹理形成眼睛的方向，在他作品中一以贯之。"木头的问题在于，它已经很美了"，纳什说，"你怎样才能让它更美？"

我发现自己对一件作品特别感兴趣：橡木雕成的《开裂的箱子》（*Cracking Box*）。纳什似乎进入了木头的天然生命中，在制作这个箱子的过程中，他给自己设置了很多障碍。他可以用护林人、树篱种植者或木匠的技能工作，但断然拒绝任何工艺观念，实际上，他已经连续多年拒绝英国工艺协会（Crafts Council）提供的公开展览机会。你能感觉到那种抵抗，在制造这个箱子时，他故意违背木工规则，凸显了这一抵抗心态。箱子的六面橡木墙中，有五面反常地横锯过树的末端纹理，固定在唯一一面沿着纹理常规切割的墙上。纳什用一把两英寸的手摇钻钻出纹栓孔，并雕刻了橡木钉，然后将橡木钉敲入纹栓孔，把箱子连接起来。这一无法无天的作品，蔑视了最基本的木工规则，但效果极好，因为，尽管木头因弯曲、开裂而蠕动，箱子却仍然没有散架。木头越挣扎，橡木钉在钻孔中就越牢固。正如纳什所说，手工雕刻的橡木钉是最好的接头，因为敲进去以后，其粗糙的表面制造了更大的摩擦力。这是一个他所谓的"由外而内"的作品。他在户外用绿色橡树制作了这一作品，在那里创作的感觉，与工作室里的活动迥然不同，然后再把它挪进室内，把它裂开、弄弯。纳什说，东西在室内会显得比较大，在室外则显得比较小，变大或变小的程度都在三分之一。

纳什与康斯坦丁·布兰库西（Constantin Brabcusi）一样，以作为工匠的艺术家（artist as artisan）这一传统进行工作。纳什很早就承认了布兰库西对自己的影响，后者是一位训练有素的木匠和雕塑家，也住在他的工作室里，那里堆满了他最好的作品。目前，纳什主要以链锯进行创作，在他手里，链锯转变成一种极其精妙同时也富于力量和适用范围的工具。他说，他是一个天生的短跑选手，总是迫不及待要见到结果，因此，1977 年以前，他一直用手工工具创作，但总觉得不趁手，直到他不再用弓锯锯木柴，并找到适合自己天性的工具。链锯解放了他，让他可以完成大胆的构思。它或许等同于纳什画画时爱用的炭笔，因为炭笔画起来也很快：他喜欢它的流动性。有了链锯，就能产生一些充满雄心的大创意，使他能以更大的规模，开展从树上伐取木头的工作。他并不区分"树"和"木头"，因为他用以创作的新伐木材，仍旧拥有自己富有活力的有机生命，并将作为一个活的雕塑，继续转变、弯曲和重塑自身。纳什喜欢让作品保持朴素状态，把工具的印记留在木头上。链锯留下圆形的、经常变黑了的标记。斧头留下粗糙度和扯碎的小裂片。抛光或整饰过的表面，抗拒你的凝视，让它不能专注于本质的形式。反之，纳什富有纹理的、开裂的、弯曲的、锯切过的、有裂缝的、炭化过的、有疤痕的、空心的作品，能够吸收光线，让观看者参与进来，就像雕刻创作开始之前勾勒的、或与木雕作品一起悬挂于画廊墙上的炭笔画，乃是三维雕塑作品的二维对应物。

　　纳什的作品总是源自某个观念：是观念让他激动，推动着作品成型。街道对面有一个小店铺，被他改建成了绘画工作室，在里面的黑板上，他用粉笔，为有时造访此地参加研讨会和讲习班的一群群艺术专业学生，勾勒了某个作品从观念开始，一直到最后成型的整个发展轨迹。他喜欢观念一词的动态意蕴，喜欢它指向前方的能量和运动。在黑板上，带箭头的粉笔线像慧尾一样向各个方向发散，导向可能的阐释。黑板上，还用粉笔写着一些与他同时代、作品和观念也与他相近的艺术家的名字：理查德·朗（Richard Long），哈美希·富尔顿（Hamish Fulton）和罗杰·阿克林。1995 年用粉蜡笔画的《家族树》（*Family Tree*），追溯了自 1967 年在布莱诺·费斯蒂尼奥格一座山腰上建造《第一座塔》（*First Tower*）起，纳什作品中一以贯之的观念和主题的演变。纳什把自己迄今为止一生的工作，比作一棵形式上的树，从那些早期阶段伸展出的枝条，演变为范围与视野更为广阔的后期项目，所有这些，都与思想的某个单一生命系统密切相关。这里面明显体现了柏拉图思维方式的痕迹，而纳什是理式（ideal forms[1]）观念的坚定信徒，一再回到球体、角锥体和立方体。木头常常暗示了过去、记忆和某种固定之物，因此，像纳什那样自由地对待木头，能创造富饶的张力。我们习惯于作为石雕物件的球体、角锥体和立方体，却不习惯木头呈现出这些形状。

　　在艺术生涯早期，纳什就选择雕刻木头而非石头。对他而言，木头提供了恰如其分的反抗程度。石头抗拒性太强，而黏土则太弱。雕刻橡木时，他感觉到一种平衡力回馈到臂膀上。雕刻椴树时，他感受到其接受性，感受到凿子在椴木中运动时的平滑感。他对树木过去的生命，对它与时间的关系，对它记在年轮中的生命日记深感兴趣。一棵树可以存活 80 年或 100 年，或几百年，但即便如此，与石头相比，树的生命，比人的寿命也长不了多少。我们用树来确定人类生命与历史的能力，影响了纳什，促使他选择木头作为雕塑媒介。木头，与石头不同，生与死，都在人类的尺度上。一段基于七个

1　柏拉图最著名的哲学概念，中文有时也译为"理念"——译者注。

时代这一古代概念的古老的英国俗话，很好地表达了这一观念。罗伯特·格雷夫斯在《白色女神》中引用了这段话：

> 三根柳条的寿命，等于一只猎狗的寿命；
> 三只猎狗的寿命，等于一匹战马的寿命；
> 三匹战马的寿命，等于一个人的寿命；
> 三个人的寿命，等于一只鹰的寿命；
> 三只鹰的寿命，等于一棵紫杉的寿命；
> 一棵紫杉的寿命，就是一个时代的长度；
> 从创世到末日，一共有七个时代。

一根柳条可以延续 3 年，这样算来，一棵紫杉可以活 729 年，这是一个审慎然而合理的估算。

时间，以及新伐材里头蕴含的元素的活力，在艺术家完成《开裂和弯曲的圆柱》（*Crack and Warp Columns*）许久之后，依然持续塑造着它。这些年来，纳什用桦树、鹅掌楸和山毛榉等各种木材，创作了一系列"开裂和弯曲的圆柱"。椴树的效果最佳，其弯曲饱含活力。他极其娴熟地操作链锯，在新伐材柱子上锯出 100 多个细齿梳一般大小的切口。这些作品给人的印象，是摞得高高的一捆纸张，这些纸张都轻柔地飘浮于空中，由柱子中心一根牢固的支柱加以连接。纳什说，在不停锯出切口的过程中，他进入了某种恍惚的状态，让创作本身的节奏带着自己走。任何时候，他都可能锯出过大的切口，从而导致整个作品完全报废。这就像爵士独奏：有开头，有结尾，有正式的结构，但感觉上是自由、开放、无拘无束的。这样做大胆、冒险。这些开裂、弯曲的圆柱体现了纳什艺术的本质特点，它们像树一样向上生长，里面蕴含了大师级的链锯独奏，并在作品表面上已经完成很久之后，仍然继续改变着形状。随着空气元素进入雕塑，水分从未经干燥的木头中蒸发，并通过我们呼吸的空气，与我们自身融为一体，圆柱上演着随机的开裂、弯曲和分离。纳什说，这些东西是属于空气的雕塑，而其他雕塑可能属于大地、水或火。它们呈现出某种脆弱的样子，暗示着，雕塑本身也可能轻易蒸发。

　　和其他的聚会一样，随着木头默默地呻吟，扭曲为微妙变换的形状，教堂里的雕塑也在不停地移动、延伸，小心地打着哈欠。新伐材的开裂和弯曲，是大自然在起作用，在纳什停止之处，它一如既往。《奔跑的桌子》（*Running Table*）和《三名疾驰的花花公子》（*Three Dandy Scuttlers*），这些雕塑看上去都像在逃跑，或用反转树枝做成的腿跳舞，它们凸显了蕴含于纳什一切创作核心的动力学。他的目标，他说，是"让树以另一种形式复活"。在艺术家和最初砍伐后仍旧生机勃勃的活的木头之间，存在某种协作关系。

　　我们驱车前往下一个村子梅恩特洛（Maentwrog）附近凯尼科德（Cae'n-y-Coed）林木繁茂的山谷，那里，纳什拥有继承自父亲的 4 英亩混合林地。这是他栽培种植活的雕塑作品的地方。1977 年，他开始创作最负盛名的户外雕塑之一《白蜡木穹顶》（*Ash Dome*），当时，他在费斯蒂尼奥格河谷山腰一片平整的高地上，直径 30 英尺的圆环内，种植了 22 株白蜡木树苗。作品构想是，以这样一个充满希望的行动，应对冷战的黑暗时光。纳什此前已经绘制了活白蜡木的点阵，它们将包裹起一个穹顶形状的空间。他试图找到某种创作大型户外雕塑的途径，这些雕塑真正属于本地，它们拥抱并吸引元素，而不是像很多户外雕塑一样抗拒着元素。受到树篱及其半天然、半人工形式的启发，他寻找着某种与自然积极协作的方式。

　　纳什对本地树篱熟悉已久，经常描绘或拍摄扎在篱中那些树的错综复杂的形状。纳什知道，白蜡木对不断的塑型具有最强的复原力，能长到离根最远的地方，并自然长成蜿蜒独特的形状。纳什把自己比拟为中国古代的陶艺家，他引导树生长的方法，和他们全神贯注于陶器看不见的内部空间，并推动黏土围绕这一空间塑型的方法，有异曲同工之妙。他也被这一计划的渐进、长期性质吸引：它不断向未来延伸，连绵不绝。

　　第一圈的树苗被羊啃掉了，因此，他围起了篱笆，又种了一圈。他还种植了桦树作为防风林，并刺激白蜡木与它们竞争生长。接着，他运用了一些树篱技艺，在树苗生长期间进行剪枝和塑型，在副梢上嫁接。随着穹顶越来越高，每个冬天，他都踩着梯子，甚至木质脚手架，精心整修形状。某段时间，他还搭起了一个由拉绳和帐篷钉构成的复杂系统，促使《白蜡木穹顶》向中心生长。他向我展示了，如何在 1983 年第一次对树干进行弯曲，通过在生长中的树干上锯出一系列锯切口，使它沿逆时针方向倾斜，然后用塑料底下的湿布包扎伤口，直到形成层痊愈，引导并支撑用桩固定的树。这些年来，他三次对树进行了弯曲作业，形成了如今山腰处它们狂野而优雅的舞姿。

正如任何协作一样，树也有自己的想法，纳什必须不停地运用树篱技艺，以雕塑家或编舞者的身份，对它们施加影响。他崇拜和欣赏每棵树的目的感和刁蛮任性。这还是抵抗的问题，是和强健有力的树木掰手腕的问题。"树有自己的目的，不管发生什么，他都要努力达到自己的目的"，纳什说。我注意到，在白蜡木每一个被弯曲或切割之处，它都长得越发强壮，膨胀成一个像人的膝盖一样的老茧，或在每根移植枝条星形裂口的凹处周围，形成一个皱巴巴的疤痕组织团块。这些细节，每一个都代表着一种决心，是树遭遇的小小挫折，对这一挫折，树以双倍的力量去回应，体现了某种藐视乃至愤怒，但总体上，恰恰增强了肌肉和运动的戏剧感。不过，纳什没有严格控制的欲望：让他感兴趣的，是生长的不可预测性，通过一次又一次、年复一年、在不同季节为它绘图，甚至在现场搭建绘图桌，他为这一雕塑的生命绘制了详细的图表。有关《白蜡木穹顶》的绘图，他说，是"它的果实"。这是实话实说。和我们其他人一样，雕塑家也得谋生。次日上午，我帮着纳什，从他的绘画工作室里，拿出了十几张《白蜡木穹顶》的白蜡木结构图，准备打包运到某个画廊去。

《穹顶》以其根深蒂固的形式，表达了纳什择一地安居终老的决心，与他生活于其中的风景也体现了深切的和谐。在树篱中，绵羊经常会咬掉树的顶梢，在啃食嫩叶的过程中，塑造树的形状，否则，枝条会因密切接触而融合在一起。作为线状树林，树篱具有天然的雕塑品质，这体现在白蜡木的穹顶中。但是，树围起来的空间，也让纳什联想到山谷对面马诺莫尔山

（Manod Mawr）内部板岩矿井那巨大、隐秘、中空的穹顶。所有倾斜的树，都是某种类别的乌布。白蜡木穹顶内部的树所具有的摇摆、锯齿状运动的习性，像野兔在小路上试探性的切线前进，令人不由得想起泰德·休斯《温暖与寒冷》（"*The Warm and the Cold*"）一诗中的诗句："野兔沿公路流浪，如扎向深处的根"。

和这样的树打交道，让人深深感到，玩也是一件严肃的大事。你把它们弄弯，它们反弹回来。你把它们砍掉，它们又反弹回来。你把它们放倒，它们就长出挺拔的新枝。值得注意的是，纳什把自己的一本书题献给"严肃对待玩乐并让我加入其中"的兄长克里斯。穿过山腰略走片刻，我们遇到了像伊莎多拉·邓肯一样巧妙地向上盘旋的《像军刀一样生长的落叶松》（*Sabre Growth Larches*），以及令人震撼的《凯尔特树篱》（*Celtic Hedge*），它是种植于 1989 年、60 英尺长的美国梧桐树篱的一个刻意的反面版本。纳什通过剥掉树皮，暴露接触点活跃的青面纤维层，给它们钻孔并用螺丝钉拧紧，然后在木质接头开始生长、与树融为一个整体后，再移除螺丝钉，将这一野生格子的枝条融合到一起：这是把幼芽捆绑、嫁接到果树砧木这一传统方法的流水线版本。

在上面的山坡，纳什建造了一个小圆舟般的庇护所，屋后是一个高树果园和一个冬青灌木林。庇护所是一个榛树的曲庐，矗立在曲木框架上。单棵橡木枝干纵向一锯为四，作为曲庐的弓，亚黑的帆布外皮，铺开在纵横交错的木头上。屋内有一只小火炉，以及一根像水壶喷口一样的巧妙的喙状烟囱。小屋是前开式的，如悉尼歌剧院的土著贝壳，屋子里面，四周放着一把弧形的木质长凳，俯视着树林和山谷。我们坐在凳上，聊起了海狸，和它们在芝加哥郊外用咀嚼过的杨木树桩做成的天然雕塑，还有纳什种在山脚下的每排 7 棵的 7 排西桦。这些西桦构成一个长斜方形，每棵间距 7 英尺，纳什希望它们都长成刚好 49 英尺高。看着这些西桦，我意识到，大卫·纳什或许悄悄影响了泰特现代艺术馆（Tate Modern）外那一座优雅、密植的缩微桦树林的栽培。

从凯尼科德出发，我们沿着费斯蒂尼奥格河谷驱车，前往杜伊利德河边的一条小路，及其支流上的一座小桥。吃草的羊群停下来，看着我们经过，不安地咀嚼着。纳什欣赏与喜爱的威尔士乡村的特点之一，他称之为"绵羊空间"（sheep spaces）：即世世代代以来，由动物长期的磨蹭所导致的、并以其自身形象在地面上硬化而成的凹坑。如此不显山露水的庇护所，经常位于树根之间，由它们羊毛里分泌的羊毛脂磨光、浸渍。纳什经常用炭笔或粉蜡笔描绘这些凹坑，甚至在原地，免费为绵羊们创造出凹坑，并雕刻木头围阻墙。它们是安居的符号，是与大地之间长期的亲密关系的符号，这也是纳什自己的生活方式。就这一意义而言，它们与《白蜡木穹顶》是同一类别的，后者也是一个包蕴性的、保护性的形式，如今正深深扎根于凯尼科德的土地上，施行着相似的非法占有者公地权。

假如说《白蜡木穹顶》说的是往下扎根，《木头卵石》（Wooden Boulder）是一件同样激进的关于放手的作品。从每一种意义上，它都充满了冒险精神，是一个伟大的解放姿态，其中，纳什将作品托付于自然与元素，完全不设限制。1978 年夏天，他听说，在我们目前河边所站之处的上坡，最近砍伐了一棵巨大的橡树，或许能落到他手里。物主担心它会滚到他们的农舍上。在橡树躺倒之处，纳什工作了两年，从中雕刻了十几件雕塑。第一件雕塑，一个直径 3 英尺的橡木球，本来是要运到工作室里风干的。当准备把雕刻了一半的球体从主树干上割断，翻过来接着雕刻底部时，纳什灵机一动，想利用附近的溪流和水滑道，将半吨重的木球运到下面的一个水池里，然后吊到一条轨道上，让木球在轨道上沿路滚动，最后安上滚轮运进工作室。本来的设想就是这样的，只不过木球半路卡在水滑道上，动弹不得。这初看是个难题，不过，在以禅宗的思维模式仔细考虑后，纳什意识到，这是一个机会，一个令人愉快的意外，通过将作品放归自然，如秋叶自落，完成其生命的转化。它将顺其自然，成为溪流中的一颗卵石，河水在其周围嬉戏，寒冬时将它冻住，或以秋叶将它包裹。从那时起，它就成了《木头卵石》，一种自有其独立生命、自身故事，并以雕塑家为其传记作者的新作品。

到了次年，这一非永久性的雕塑，在冬季洪水中改变了位置，定居在瀑布下面的水潭里。1980 年 8 月，纳什开始用照片和绘画记录其进展，并且把金龟子一样的木球挪到浅滩，好让它被冲进另一个瀑布和下一个水潭。接下来的 8 年，它就待在这里，水的作用，渐渐使它的颜色变得与河里其他石头一样黑。这块木头卵石具有了自己独立的生命，纳什用绘画和照片记录了它不断变化的情绪和命运，或在霜冻或飘雪的日子，或当它被暴风雨激起的狂暴白沫吞噬，或当它挤在一堆落叶枯枝中。它又有三次被冲到了下游，并在 1994 年的一次巨大暴风雨中，被卡在一座桥底下，彻底隐身。它又成了一只动弹不了的金龟子。纳什用绞盘把它拉出来，滚到另一边的溪流里，那儿，它安坐于靠近杜伊利德河交汇口的几棵树下的石头河床上，又是整整 8 年，直到 2002 年 11 月，一次超级强大的洪水，最终将它带入了干流。趁着涨潮，它向着大海的方向旅行了 3 英里，最后搁浅于河口的沙滩上。

广阔的地平线，高远的天空，在这一新环境中，木雕英雄般地挺立着，像一位凯尔特圣徒，开始随着河口的水流四处漂荡，神秘地消失于小溪中，又随着潮涨潮落不断原路返回，应和着月亮的盈亏，跟着每一次新的潮水移动。纳什彻底被它迷住了，他驾着小船寻找它，有段时间完全找不到了。"反复无常"，这是纳什对它行为的描述。他甚至在河口地区张贴了"通缉"告示。在那些捉迷藏的寒冷冬日里，他研究了潮水，凝心阅读图表，绘制着不确定的旅程。然后，1 月的某一天，这只巨大的木头苹果重现于一片盐泽上，似乎安定了一段时间，直到 2003 年 3 月 19 日的春分大潮又让它漂浮起来，获得了自由。纳什从船上观察，这个沉重的球体，"像一只海豹一样"漂浮着，大部分没于水下，在随波逐流的过程中，底部磕磕碰碰，让它轻微地滚动，由于行经了无数的石头和沙子，它雕刻得很粗糙的角，已被磨光、弄圆。只要时间允许，他就用相机或纸，记录下它的行进路线。3 月 30 日最后一次看到时，它不过是远处的一个小圆点。几天后，有人看见《木头卵石》漂到了河口附近，但到了 2003 年 4 月，它又消失了。"通缉"告示又贴了出去，但没有回应。木雕会不会已经漂进了爱尔兰海，甚至，像漂流瓶一样，永远消失了？对这一想法，纳什一直不太相信。他继续搜寻着海滩和河口的支流，像以前一样，驾着小船不断地找寻它。纳什把《白蜡木穹顶》描述为一个"即将到来的""正在发生的"雕塑，与此相比，《木头卵石》是一个"离开"的雕塑。

　　木头卵石这一概念本身，就是一个玄学派奇喻（metaphisical conceit），正如古希腊的第一根石柱一样。在最初的多立克石柱被设想和建造之前，所有的神庙柱子都是树木，带槽的石柱，以及顶部下方的叶状修饰，正是对树的大胆模仿。就像狄兰·托马斯（Dylan Thomas）广播剧《牛奶树下》（*Under Milk Wood*）里的诗句："狗在湿鼻子的院子里"，通过融合两种迄今为止分离的元素，给人以惊奇和愉悦感。在早期的一本笔记中，杰拉德·曼雷·霍普金斯画了一幅堰（lasher）的速写，这是牛津附近沃尔福克特（Wolvercote）运河上的一条陡峭、湍急的溢流河道，他把奔流的水描述为"像风一样奔跑"。将水流突然转化为另一种元素，同样独出心裁、令人耳目一新。

　　我们站在卡住木头卵石的那座溪桥上，一边沿河望向河口远方，一边听纳什讲它的故事。目前潮位较低，否则，我们说不定会驾船前往。我觉得，搜寻还会继续很长一段时间，不管结果如何：因为它已经成为工作的一部分，几乎成了习惯。克莱尔后来说，"当大卫驾着小船，见到木头卵石远远地漂浮在河口里，那种快乐的样子，我在别人身上从没看到过"。我们沿着古老的畜道驱车回程，经过依理高·琼斯（Inigo Jones[1]）出生的房子，从他建造的可爱的三拱石桥上跨过杜伊利德河。三角形的安全岛上，设置了板岩制成的座位，夏日傍晚，人们可以坐在这儿小憩，欣赏橡树夹岸的河流美景。沿途，我们不得不经受严酷考验，经过一个有两条牧羊犬看守的院子，正如纳什预料，这两条狗对着汽车狂咬，在我们摇上车窗玻璃时，它们撕咬着前保险杠。孩提时，他和哥哥经常走过这条小路，总是在墙边藏了两根结实的木棍，在走近院子时操起来打狗。

　　我感到，木头卵石或许成了纳什的另一个自我：它逐渐演变的故事，是他生活的一部分；这一焦躁不安的东西本身，是他灵魂的具象。它让我想起谢默斯·希尼（Seamus Heaney）讲述的《迷路的斯威尼》（*Sweeney*

1　英国历史上最伟大的建筑师之一，威尔士人，生于1573年，卒于1652年。

Astray）。诗人国王斯威尼被流放，裸身进入荒野，变成一只鸟，在爱尔兰上空飞翔，住在树里，筑巢于常春藤上，吃的是豆瓣菜，饮的是河水。《木头卵石》的故事，有种神话的感觉。一位艺术家，把树木变成卵石，多年以来，它神秘地往大海的方向漂浮，终于来到海中，像一只海豹一样翻滚，然后消失得无影无踪。在精神气质上，这一作品与理查德·朗的旅程很接近：纳什进入并探索风景，以流浪的橡木球为中介，体验各种"元素"、尤其是水元素的粗粝生活。纳什本人是一位深深植根于故土的艺术家，但和其他雕塑家一样，他也是一位探险家，喜欢旅行到能提供新材料的新风景中进行创作：加利福尼亚的红杉或浆果鹃，塔斯马尼亚的桉树，或巴塞罗那的棕榈树。他以欣赏的口吻，指着他的一件加利福尼亚红杉雕塑里波浪形的压缩纹，树的巨大重量，使树干下部的木头发生弯曲，并点刻了其纹理。世界上的树和木头千差万别，甚至同一个属，同一个种内部，也有许多差异。桦树，除了作为有用的保育树，为树苗提供庇护，促进它们的生外长，在英国少有人关注，其木头也几乎无人问津。但在芬兰或日本，桦树颇受青睐，桦木也极受重视。在世界不同地方，桦树木材质地各异。当纳什第一次在日本用链锯锯桦木时，他以为遇到了问题，链锯需要磨快，但究其原委，不过是桦树在日本生长缓慢，因而比英国的桦树坚硬得多罢了。纳什发现，不管他行至何处，元素本身也是不同的。空气可能更锐利，或更潮湿。在澳大利亚，天空比在这里更有穿透力、更极端。在日本，水的行为颇为不同：它更明亮、更有力，甚至有些喧闹，并且，更富有质感。波浪也不一样。在北海道（Hokkaido）的一个湖上，纳什看到，波浪像葛饰北斋（Hokusai）的浮世绘中一样，相互击打，向着对方奔涌，迎头相撞，向上溅起树木一样的浪花。他说，咱们这儿的波浪，从来不像这样。

晚饭时，纳什描述了他初访日本和北海道的喜悦。由于工作的规模和性质，他一直需要助理，助理就在当地招募。他描述了通过在人们的本乡本土与他们携手工作，从而逐渐与他们熟识所带来的乐趣。他发现，这是一种将自己介绍给此土此民的最佳方式，由此，他很快确定了这一理念：创作独属于那一特别之地的恰当作品。在巴塞罗那，他跟画廊解释，他需要整棵的树，但又不想砍掉任何一棵，于是，他被带到该市的树木医院，在这里，生病虚弱的树木，被挖掘者轻柔地连根拔起，装到树木救护车上运到此地，种在埋有新鲜泥土的巨大沟渠里，精心照料，直至恢复健康。大约40%的病树能复原，但在死掉的树中，纳什发现了棕榈树和澳大利亚松，这两种树他以前都未雕刻过。他用雕塑让它们复活，并以高迪（Gaudi[1]）的方式，创作了他的圆柱秀。

　　次日早晨，在林格尔（Llwingell）的雕刻棚里，纳什的助理罗兰，用一根煤气吹管，小心翼翼地将一件紫衫雕刻进行炭化。从教堂出去，沿路走一段，就是这个棚子，纳什对它进行了扩建，用来放置他这一行所需的重型工具和材料。罗兰的周围，阔叶树的整棵树干就躺在地上，或竖立在棚内或外面的院子里。纳什出于充分的实用理由，对某些雕塑的木头进行了炭化。比如，黑化雕塑的边缘，可以让形状，尤其是背靠着画廊的白墙时，显示得更加清晰。有裂纹、焦黑的木头表面，能够吸收光线，似乎改变了雕塑的尺寸感，让它看起来更远，至于这么做让它看上去变大还是变小了，纳什倒不太确定。他说，他在看一件木头雕塑时，首先看到的是木头，其次才是形式。不过，纳什用火的天性，似乎源自心灵更深处：这是一种对时间和元素的潜在意识，它一以贯之地激发了他的想象力。和纳什谈论他炭化木头的原因，只能进一步证实，他是一位多么富有玄学色彩的艺术家。正如把《木头卵石》浸润沉没于四大元素之一、维持树木生命的水中，炭化让木头浸润于象征了温暖和太阳之光的火中。作为古代中国人所谓的第五种元素，木是呈现为阳光和水的土、气和火的混合物。火，改变了木头表面的根本性质，将其从植物转变为矿物——碳。这令它与石头更近了一步。纳什说，炭化，抹平了和人一样复杂的纹理，这纹理暗示了树的生命，和与我们自己并无大异的寿命。他感到，对雕塑进行炭化处理，能够令他超越活木的有限时间尺度，改变观看者的时间感。

1　西班牙传奇建筑师，其作品有7项被列为世界文化遗产，如圭尔公园、米拉公寓、圣家族大教堂等——译者注。

像布兰库西一样，纳什总是深切感到，当他的作品在画廊或外部空间展出时，背景和展示方式极其重要。他把 1993 年在日本创作的炭化榆木雕塑《角锥体、球体和立方体》（*Pyramid, Sphere and Cube*）置于白墙之前，使直接取自雕像的二维木炭形象，在白色的背景中凸显其结构，通过这种方式，纳什有意强化了其戏剧效果。在 1987 年展出雕塑《自然对自然》（*Nature to Nature*）时，他也采用了类似的做法。我们观看二维和三维形象的方式有何不同？他提出了这一有趣的问题。纳什认为，我们根据三维形象与自己身体比例的关系，去解读它们的大小，对它们的体验更多是身体上的。二维形象，则更多以想象来进行纯粹的解读。把两种形象并置，就给观众的解读造成了张力，而这种张力同时强化了两种形象。纳什认为，对他的炭化雕塑进行视觉和触觉的理解时，另一个层面的内部挣扎产生了。眼睛想象性地被碳的黑色吸引，但从情感上，触觉知道，碳令你紧张，从而使你疏远它。

在对雕塑，比如高大、汤勺般的《王座》进行炭化时，纳什会用一个废材的套筒把它包裹起来，然后点火焚烧。火堆带着某种戏剧感和控制力，正如用链锯进行雕刻一样。这里有着浓厚的仪式感和火葬的感觉；甚至带着将作品献祭给林地之神的观念。1990 年，我初次见到用底下的微小薪柴火对雕塑《彗星球》（*Comet Ball*）基座进行炭化的著名画面，第一印象是，这一事件本身，戏剧性地呈现了燃烧着的彗星撞向地球的情景。炭化还能巧妙地把某些圆柱状雕塑——如《炭化的圆柱体》（*Charred Column*）——的封闭内部空间黑洞化，有如闪电击中某些古树，将其内部空洞烧焦。这种情况常发生在澳大利亚桉树身上，它们常常荒凉而孤独地矗立在塔斯马尼亚的开阔乡间，这些完全烧焦的戏剧性景象，赋予纳什灵感。据纳什说，被闪电击中时，树木经受着 15000 摄氏度高温的烘烤。树液瞬间沸腾并爆炸。四处飞溅的树的碎片，具有摧毁性的力量。

我问纳什，他在这么多二维纸上作品中如何使用木炭。我想知道，哪种木头做的炭笔绘画效果最好？他最喜欢柳树。它纤维较长，即便炭化时，也不会断裂，另外，它有种吸引他的柔和感。他试过用各种各样的炭笔绘画。

橡木刮擦声太响，但桤木不错。重质炭黑方面，纳什用的是浓缩炭，它的制作方法是：先磨成粉末，再进行重组。

院子那头一间工作室里，一窝的链锯，一对对整齐地排列着。它们尺寸不一，锯片长度小到21英寸，大到将近3英尺。它们都是红色的斯蒂尔牌（Stihls）链锯。有时候，纳什甚至从苏塞克斯的一位朋友那里借用4英尺的链锯，那里有他最喜欢的英国橡木。我自己也有一把链锯，和纳什谈起了每次发动时，它带给我的恐惧和敬畏。纳什有没有同样的感觉呢？他承认，确实有那么一点点无伤大雅的害怕，让他对这些机器肃然起敬。拥有一条美洲獒犬，一定也是这种感觉。如何保持锯片锋利无比，这本身就是一门艺术。纳什和罗兰花了很多时间，充满爱意地手工打磨每一把链锯上面那几十颗小巧弯曲的锯齿。树和大木料经常导致技术故障。在波兰东北部的比亚沃维耶扎森林作业时，纳什发现，许多树木含有战争留下的弹片，这对链锯是灾难性的。最近，他买的20棵巨大橡树已经运到，它们是从伊斯特本（Eastbourne）用作海岸防护、并由市议会更新过的300棵橡树中挑选出来的。他算过，这些橡树在25年间已经承受了18000次的潮水冲刷，树身满含沙砾，用链锯去锯，链锯不可能不折断。于是，他把它们变成了炭化圆柱。纳什热爱木头和树的这些生命故事，他说，锯木厂标准地块里的木料是"哑巴"，因为它们没有故事。

那些显示了人与自然合作印记的树的历史，对纳什具有强烈的吸引力。这一印记，体现于波威斯城堡（Powis Castle）的紫杉树身上。其中很多树，都可追溯到300年以前，第一次见到它们，纳什就留下极为深刻的印象。它们体型巨大，高达40英尺，明显任意的、自由流动的形状，让它们得到了一个本地名字twmps，这是威尔士语twmpath的缩略，意为"堆"。这些紫杉之所以长成这般古怪模样，是因为从大约1800年起的50年时间，它们处于无人照料的状态，枝叶没有修剪。随着修剪工作的恢复，园丁们非常开明，就沿着它们在城堡花园里蓬勃生长的超现实主义的有机形状来修整，他们爬上52英尺高的木梯子，用断木机单手修剪树枝，免得在这样的高度用大剪刀而不小心从梯子横档上踩空掉下去。纳什算了一下，这些树已经活过了 12 代园丁，人类对它们的干预，创造了它们雕塑班的形态，与波威斯城堡较低处自然生长的紫杉大相径庭。这些"巨大而滑稽的野兽"，给花园带来了特有的幽默色彩，让纳什乐在其中。他把它们看成绿色的乌云，飘浮在花园上方，将石墙包裹起来。它们的内部是黑色的，像骨骼一样；细枝与生长锥像网一样，构成了绿色、波浪起伏的外部。在描绘 twmps 的炭笔—粉蜡笔画中，纳什探索了它们内部与外部之间的相互关系。紫杉内部的黑暗之心，让纳什欲罢不能，在如梦似幻的 twmps 画作中，它们似乎化成一股绿意，若隐若现于木炭的薄雾中。

纳什常常给树加上腿，有时是真正的腿，从而对树木绝不会移动这一观念提出挑战。他的这一想法，体现于凯尼科德山坡上生气勃勃舞动的树木，见于《奔跑的桌子》，亦彰显于所有那些树木被颠倒过来、树枝变成笨拙的长腿的雕塑。纳什 4 岁时创作的第一件雕塑，是一捆绑在一起直立着、像腿一样向外弯曲的五月地锦杆。幸运的是，他把这件作品拿给两位艺术家邻居看时，他们表扬了他。"伯南树林效应"也体现在"轮子"系列作品中，这是一些自然形状的木头，重的那一头雕刻成轮子，你可以像手推车一样把它推来推去。在布里斯托尔（Bristol）阿诺菲尼画廊（Arnolfini Gallery）举行的早期展览中，这些木头轮子标价 3 英镑一个。人们还保留着这些小雕塑，你可以拿着它们当玩具来玩耍。

正如《白蜡木穹顶》，历时 300 多年、形成了 twmps 的人与自然的协作，对纳什而言，象征了人与自然之间更为广阔的理想关系，这一关系中，包含了工作与爱。他的雕塑，使倒下的树复活，具有了意义和美。纳什曾经以"斩钉截铁"（He speaks metal.）来描述其导师之一、雕塑家大卫·史密斯（David Smith）作品中体现的力量和自信。同样，纳什也找到了木头的语言。他言说着"雕塑的事实"，它像戏剧一样，活在和我们同一个三维空间中。

在这满目疮痍的自然中，被 Capel Rhiw 教堂那些宗教聚会般的雕塑所环绕，抬头仰望东窗中央依稀可见的威尔士语铭文：Sancteiddrwydd a weddai i'th dy（圣洁与你的房屋同在），你不由得寻思：纳什终其一生所从事的，不正是以行动体现其信仰吗？而纳什，以其一贯的谦逊，换了一种与木头有关的说法："旧木重生，复活了沉睡的信仰。"

东安格利亚海岸

　　步行者之路（Peddars Way）究竟始于何处，是一个有趣的问题。你可以从塞特（Thet）北面的布里奇汉姆荒野（Bridgham Heath）找到它的起点，河流在那里从东哈林（East Harling）西流，穿过布里奇汉姆，流入一片长着扭曲的欧洲赤松的土地，和一座多沙的树林，树林里满是一个个小丘，像久已废弃的高尔夫球场的沙坑。接着，这条路差不多折向北面，通过布雷克斯（Brecks），经过瑞特汉姆（Wretham）和黑兔沃伦（Blackrabbit Warren），直到在一座名叫 Shaker's Furze 的小树林以外一英里之处，消失于一片麻雀山（Sparrow Hill）上的坟茔之中，然后，它在斯瓦夫汉姆（Swaffham）往西几英里长的耕地中时断时续地穿行。就像人们在长途步行中断断续续的聊天，它在诺福克来来去去，经过沃辛汉姆（Walsingham）繁忙的天主教神殿，一路延伸到已知世界的尽头，海边的霍尔姆（Holme-next-the-Sea）。

　　天刚拂晓，涨潮时分，哈里·科里·赖特（Harry Cory Wright），亚当·尼克尔森（Adam Nicolson）和我三人，和斯考特·海德岛（Scolt Head）的自然护理员约翰·布朗（John Brown）一起，乘着他的开放式木质摩托艇，从布兰卡斯特斯泰西（Brancaster Staithe）附近启航，向着斯考特·海德和公海进发。我们得到情报，50000 只粉足雁已抵达该岛，并在上面筑巢，此行就是为了观察它们。岛屿的海岸边挤满了这种鸟，黑压压一片，它们已经开始起飞，像波状起伏的女子的长发和飘带，在天空中如风筝尾巴一样飘荡着，一会儿掠过水面，一会儿转头翱翔于升起的薄雾之上。我们的船轻快地穿过清灰色、波平如镜的水面，滑行于沙洲上，而天空中，黑压压的都是排成各种队形的粉足雁。它们向着内陆方向，飞往留茬地里的觅食区域，悲哀的鸣叫声，从布兰卡斯特港那头传过来。有人提到，在霍尔姆海滩高潮线以下的沙滩和泥煤堆里，就像以慢镜头播放的脱衣舞，慢慢出现了一圈古木。我们头上编队飞行的粉足雁，在以 V 字形飞往觅食地的过程中，大概就以那圈木头为指引。约翰对这里蛇形蜿蜒的河道与湿地了如指掌，并沿着它们航行：奔涌河、荆豆溪、跳纱湾。我们行驶在两根挂着信号旗的木棍中间，信号旗在毛毛细雨中软绵绵地垂着。我们来到沙洲上，沿着一条在地中海补血草矮灌木丛里穿行的沙子路，登上护理员的木头小屋，它始建于 1928 年，用于安置来访的博物学者。

约翰在煤气炉上煮茶，我们坐在桌前，浏览书架上的几本书，包括斯蒂尔（J. A. Steer）出版于小屋建造同一年的《斯考特·海德的房子》（*Scolt Head House*）。墙上挂着一张有些模糊的照片，是 1920 年代后期来岛上参观的一群博物学家。约翰说，蹲在这群人前面、穿着短裤的那个小男孩，后来死于战争。两具古老的锥形红色灭火器，锈迹斑斑地搁在角落里。它们的铜活塞从未使用过，现在恐怕也用不了了。砖头壁炉，呈逐渐变细的圆锥形的优雅的燧石烟囱，两者都带上了勒琴斯（Lutyens）和格特鲁德·哲基尔（Gertrude Jekyll）引领的工艺美术运动（Arts and Crafts）的鲜明印记。小屋前面院子里带有图案的砖头燧石步道，以及支撑着门廊屋顶的那对修长、风化了的、刻有装饰性图案的橡木柱，体现的也是同样的风格。

三扇上有暗斑、人造花纹的松木门，与主室相连。主室居高临下，俯视着内陆方向的沼泽、燧石教堂和波光粼粼的小溪。我们推开门进行探索。这三扇门都通往逼仄的卧室，它们像舱室，或僧侣住的单人间，只容得下一张小得不能再小的床或铺位，和一张大小刚好盖住床铺的床垫。它们是用浅蓝色的毯子和多孔的床罩做成的。1950 年到几个姑妈家暂住时，我见过这些东西。

最大、或者说最不微小的一间卧室，容纳了一个双人铺和一张单人床。它们更像是加长了的简易床，睡眠中翻身可能会带来危险。其他两间都放了一张单人床。我选的那间朝西，沿着岛的北海岸，望向亨斯坦顿

（Hunstandon）和沃什湾（the Wash）。在晴朗的日子里，可以一路望见斯凯格内斯（Skegness）。灰色的大海和狭窄的床铺，让你有种单身汉、甚至苦行僧的感觉。但屋内的每一寸地方，都铺着雅致的鞣制、干燥过的松木，由于松香的浸渍，松木呈现出可爱的琥珀色，凸显出节瘤，强化了纹理。我认为，松木的外观和芳香，让小屋变得无比温馨，甚至开始幻想着，在漫长的冬夜，蜷缩在蓝色的毯子底下看书，突然意识到，蜷缩是根本不可能的。

约翰·布朗觉得，小屋有种阴森森的感觉；有点鬼气，不是一个能舒服待着的地方。亚当、哈里和我则采取了更亲切、更实际的态度，觉得它不过是有点潮湿，需要良好的通风而已。"在这儿生一堆火"，我们说，"把那些毯子和海绵橡皮一样的床垫烘烘干"。然后再在余烬里放一把铁锹，铁锹上煎几个培根和鸡蛋，开一瓶威士忌，你马上会觉得这个地方大不一样了。

斯蒂尔教授关于这个岛的书摊开在桌子上，又喝了一些茶，我们已经让玻璃蒙上了一层水汽，在小屋里安顿下来了。书里有一系列了不起的素描，展示了这个岛多年以来是怎样改变其形状和位置的。一条从 A 到 B 的东西向直线，年复一年，不断与这一躁动不安的岛屿的不同部分相交，这种躁动，是对沿岸物质流和其他洋流的回应，这些洋流里裹挟着大量的卵石，以各种方式拖曳着小岛。亚当说，这正是他希望写的那种书：月复一月待在同一个地方，专注于其地质细节和自然历史，对某个现象，比如这一岛屿的生命，进行适当的研究，然后撰写成书。而我觉得，这正是我希望短暂逗留居住的那种小屋，屋里堆满了足够的干柴火，北海（the North Sea）的怒吼声，从屋外的沙丘那边传过来。

来到屋内，在毛毛细雨中，我们爬上位于屋后的小岛最高点，俯瞰湿地和海那头北面地平线处粉足雁迁徙时会路过的长滩。下到沙滩上，我们一路前行，来到一个埋着一架坠毁的兰开斯特式轰炸机的地方，它最近刚刚开始冒出头来，被侵蚀性的海水淘洗得所剩无几了。哈里发现了炮塔的一部分。我踢开沙子，暴露出机翼的蜂窝状结构。亚当如法炮制，踢走了更多沙子，发现一根外头包裹着蓝绿色物质的铜电缆，一直通向翼尖灯。我们发现自己正站在埋在沙子里的油箱上。我一边想着牺牲的飞行员和机组人员，一边对我们的发现感到某种奇特的《蝇王》（*Lord of the Flies*）式的战栗。在海滩最北端，我们无意中发现一只死的管鼻藿，它巨大而凶猛的喙，让我们赞叹不已。

我们现在前往岛上另一位守护员内尔（Neil）的小屋。内尔的工作是看守小岛，从 5 月到 10 月，他住在小屋里，监视着在卵石海岸上筑巢的燕鸥。即便在温暖的夏日，这儿也渺无人迹，因此，内尔的工作比较轻松。他刚离开，去印度过冬，每年都迁徙到他最喜欢的地方观鸟。这是一间小得多、也更加简陋的木屋，只有一间卧室和一个起居处。约翰把小屋整理了一下，又煮了一些茶。内尔把屋顶上滴落的雨水收集在一个集雨桶内，太阳能电池板为照明、电视机和收音机提供电力。整个夏天，他几乎从不离开小岛，依靠约翰从大陆上带回物资，而他则趁着退潮时，驾着小船捡拾贝类。因此，这里总有吃不完的贝类。这间小屋有种完全不同的、长期有人居住的感觉。它相对干燥，满是杂物，有一台小电视机，一个双人床，甚至一个冰箱，暗示其主人的生活并不是那么清苦。

潮水降得很厉害，我们不得不从泥浆里把小船拖进退潮中的水道。水深堪堪足以使小船越过沙洲，我们来到外海，向着斯泰西驶去。

回到北克里克（North Creake）的家中，哈里为我们大家准备了一顿极为丰盛的早餐，并宣布，我们一定要去拜访约翰·洛里默（John Lorrimer），那个 1998 年最早发现富有争议的"海圆阵"（Seahenge）的人。所谓"海圆阵"，是一个位于霍尔姆海滩潮间带里的巨大的古代圆木阵。

往南去，在奥尔德伯格，我来到海滩上涂了黑焦油的松木小渔屋买鱼，发现了一种与霍尔姆的树木类似的生活。屋内的收音机里，一个声音播报着天气预报，并祝每个人鱼货满满。我买了一磅西鲱，准备稍后在铁锨上煎。渔人用报纸把鱼包好，他的前臂上刻着文身，上面的鱼鳞发出银光。我沿着海滩往北走向索普尼斯（Thorpeness）村和麦琪·汉布林（Maggie

Hambling）引起争议的巨大青铜牡蛎贝壳雕塑。"聆听那些不会淹死的声音"，她在牡蛎壳上用青铜镌刻着《彼得·格兰姆斯》（*Peter Grimes*）里的这句引语。果然，奥尔德伯格有很多声音都反对汉布林把雕塑选址在这么醒目的一个地点，而且这些声音一直不绝于耳。

在大贝壳后面的沙丘里，有一座不起眼的天然纪念碑，纪念着这一海滩上所有淹死的渔民，它经历了风风雨雨，从卵石中微微探出头来。它的宁静，比青铜牡蛎更加引人注目。这是一棵苹果树，奇迹般地从光秃秃的卵石堆里长出来，低矮的卵石堆呈王冠形状，只有三四英尺高，但直径有 7 码，周长达到 30 码。苹果树有点像冰山：大部分不可见，被不断累积的沙丘埋了起来。它露出来的只是最顶端带有树叶的那部分。

那棵树，像一位老爹，把它脖子以下的部分都埋在卵石里，让我觉得不可思议。它看不到大海。如果能再长高 10 英尺，它的视野就可以越过从奥尔德伯格延伸到索普尼斯的卵石长脊。它躲在一个沙坑庇护所里，一个卵石沙砾堆里的空洞，使它免受从乌拉尔山脉吹过泥泞北海的风的摧残。凛冽的风不断摧折着萌芽的嫩枝，因此，这棵树选择了它面前唯一的生存道路：不断向外伸展，贴着卵石俯伏，形成一个由茂密的结果短枝组成的针垫。夏天时，我碰到过来此采摘苹果的人，苹果略显青涩，可以先于时令，放在果盘里慢慢成熟。我想摘一个尝尝，但太迟了，奥尔德伯格的偷苹果贼已经抢先了一步。在开花结果的季节以外，人们经过这棵树，会误以为是一棵通常长在沼泽里或沙丘后面的矮小的黄华柳。乔治·克雷布（George Crabbe）以前常到那儿去，采集植物，以此抚慰由奥尔德伯格那些目空一切、恃强凌弱、从孩提时就认识他的渔民给他造成的伤痛。在这里做医生和副牧师时，他们在镇里擦亮枪管，对他投以藐视的目光。他认真地想过跳进沼泽一死了之，但最终决定前往伦敦，在那儿，他得到埃德蒙·伯克（Edmund Burke）的慷慨庇护，开始一展身手。

无疑，冬天的寒风蕴含的盐分，给树披上了一层抵抗真菌的隔离层，让它保持健康。往内陆方向 100 码处，路的另一边，正对着沼泽的方位，坐落着一个废弃的农舍，它的果园里说不定也曾经生长着这种苹果树。随着北海不断侵蚀着这段海岸，卵石堤岸被不断往内陆方向推移，把果园和所有的树都埋了起来，只留下这孤零零的一棵。在卵石与白垩交接的地下某处，树根找到了或许来自某个泉眼的活水。这一定算得上全英国最强悍的一棵苹果树了，应当对它进行嫁接。如果说，克雷布生活的时间太早，还不知道这棵树的存在，他也一定知道那个果园。克雷布苹果理应得到全镇人的认可。

回到霍尔姆，这部分的东安格利亚海岸，一半位于海湾内，一半凸出于北海中，总有某种远离尘嚣的意味。你仍可以在海底看到树木，它们的躯体已被风暴冲洗干净。8000 年以前，一座大森林从这儿出发，一直延伸到荷兰和德国。即便一周以后在车内接近它，仍有一种朝圣的感觉。这是辽阔天空、强烈反射光和水的门槛：当你最终站在沙滩上面向北方，一路直到北极，除了海水和冰，别的什么都没有。

1998 年 8 月 17 日，低潮，约翰·洛里默在霍尔姆海滩散步，首次注意到，一根重达两吨的倒立的橡树树桩旁边，围绕着一圈橡木。他最终说服了郡里的考古学家来此进行考查，结果引起了考古学界的轰动。这些木料来自某个古代树林的泥炭层，由于海水不断侵蚀，如今正慢慢显露出来。它们一开始带点试探，像人们在交火后从战壕内探头探脑观察敌情。12 个月以前，在同一地点，约翰发现了一把精致的青铜时代的斧头和几颗铜纽扣，他感到，巨大的海滩上这特别的一小片地方，有着某种非常特殊的意义。然而，他整整花了一年时间，才说服别人相信，这一攫取了他想象力、在不断的潮水冲刷下越来越显示出原本形状的木头环，绝不只是某位业余考古人士的胡思乱想。

约翰和我在大雨中驱车前往霍尔姆，在沙丘后面的路上一路颠簸，经过被向岸风吹得几乎贴地生长的荆棘，来到自然保护地。我们在守护员屋子前停车，穿上全套防水装备，沿着一条在低矮的鼠李林中蜿蜒穿行的小路，鼓起勇气前往海滩。这里狂野的潮水，把最近修筑的防浪堤几乎冲刷殆尽。防浪堤由矮榛树和编织起来的障碍物组成，是为了保卫不断后退的沙丘而做出的勇敢尝试。

消退的潮水，让泥煤堤岸和挺出淤泥一英尺的一排排木杆暴露出来。它们以大大的 V 字形延伸 100 码或更长，形成了面对内陆的开放式漏斗嘴。这些是萨克森鱼栅，用于捕捉随潮水游出去的鱼群。我们甚至可以辨认出交织在发出桤木橙色光泽的木杆之间的榛树板条的精美片段。

霍尔姆海滩随处可见战时重炮靶场遗留下来的弹片，各种各样的残骸，以及亨克尔（Henkels）和飓风（Hurricanes）战斗机的遗骸，用金属探测器寻找这些残骸不但无用，而且危险。寻找东西的唯一办法，是一遍又一遍地走过广阔的海滩，看看每一次新的潮水又带来什么新的东西。

如果你是一名把燧石刀具运到海边的商人或小贩，从格莱姆墓地（Grime's Graves）附近经过，步行者之路就是你的必经之路。这是英国式的朝圣者之路，穿过法国南部和西班牙，前往圣地亚哥·孔波斯特拉（Santiago de Compostela）的朝圣路，要更加崎岖而艰险。无论何时前往明亮的诺福克海滩，即便是在车里，我都油然而生一种朝圣者的感觉。

玛丽·纽科姆

如果运气好，在探究森林、坐在河边或从火车车窗向外看的时候，你会体验到我一位朋友所谓的"玛丽时刻"。这些小小的顿悟，本身并不起眼，会一直铭刻于你的脑海，很久之后，依然会想起来。它们是萨福克画家玛丽·纽科姆（Mary Newcomb）的独特题材：一群四处散开的金翅雀；一只从湿润的道路上飞起的喜鹊；从被毛毛虫啃出的橡树叶子孔里观看足球比赛。这些都是玛丽·纽科姆画作的实际标题。这些富有诗意的标题，对那些看似质朴实则饱含深意的画作所要达到的特殊效果，起到了至关重要的作用。

玛丽·纽科姆深深根植于绿林传统，她像绿人一样，从叶子后面，以不引人注意的方式窥探着。在纽科姆的世界里，人和植物有时候以超现实的形式混杂在一起，比如《雨中花园中心的女孩》（*Girl at the Garden Center in the Rain*）里，一个女人，绝大部分身体都隐藏于一把绿色与黑色条纹的特大雨伞下，已经长成了一株伞形植物。《手捧一束美洲石竹的女士》（*Lady with a Bunch of Sweet Williams*）中，一个女人站在繁花似锦的牧场上，腰部以上躲在巨大的花束后，似乎自己也与自然界的繁花一起盛开了。许多画作中的这类变色龙冲动，似乎是对安德鲁·马维尔（Andrew Marvell）《花园》一诗中的诗句"心灵的创造终使现实消隐／化为绿色的遐想溶进绿荫"所做的视觉表达。它们与诗歌有着引人注目的亲缘关系。玛丽很崇拜约翰·克莱尔，他的话"我在田野中发现诗歌，写下的只是我见到的事物"，很好地描述了她绘画的方式，以及她在诸如高压铁塔和蜘蛛网或者蝴蝶与碎纸片之间看到的关联。事实上，她日记里的笔记经常文不加点，其风格与克莱尔乃至她想表达的意识流有着强烈的相似之处。

我对玛丽的绘画格外欣赏，确实也事出有因。因为我们在这个共同居住的世界的角落，都经历了古老的乡村萨福克令人心酸的谢幕时光。这一区域位于萨福克郡北部，差不多是瓦弗尼河谷一带。我是如此深深地爱着这个地方。在召唤萨福克自然生活、尤其是乡村生活这一方面，玛丽·纽科姆可以与其他两位边陲艺术家约翰·纳什和罗纳德·布莱斯相提并论，其作品都建立在他们与萨福克郡南部边缘斯图尔河谷的关系之上。把玛丽的某些作品，置于罗纳德·布莱斯的《边陲》（*Borderland*）一书中，可谓珠联璧合，相得益彰。她喜欢简单的、本地的结构或机器：划艇、自行车、风向标、电线杆、鸟巢箱、灯塔、风车、教堂尖塔等。"它们有目的。它们有意义"，她在日记中写道。她也喜欢以古老的方式旅行，坐火车、乘坐蒸汽船或步行，从容不迫、悠闲自在，并把旅行过程中见到的景色形之于绘画。

玛丽和戈德弗雷初到萨福克时，住在离瓦弗尼河很近的尼德汉姆，一天夜里，两只水獭就在他们窗子底下打架。"它们踮着后腿，牙齿咬进对方的脖子里，用尾巴保持平衡"，玛丽在给我的信中写道。"早上，我看到了它们留在湿地露珠上、向着不同的方向延伸的血迹"。他们进行了小规模的农耕，在河岸边的一小块地上养了一些山羊、母鸡和奶牛。玛丽早早起床，从五点画到七点，然后在一天的其他时间内干农活，用冷水把鸡蛋擦干净，或者给山羊挤奶。后来，他们移居到沃博瑞克（Walberswick）往内陆方向几英里处的皮森浩（Peasenhall）去了，在那儿也待了一段时间。我曾和玛丽和戈德弗雷的老朋友、东安格利亚画家杰恩·艾维梅（Jayne Ivimey）一起，驱车到那儿喝茶。

房子在村子的一头，有带围墙的花园，一个自制的木飞机置于木杆上，作为风向标。玛丽湛蓝色的眼睛，平静深邃，沉着坚定，让你一见难忘。不管走路还是站立，她都一板一眼，绝不拖泥带水，对自己所做的一切都成竹在胸。作为一个年届 80 的女性，她看上去非常年轻，一头浓密的深棕色头发，修剪得整整齐齐，不见一丝灰白。玛丽·纽科姆的神情，是一个终身带着某个明确目的艰苦劳作的人的神情。房子的一切，都充满了好奇与探寻的活泼精神。房子里的各房间，都摆着玛丽制作的、或与她有关的东西，戈德弗雷的房间是个例外，里头摆着他钟爱的菲利普·萨顿（Philip Sutton）的画。杰恩说，戈德弗雷是那种心血来潮的人：一会儿喜欢萨克斯管，一会儿摆弄玩具哨笛，一会儿又爱上纺车了。

玛丽一直在画白嘴鸦。《在其天堂里沉思的白嘴鸦》，是目前手头画作的暂用名。在画布旁边的地板上，是半打用炭笔画在纸上的白嘴鸦画作，墙上则挂着另一幅，里头的白嘴鸦雄赳赳地站着，光秃秃的喙高高抬起，准备鸣叫。诗意的标题总是先于画作而来。它们就像俳句。玛丽作品的明晰和深刻的简洁，的确有点日本的味道。这些风格是自然而然获得的，她从没有刻意研究过这一类的东西。玛丽无非以其原创路径和独特方式，与其他艺术风格殊途同归罢了。我们喝茶时，常有花园旁边白嘴鸦栖息地里的住客翩然而至，在草坪上漫步啄食。

通常，玛丽把她的画放在地板上，然后坐在一个矮凳上，弯下腰来作画。这解释了她画里的近对焦。有时，画作靠着墙壁支撑，她用一个小台阶，让她几乎可以走进作品里。在日记某处，她描述道，"我太累了，几乎掉进了画布里"。与绝大多数艺术家不同，玛丽随身带的不是一本速写本，而是笔记本或日记。她把想法和观察结果手写下来，它们经常一字不差地进入她的作品中。"一定要记下来"，她在某条日记中写道，"不管是木料堆上的松鼠，在山地铁路上穿着白趾靴干活的男人们，僵硬地悬挂在月桂丛中并向外凝视的毛毛虫，布满天空、不计其数的繁星——无穷无尽"。对星星的提及，不可避免地让我们想到纽科姆最著名的画作之一，美丽的水彩画《观看流星的母羊》（*Ewes Watching Shooting Stars*）：晴朗寒夜里的三只母羊，让你不由得想象自己就是那几只罩着厚厚外套的动物。这幅画让我联想到泰德·休斯的诗《温暖与寒冷》（"*The Warm and the Cold*"），它描写了某个冰冷刺骨、星光闪烁的夜里，每种动物待在各自特殊形式的庇护所里，包括"像反刍的公牛一样 / 在睡眠里翻身"的"流汗的农夫"，从而唤醒了一个动物的世界。纽科姆和泰德对荒野生活中的微小细节，都有着极为敏锐的意识，并对农场动物和所有的生灵，怀有深切、挚爱的理解。在另一幅画《很冷的鸟，一只已经飞走，砸到了雨点》（"*Very Cold Birds Where One has Flown Away it Knocked the Raindrops Off*"）里，雨滴画得几乎和树上的鸟儿一样大，因此，掉在空中的三颗雨滴，暗示了已经飞走的鸟。比例常常以这种方式歪曲，像儿童画或"幼稚"画一样，意在表现某一特定时刻赫然凸显于艺术家头脑中的那一事物。

多年以前，她终于开始用 W. H. Smith 公司出产的红色封面日记本，写下了一系列日记。玛丽本能地偏爱在书本上撕下来的不同的 A5 纸上写作或绘画，然后小心地保存在她随身携带的文件夹里。她很清楚，这种方法，最适合她的思维方式，以及突然的、水晶般透明的感觉。在笔记本或日记中写作，意味着某种叙事的负担，把事物按照时间顺序进行展开的负担，对此，玛丽从天性上并不情愿。进入她的一幅画作，就像进入某座树林，改变了你对时间的感觉。绘画这一行为，正如约翰·博格（John Burger）在最近一次访谈中指出的，"是学会离开当下的一种方式，或者说，是学会把过去、当下和未来融为一体的一种方式"。

玛丽有一份清单，记下了那些预计中的想法，最上面的一条是："风景中的女士，她的贴切，她的勤勉，她的参与、敬意和自豪。"这有点自画像的意味。玛丽·纽科姆身上有一股确定不疑的气质，她对引发了自己绘画作品的那些明晰时刻的重要价值拥有绝对的信念。看着她的某幅画，你常常会有这样的印象："它就这样突然降临，被玛丽画了下来"。但是，实际上，每幅画都是在工作室里慢慢成形的。玛丽画下第一版，大概画出要点，然后把画作靠在墙上。过了一段时间，几周或几个月，她会开始从杂志上撕下引起她注意的小块颜色或纹理。把它们排列在画作旁的地板上。我们在屋子里移动时，小心翼翼地围绕着这些颜色池挪动脚步。

在一天工作的最后，玛丽会把所有画笔上的油彩都涂在一块块硬纸板上，并把它们竖立在正在进行的画作旁。"眼下，我正迷恋绿色"，他说。某种特别的颜色会一连几个星期让他着迷，而从画笔中流出的油彩，绝不仅仅是她口是心非所谓的"一个用光多余油漆的好办法"。正是逐步准备的底色，才赋予其画作以如此的深度和神秘感，并常常将它们推进到抽象的地步。透纳（Turner）在其《颜色开端》中，做的是类似的工作。这是画作最深刻的无意识部分：是一首歌的音乐。我注意到一幅以蓝色为主色调的早期作品，对坐在花园中的两个人物的后视图。玛丽经常从后面描绘人，或许出于羞涩，这种方式暗示，画中的那些人也正迷失于自己的私人世界里。另一个例子，是一幅横跨房间的画作：三个女性人物倚在索思沃尔德码头（Southwold Pier）的栏杆上，望着波光粼粼的大海，两艘帆船，正在远处的地平线上。其中一位女性穿着一条黑白相间丑角条纹的连衣裙。风吹动着她的头发。

这些画作中的人，似乎就是风景的一部分。他们没有主宰风景，而是和其他任何存在一样，占有一个合适的位置。玛丽的《疯狂地骑着自行车下山的男人》（*Man Cycling Madly Down a Hill*），似乎在他的自行车上御风而行。他四周是一片抽象的"绿荫"，胳膊和肘部像翅膀一样，交叉于手把上，戴着布帽的脑袋，像鸟一样向前倾斜。玛丽画中的男人，常常戴着萨福克农夫和渔民直到最近仍然佩戴的布帽：这是对这块土地或大海归属感的徽章。这些无名人物，在某种程度上就是绿人，从层层绿叶中显露出来。《未喷洒过的地里偶然见到的女士》（*Lady in an Unsprayed Field Seen in Passing*），像一个残像，依稀可见，或许是个谷物幽灵。玛丽·纽科姆似乎最爱描绘半隐藏着的甚至看不见的东西。在《最后一只归巢的鸟》（*The*

Last Bird Home）中，那只鸟的小小影子，在暖琥珀色的熹微暮色中，降落到一团长长的深灰色的树篱中，在这些树篱中，我们知道，挤满了其他隐藏着的歌唱的鸟儿。"在一个漫长湿润的傍晚之后"，玛丽创作这幅画的时候写道，"鸟儿必须歌唱。它们必须放松自己，不停地叫唤"。画里到处是鸟，但它们常常也是半隐藏着的，或藏在树林里，或藏在树篱中，很难看到。地里有一只雄雉，其实只是半只雄雉，另半只埋在草里，在日记里，她也提到了将"半个人"（half men）作为绘画的题材："洞穴、田野、路面沉降处、长草里头露出的半个人"。在田野、树篱和树林里就是这个样子：你能听到人或动物发出的声音，但看不见他们的影子，或能瞥见他们，部分隐藏着。灌木篱墙和树林，被看成树的集合体，在这里，树被自然抽象为一团颜色和组织。这一体验，与单棵树所具有的建筑外观截然不同。这就是你从纽科姆绘画中看见的东西。

浮木

我们三人——玛格丽特·梅里斯（Margaret Mellis）、她儿子特尔福·斯托克斯（Telfer Stokes）和我——已经爬了两段直陡陡、光秃秃的松木楼梯，前往玛格丽特位于顶楼的工作室。喘着气，我们透过两扇框格窗，望着索思沃尔德午后沉闷的海雾。一直到 80 多岁，玛格丽特仍然每天在北海的近岸流中游泳，激流带来的各种杂物，向着海滩方向漂浮。房间内，一堆浮木从角落里的画镜线上倒塌下来。玛格丽特身材娇小，当时已经 90 多岁了，但看起来很年轻。她过去常常睡在工作室里，如今正坐在床上，抱怨着已经前进到棕色硬纸板地板上的废料潮。另一个角落里，摆放着她的各种工具：手钻、电钻、螺丝刀、榔头和钳子。放画笔、螺丝钉和铁钉的果酱罐、油画颜料盒以及速写本铺满了桌子。

玛格丽特的浮木构造物，挂在朴实无华地钻进墙里的螺丝钉和铁钉上：

它们是各种杂七杂八形状和碎片的拼贴或"装配"，这些碎片，被海浪和卵石的运动漂白、盐渍、着色、击打或磨损。各种东西——椅子、船只、鲱鱼箱子——肢解后的组成部分，被重装配成某种抽象的形式。它们介于绘画和雕塑、二维和三维之间。浮木处处展现了多年油漆剥落导致的浊色和深度，部分暴露了其深层那一代代画家和装饰师所留下的柔和色调。几十位无名的工匠和手艺人，不经意地共同为这些作品做出了自己的贡献。它们是无声的故事集。每块浮木，都携带着自己的隐秘历史，它的最初来源，是一棵无名之树的种子，故事继续，这棵树成为某种创造物的一部分，临近故事结尾，它漂洋过海，或许多年间跨越了半个地球。所有这些信息，都被压缩进每一件装配物中，由于它是一个完全的谜，因此更加强而有力。浮木的每一块碎片，都携带着一个过去生命的历史，因此，梅里斯的工作不可避免地具有某种抢救的元素。她把那些冲刷过的、脱节的、显然已经完结的东西收集起来，让它们复活。

像挂在楼梯半道上的《湿地音乐》（*Marsh Music*）这样的作品，尽管本质上是抽象的，但常有某种象征性的暗示。它形状有点像船舵，可能是芦苇间一只麻鸭伸长的脖子和喙，或者是一艘搁浅并一半埋在淤泥里的平底货船最后的残骸。挂在厨房外走廊尽头的《丛林天堂》（*Jungle Paradise*），一系列又高又薄的木条，每片都带着不同的红色或铁锈色阴影，像树木纹理一样荡漾开去。它的中央，是一根纹理很深、部分炭化的椭圆形的花旗松木，像一个人的形状，头上戴着羽毛样蓝黄相间的胶合板碎片做成的王冠。毕加索及其早期装配作品中洋溢的嬉闹精神，在梅里斯的作品中多有体现。在楼梯平台上，她把一把弯木椅的弹簧支撑的开放式靠背颠倒放置，代表公牛头上的两只犄角。

绝大多数构造物，是更纯粹的抽象，梅里斯有时候亲自在它们上面到处涂上颜料，比如调色板一样的《大海》（*Sea*），她用了一整套不同的蓝色，与红色小块和天然木头的纹理互为映衬。光泽，亦即木头的视觉感，在这一作品中处处各异。找来的木头，有的是以其纹理的图案而被挑中的，比如《渔夫》（*Fisherman*），一块被大海漂白了的细长的新月形松木，暗示了移动的水流或波浪。作品的力量，源自颜色、纹理和形式的组合，它们都是在活泼、嬉戏的精神中当场构思出来的。

房子中没有地毯，白漆的地板上，踩踏最多之处，油漆已经磨光，它所传递的，是一种经年累月人类使用和习惯的感觉，与动物小道、人行小径、凹陷的门阶、小孩的彩色积木块或墙上的浮木如出一辙。玛格丽特已经把整个房子都变成了一个装置。穿过前门，大厅和走廊左边的一块护壁板顶木条，引导着你走向厨房，沿着厨房壁架整个一圈，都粘贴着海滩上的卵石。厨房墙上，是一本大大的自制日历，上面写着"今天是星期一"，还有日期。具有反讽意味的是，在这座飘浮于失落记忆之上的房子里，阿尔茨海默病也已光顾玛格丽特·梅里斯，如今，她需要接受不间断的照料。

索思沃尔德的每个人，在海滩漫步之后，常常会把捡到的浮木送到玛格丽特门前，留在前花园里，供她使用。其中最有价值的，会送到楼上的工作间里，玛格丽特把漆木和天然木头分开，前者被阳光漂白和淡化，后者被大海磨平了棱角，剥去了外皮，或撕成了碎片。作为一个习惯于海边生活的人，玛格丽特·梅里斯一直有捡浮木生火的习惯。一个冬夜，在把一块圆材投入火焰之前，她犹豫了，因为她发现了它独特的美，于是把它放到了一边。这一暂缓执行的时刻，埋下了她后来浮木创作的种子。

特尔福是玛格丽特和阿德里安·斯托克斯（Adrian Stokes）的儿子，本人也是一名艺术家和雕塑家。玛格丽特是在 1936 年巴黎的一次塞尚画展上邂逅斯托克斯的，那一年她 22 岁。他们两年后结了婚。她在爱丁堡艺术学校（Edinburgh School of Art）学习过。斯托克斯年长 12 岁，已是颇有影响的艺术评论家和作家，当时已转向绘画。战争爆发后，他和玛格丽特移居到康沃尔，住在圣伊芙斯（St Ives）附近的卡比斯湾（Carbis Bay），与他们的朋友本·尼克尔森（Ben Nichoson）和芭芭拉·海浦沃斯（Barbara Hepworth）就近做伴。不久，那鸿·盖博（Naum Gabo）和彼得·兰洋（Peter Lanyon）也加入他们的行列，访客也络绎不绝，包括格雷厄姆·萨瑟兰（Graham Sutherland）、维克多·帕斯摩尔（Victor Pasmore）和威廉·科尔德斯特里姆（William Coldstream）。本·尼克尔森鼓励梅里斯创作了她早期的抽象作品，尽管那时，或许在盖博的影响下，她已开始制作小规模的"结构主义"拼贴。但她是在圣伊芙斯才碰到影响了他们所有人的那位艺术家：阿尔弗雷德·瓦里斯（Alfred Wallis），一位当地渔民。她和尼克尔森发现他正在自己的小屋里，把海景和船只画到零星的硬纸板上。

　　战后，两人的婚姻破裂，1948 年，梅里斯嫁给了画家弗朗西斯·戴维森（Francis Davison）。他们移居到法国南部，在安提布岬（Cap D'Antibes）一个半废弃的古堡里住了三年，然后于 1950 年初回到萨福克居住。戴维森的一张漂亮的拼贴画，挂在玛格丽特起居室的壁炉架上方，另一张挂在深蓝色 Aga 煤气灶旁边的厨房墙上，四周环绕着粉红色的人造花。直到 1978 年，至少部分出于弗朗西斯·戴维森及其拼贴画的影响，玛格丽特·梅里斯才开始制作浮木浮雕。但从 50 年代中期起，她就在开启过的信封上画了超过 70 幅彩色粉蜡笔画。信封绘画预示了后来的浮木装置：信件，与浮木和想法一样，常常不期而至。它们是馈赠。信件与浮木一样，有前世的生命，并通常会被丢弃。梅里斯赋予它们新的地位和功能。巧妙地重新使用信封或浮木创作一幅画，在环境政治语境下，是一种刻意的节约行为。它们曾经都是树，本来要浪费的东西，又有了好的用途。

　　说了这些，只是表明，玛格丽特·梅里斯的作品具有某种强烈的观念意味。她有意地选择浮木和信封这样非常规的材料，忽视了这一点，有违常情。达米恩·赫斯特（Damien Hirst）在艺术生涯早期、甚至进艺术学校之前遇见玛格丽特·梅里斯时，就注意到了这一点。他对弗朗西斯·戴维森在海沃德画廊（Hayward Gallery）的拼贴画展印象深刻，并写信给作为遗孀的她，想了解更多关于戴维森的信息。她自己在雷德芬画廊（Redfern Gallery）的展览给他带来了极大的启示，结果，他登上火车来到索思沃尔德，陪梅里斯度过了周末，和她一起在海里游泳，越发欣赏她的作品。

　　玛格丽特·梅里斯定期到海里游泳，作为一个海洋生物，她对浮木具有天然的亲近感。她参与了它们的生活，了解在萨福克海岸潮流中漂浮的滋味。随着时间推移，海水为浮木赋予某种抽象特质，它淘洗掉浮木身上非本质的、柔软的部分，凸显了纹理的肌腱，使它的节瘤像嵌入的卵石一样醒目。浮木，以其自身的纹理，绘制了它周围水的运动。

    在海里，在河里，都可以发现浮木。如今挂在我壁炉上方的细长的橡木心圆材，来自哈莱克（Harlech）上方威尔士的莱茵诺格山脉（Rhinnog Mountains）。我是在一条溪流里发现它的，溪水已经将其纹理梳理和刻蚀成浮雕，把它漂白成了淡灰色。它有点像蛇褪下的皮。或许它是一根被树篱种植者的钩镰撕裂的树桩。我想象着浮木中段那个有着凹陷关节的膝盖，它分散着激流，形成一个漩涡，一个小小的水的羊窝，里头可以藏进一头浑身是鳃、胸鳍和丑陋大阔嘴的鲇鱼。这段溪流废料的地位已今非昔比，成为壁炉上方的一根谦逊的图腾柱，它是一根充满故事的棍子。我只能猜想它前半生的生活。凹陷的关节告诉我，这棵树曾经长着一根很大的旁逸树枝。某人砍了这根树枝。它的裂开，暗示了它很长时间都在树篱或篱笆中服务，它被漂白和侵蚀的历史，说明它好几年时间都嵌在溪流的沙砾河床中，直到我发现它的那天。雨后的某个阳光灿烂的早晨，我上山远足，因为炎热，在一个小池塘里洗澡，把这根又湿又白的木头，像轭一样支在帆布背包的袋盖里，连着两天都带着它，最后带回车上，把它像一个熟睡的孩子般置于后座上。

    我的书桌上，还有更多的这种半溶解的木头。一个护身符，是一个花环一样的橄榄树的环，一个坚硬的凹节，被海洋生物雕刻成金银细丝。我是在莱斯沃斯岛（Lesbos）的一个海滩上发现它的。另一件，是一只松木日本拖鞋，它和其他几十只一起被冲到了北海道的海滩上，日本的木制拖鞋最后似乎都会被冲到这个地方。在日本某个岛的和尚中间，流传着这样一种入会习俗：新人躺在一个专门用于这一目的的木箱子里，投入激潮中。激流会将他冲向大海，从此再也见不到，或者，潮流会带他登上一场循环之旅，把他冲回到海岸上。因此，这箱子是一艘船，或者是一具棺木，将他带向新的生命，或者因暴晒或溺水而直接将他带向死亡。我书桌上的拖鞋，或许就属于这样一名入会者，他在海滩上脱下它，登上未知的旅程，但它的真实故事总是一个谜。它由一片单独的松木雕刻而成，有三个钻孔固定住皮带，一对脊状突出的平台，使足部远离泥地。海水和沙子，把鞋底磨损得比一本书的封面厚不了多少，成为日本式简洁的抽象体现。

　　我是在和罗杰·阿克林与其妻子西尔维娅用晚餐时听到这个有关和尚的故事的，他们住在北诺福克海滩往内陆方向一两英里的地方。罗杰一直在从事浮木创作。那只拖鞋是西尔维娅送给他的礼物，她几年前在北海道筹备了一个废料做成的寺庙鞋子的展览。阿克林夫妇一直住在韦伯恩（Weybourne）的海警站，离海边只有几码远，北海的不断侵蚀最终迫使他们离开。尽管阿克林喜欢在室外工作，但大海会把废料和货物直接送到他们的工作室。他的绘画方式是，用一面放大镜聚焦阳光，然后在小木片或小卡片上烧出线条。他从左至右作画，太阳总在他的肩上，这是真正的感光艺术：每个记号每个点，都是一个小黑太阳，只不过不是显现在感光纸上，而是木头上。它记录了多年前离开太阳的光线到达地球的时刻，这一时刻，正好与经历了长期海上漂流的浮木的旅程终点重合。

　　每根线条都是一个重复的图案，是缩小了许多百万倍之后的烧焦的太阳形象。这是一种冥想行为，是一个严苛的仪式，要求艺术家清空自己的大脑，至于寂灭之境。在作为园丁的午休时间，他用一块放大镜开始工作。"我需要的一切"，他说，"就是一对博姿（Boots）公司制造的标准放大镜"。他指出，放大镜不能太强大，否则可能会引燃木头。耐心和缓慢，是阿克林艺术的精髓。每件作品，都是制作它的那几个小时内天气情况的真实写照。他每次经常要工作 6-7 个小时。一朵云彩飘过，或甚至一只鸟儿飞过，也会在画中留下一个空白区或"阴影"，因为阿克林从左到右、再沿着连续的线条带从上到下移动放大镜的速度非常缓慢、均匀。他是一架照相机。西尔维娅说，她可以从阿克林胡须中流连不去的木烟那令人愉悦的芬芳，判断他是什么时候开始工作的。

　　阿克林经常会在一天之内，沿着海滩，从韦伯恩走到布雷克尼点（Blakeney Point）再折返，寻找浮木。后来，他更喜欢用海水运送到海警站工作室门口的浮木。他说，现在浮木越来越少了。谢林汉姆镇议会为了获得市民整洁奖，对海滩进行了清理，海钓者夜里用浮木生火取暖。有一阵子，他甚至降格去捡拾棒棒糖柄。他讲起了一个漂流瓶的故事：一位荷兰女生，在一次远足中，从石油钻井上将装有手写信息的瓶子扔进大海，结果瓶

子被他捡到了。他按照给出的地址，回寄了一张明信片，字是打印的，因为
他手写的字很难辨认。女生的回信中，充满了诸如"你有兔子吗？""它多
大了？"之类的问题，显然，她以为自己在给一个孩子写信。

    阿克林见过的最富戏剧性的浮木，是在与哈美希·富尔顿去冰岛北部为
期两天的旅途中发现的。他们在那儿见到一个独自生活在沙坑里的人，沙坑
整个都是用从俄国漂过来的浮木搭建的。他的唯一财产，似乎就是一把链锯
和一大堆的浮木。哈美希·富尔顿和理查德·朗是罗杰·阿克林 1960 年在
圣马丁（St Martin's）的同时代人，他们和达达（Dada）、卡尔·安德烈
（Carl Andre）以及 16 世纪的日本雕塑家与僧人圆空（Enku），仍然对阿
克林的艺术施加着重要影响。圆空的一生，走遍了日本的每一座寺庙，希望
能雕塑 120,000 尊佛像。阿克林经常在日本工作和举办展览，房子里到处
是日本街市上买来的神道教家神的木头小神龛：4 英寸高的小盒子，有可以
滑动的前墙，还有一个像鸟巢箱一样的洞，供神进进出出。

    浮木对海洋生态做出了关键贡献。它之于海洋的重要性，正如死木和
朽木之于陆地森林的重要性，但它的分解模式大相径庭。在森林里，真菌完
成了大部分的分解工作，而海里的浮木，则大部分都被动物吃掉了。这些精
力充沛的雕塑家主要分为两组：吃木头的甲壳类，以及软体动物。第一组是
吃木虫，它们吃出了迷宫般布满浮木表面的地道。第二组，软体动物，是船
蛆，它们的甲壳特别适应锉进木头里。钻进木头以后，它们很快软化了浮木
的外表面，使它们更容易在海浪和岩石的分裂作用下开裂，更容易浸透水，
更容易被海洋真菌和细菌二次分解。

    在浮木外层大快朵颐的过程中，吃木虫和船蛆一多半都没有消化，
变成细木粉，沉入河口的淤泥中，变成一种海洋生物学家叫作微腐质
（microdetritus）的食物。大江大河河口的沉淀物中，大部分实际上是木
头的残骸。被吃木虫和船蛆分解后，它成了海洋动物和植物的主要食物来
源。金枪鱼和其他的鱼类，经常聚集在海上漂浮的浮木和原木周围。太平洋
上的渔民，外出捕猎飞鱼和黄鳍金枪鱼时，总会留心寻找浮木。海豚也如法
炮制。有几种理论解释这一现象。有的认为，鱼不过是在寻找庇荫，有的则

解释说，它们和牛羊使用蹭杆一样，用浮木去除寄生虫。但可能的原因是，浮木形成了一个食物网，小鱼跟随浮木，取食附着在浮木上的微生物、浮游生物、鱼卵和藻类。鱼类和海豚经常会利用浮木作为海洋的参照点，在离它12海里的范围内活动，然后再回来，间隔15分钟到20小时不等。浮木，虽游荡不定，却可充当海洋里的堆石界标。

　　由此，通过浮木，森林和海洋有了密切联系。自然浮木或许启发人们建造了最早的船只，它们最终解体，又提供了更多浮木。世界各地，都有河流源出森林，许多河流穿过森林，流向大海，因此，这一联系从海边一直延伸至内陆深处。森林为大海提供食物，作为酬谢，大海为森林带来雨水。长在河边的树木，总是最先倒下，或被风暴与洪水自然冲走，或被森林居民砍伐，因为它们很容易顺流而下，漂流到锯木厂或河口港。洪水期间，树桩、原木和树常被冲到河口，陷于淤泥中，形成浅滩。浮木被冲刷到遥远的海滩，通过以同样方式固定风积沙，形成了沙丘的核心。当又一轮海浪淘洗尽沙子，在大沙丘底部往往能发现漂浮的树木。即便深深扎根于地球某个点上的一棵树，也可想象成一名漂浮的流浪者，被鱼啃食，在海洋中游荡，最终搁浅于海滩，或是近在咫尺的索思沃尔德，或在万里之遥的北海道。

第三部

浮木

树林与水

薄暮时分，我在靠近维约松（Vieusson）村镇酒吧"蓝色流年"（Le Lézard Bleu）的河边停车。关掉引擎，河谷里传来一波夜莺的歌声，压住了山溪的低吟。山溪沿着河滨森林里的林荫大道蜿蜒流淌。河流两岸，在每片竹林和沙地黄华柳林里，在冲积平原淤积土上每一座围起来的樱桃园中，在依坡而建的每一个石头村子下，看不见的夜莺，到处在引吭高歌。我沿着山谷往溯流而上，跨过奥尔博河（Orb）上为抵挡冬季巨大山洪而建的高拱桥，前往奥尔拉格（Olargues）。杯酒在手，从酒吧阳台，我俯视着河流的急弯，两岸卵石密布，半隐于柳树丛中。从未听到过如许多的夜莺齐鸣。有些可能还在从萨福克飞过来的。我在半路与它们邂逅。

悄悄踏上小路，走近河流，我斜倚着一棵白杨树干，靠近这些鸟儿谛听着：从河谷发簪形的河湾中，传来一阵摩托车的嗡嗡声，还有河水敲打卵石发出的空洞咔嗒声，竹林的沙沙声，头上白杨叶子的轻微窸窣声，然而，居于这一切之上的，是夜莺在近距离发出的惊人洪亮歌声。难道是我的想象？难道夜莺在这里比在萨福克唱得更响？它们停顿得恰到好处、意味深长，歌声略显急迫，正如法语语速之疾。难道春天颠覆了音乐的纪律？不过，这是幻觉，是单一山谷里众鸟和鸣导致的对位效应而已。

滨水森林像一条连绵不绝的彩带，里头是各种喜湿树种和灌木，沿着奥尔博河及其支流姚河（Jaur），在艾罗（Hérault）的群山中绵延许多英里。林地的大部分几乎是一个加里格群落（garrigue）：白蜡木、椴木、黄花柳、圣栎、杨梅树、分根榆树、桃叶卫矛、山茱萸、接骨木和白杨，被一丛丛野生啤酒花、犬蔷薇、树莓、葡萄叶铁线莲和白泻根，编织成一个茂密的石灰石灌丛。远处的山坡上，一层层的葡萄、橄榄和扁桃林，向艾斯皮诺斯（Espinouse）黑魆魆的山脊上铺排开去。

　　在奥尔拉格，闹哄哄的饭馆里，人人都在观看巴塞罗那和皇家马德里之间的足球赛，饭馆外，浪漫的夜莺唱醉了夜色。我打开旅馆房间的窗户，躺在床上聆听，激动得难以入眠。

　　次日清晨，我从山下小村马卢尔（Maroul）出发，踏上小路，经过一个墓地，墓地里满是白色的珐琅纪念碑，在阳光下熠熠生辉。左手边，与头齐高的路坝上，小巧的樱桃园，在沿路的斜坡上层层而立。右手边，一度被周边人们用作屋顶茅草的金雀花丛，黄澄澄耀眼夺目；还有长满地衣的岩石，急流的溪水声从下方传来。我询问乡间花园里的一位小女孩："这是出村的路吗？""对，这里有个河潭，有鱼，对，这是林间小路"。女孩的清澈目光和简洁回答，赋予此地一种别样的魅力。

　　河潭边，我坐在一块大石上，测试水温。水有点冷，但尚可忍受，我决定推迟游泳的快乐，先来探探周遭的情况。绿蜥蜴疾驰而过，消失于梯状挡土墙中，墙内是板栗和胡桃树，挺立于水潭之上。河对岸，眼蝶和黄粉蝶在一个由大石自然围成的微型牧场上飞来飞去。长寿花突兀的蓝色，从树林间跃出，与一层层繁缕的纯白相映成趣。我穿过连绵不绝的金雀花，觅路前行，爬上疏于照料的板栗梯田，脚下的石灰岩上堆满腐叶，踩上去沙沙作响。最后，我来到一条布满野猪蹄印的小路。一只橙色尖翅粉蝶，乘着一侧梯田边缘上升的热气流，翩然飞升。

　　回到沐浴潭，我痛苦地意识到自己遭遇的第一棵冬青树。一个山毛榉坚果形成的小旋涡，无休止地调整着种子和微小的嫩枝片段的形状。我从光滑的大石灰石上滑下潭去，面对水流漂浮着，如一尾鳟鱼。阳光从板栗、胡桃、花楸、白蜡木、枫树和一棵孤独的樱桃树的树叶间洒下来。一丛丛黄绿色的大戟和纤细老鹳草之间的低矮地带，随处可见野猪的印迹。潭水针刺一般地凉，很快就洗净了长途旅行的疲乏。我注意到以前见过的某个景象：一团蠓虫云，或许受到了我体温的吸引，聚集于水面上。很容易把蠓虫云看成一位跳舞的水中仙女，一名水妖。

　　我躺在一块温暖的灰色石头上晾干，两位家乡来的老友：一棵亭亭如盖的胡桃树、一棵榛树，长在旁边，石头似乎已经与它们的根融为一体。照相时，要花点时间才能聚焦这些野胡桃树。我突然想起，它们遍布于河的两岸，冬季洪水将胡桃冲下来，夹在岩石缝里，它们在黑淤积土中自我发芽生长。胡桃幼苗会长出巨大的直根，不论何地，都能钻到地底下，牢牢扎根。它们并不急于宣示主权，而是与白蜡木混生，后者的羽状叶和灰色树皮，特别在早期，与胡桃树简直难分彼此。一只翠绿的毛毛虫，沿着一根长长的蛛丝，从胡桃树里摇摆着荡过水面。我放出一只胡桃小舟，想知道会不会有鱼儿出现。或许是鳟鱼。

从附近支流的泉眼灌满水壶，我想起了热拉尔·德帕迪约（Gérard Depardieu）的电影《恋恋山城》（*Jean de Florette*）。这一类山区，自然水源的变幻不定和取水的困难，会主宰整个生活和村里的人际关系。我注意到，蜥蜴在泉水坑边伺机而动，舔舐前来饮水的苍蝇。路上也一样：只要有积水的地方，蜥蜴就会等着捕捉粗心大意的苍蝇或蝴蝶。

离开水潭，我走上老板栗梯田中间的驮马路或畜道。路有四英尺宽，两边是称作 calades 的干石墙。老板栗树从梯田里探出身子，荫蔽了路面。板栗园的地面上，堆着厚厚的、温暖舒适的叶子，四处散落着板栗那刺猬一样的外壳。每隔几码，就有挖掘出的潮湿树叶堆，暗示野猪曾来觅食：原汁原味的脆猪皮片（pork scratching）。一些通到山里的小路非常古老。那些当地人叫作 drailles 的小路，宽度仅够容纳一匹驮马或一个纵队的绵羊，供季节性迁徙放牧之用：它们把畜群引向高山上的夏季牧场，然后回到河谷里的庇护所越冬。越往前走，路就越破败。肯定已荒废多年了。前面，板栗林中立着一座废弃的小屋，整个隐于常春藤中，差点认不出来。石灰石砌成的墙上，没有屋顶，残留的地板是板栗木的。小屋后部有一个石头烟囱，底层像地窖，由板栗木梁支撑的单层楼梯下，放着一个火炉。我明白了，这是收获板栗时用的，是一座微型板栗烘干屋，与肯特郡的干燥窑类似。实际上，板栗收获者会特意在楼下点火烟熏堆在楼上的板栗。奥尔拉格周边姚河河谷的大部分山坡，都开垦成了种植板栗树的梯田，它们是板栗面粉的主要来源。我背包里放着奥尔拉格烘焙店里买的板栗面包，味道相当不错。

板栗叶子又干又硬，似乎不大会朽烂，很容易跟尖尖的板栗壳一起，在凹坑里层层堆叠起来。有些修剪过的板栗树大得惊人，它们如今处于半废弃状态，树干遒劲弯曲，年轻时，它们盘旋向上，奔向阳光。有直径达五英尺的树桩和树干。沿着溪流上方的山脊上的小路往上走，板栗树被山毛榉取代，陡峭山腰上的森林地被物，呈现出姜黄色和饼干似的棕色，一座座可爱的机库，矗立在里面，机库顶上爬满了翠绿的新叶。

我瞥见，半山腰处一间废弃的简易农舍里，一个 30 多岁梳辫子的男人，正在 200 码以外小溪对岸的河谷里劈柴。我在他的木柴堆前歇息，一边吃三明治，一边想，跟他打招呼会不会太唐突。我对他在这儿的生活以及树林里的野生动物很好奇，但和他一样，我也乐于独处。他有一辆漆成五彩缤纷颜色、上面挤满了猫的家用卡车，后车厢用柏油帆布支成帐篷。它停在一辆老旧的白色雷诺 4 旁边，在我驻足的路旁。从挂在晾衣绳上的内裤和卡其布短裤，我推断屋里没有女人。他用链锯把板栗木锯成长度看上去很专业的柴火，并用木桩固定柴堆。他还在通往屋子的人行桥上筑坝截流，围成一个美妙的水潭。他肯定看到了我，并消失于屋里，于是，我也悄悄地接着赶路。

大部分板栗树多年前就开始走下坡路了，它们感染了真菌性黑水病或溃疡病，高山丘陵上的混合农场，开始了一场大撤退，留下了废弃的房屋和树木。这些半腐烂的、垂死的树，顽强地存活着、适应着，从底部萌蘖出新芽：变成了萌生木。高处的山毛榉树干，是岩石一样的淡银色，我在路上遇见一只金属般亮闪闪的金龟子。它同时有着彩虹般的蓝色、黑色和绿色，像蒙彼利埃（Montpellier）的漂亮新车。再往高处，山毛榉树林的地面上，蓝色的是长寿花，烟草棕色的是山毛榉叶子和坚果壳。野猪撕开了粗短、硬实的山地假山毛榉的树皮，但树皮仍牢牢挂在树上。

从山脊俯视林地，在板栗树林的淡紫色映衬下，山毛榉林的翠绿色更加醒目。下山回到马卢尔村的路上，我像所有的徒步者一样：大步流星，边走边唱，应和着"约翰·布朗的身体"（"John Brown's Body"）一歌的节奏，或者，因为想到路上说不定有条蛇在晒太阳，就随口唱起了那种毫无意义的打油诗："蝰蛇背上踩一脚／小命吓掉大半条／哎呀乖乖不得了！"幸好，一整天都没碰上一条蝰蛇。

比利牛斯山

　　比利牛斯山西班牙一侧的南坡，树木繁茂，秋天姗姗来迟。在北面的欧洲其余部分和南面的非洲撒哈拉之间，山脉形成了自然的气候分界线。一个蔚蓝色的清晨，我和朋友安德鲁·桑德斯，从山脚下的农业小村坎塔洛普斯，沿着陡峭的山路，穿过如烟花般五彩缤纷的山毛榉、橡树、枫树、板栗和榛树的混合林，前往另一个小村里奎森斯，说是村子，其实不过是一幢代代相传的长长的农舍，农舍一头是一间酒吧兼餐厅。

　　农舍逐渐映入眼帘，我们进入了一圈由栓皮栎围成的山坡上的林内牧场。十几只白鹅在一幢两层小木屋前吃草，木屋里面的楼梯已经破败不堪。一些栎树的软木外皮刚刚被剥掉，露出像牛血一样的殷红。这一年的后两个数字涂在树上，提醒软木收割者，下一次收获在十年之后。草被践踏得很厉害，并以外壳硬硬的牛粪施肥。这是饲养眼下正在外面吃草的牛群的家庭牧场。我们走进平整的庭院，受到了四只狗的欢迎。一只杂种母狗轻柔地踱过来，另外三只被拴在一棵大马栗树下，半心半意地叫唤着。一只枪猎犬溜到了屋下柴垛的阴影中。这幢石头老建筑的一半，被一棵巨大的悬铃木荫蔽着，有如一个宏伟的修道院遗址，岩石壁垒上方有一片小草坪，站在壁垒上，顺着雾蒙蒙的加泰罗尼亚群山，可以远眺数英里，一直望见大海。

　　餐厅内部，触目皆是深褐色的木制工艺品和奶油色的墙壁。木工艺品表面是 30 年代非常流行的刷子点彩仿木纹理。角落里的碗柜、门框和窗框、踢脚板以及横梁，都进行了同样模糊的处理，似乎木头本身不事修饰会显得太粗糙。几只猫躺在门外，两位樵夫坐在酒吧里头的暗处聊天。我们喝了咖啡暖暖身，又继续上路了。

　　我们又花了三个小时，经过三温泉峰（Puig des Trois Thermes）的一条山脊，沿着秋季五彩斑斓的混合落叶林地中的小路，才登上针织峰（Puig Neulos）峰顶。目力所及，南坡覆盖在一片嬉皮士套头衫的铁锈色中。雪线以上，铅笔般矗立的群山的后面，山脊向东、西、南三个方向延伸，沐浴在一片蔷薇紫的光线中。西面，卡尼古峰（Canigou）和更高的山峰笼罩在雾气中。被牛群经年累月啃食成圆顶或圆锥状的冬青，沿着两侧山脊俯伏着。高仅及腰的盆栽山楂，盘踞于风雪之中。斑纹奶牛矮壮、修长，有着半月形的犄角。它们徜徉在林间空地上，几乎隐身，皮垫圈上系着铃铛。这些珍稀动物是阿尔伯雷斯牛（Alberes），是加泰罗尼亚东比利牛斯山脉阿尔贝拉·马西夫（Albera Massif）牛的本地半野生品种。目前仅剩下6个种群900多头，其中3个种群生活于里奎森斯周边的树林里。它们可分为两个部落：法姬娜·阿尔伯雷斯（fawn Fagina Alberes）和黑阿尔伯雷斯（Black Alberes）。只有350头法姬娜·阿尔伯雷斯和100头黑阿尔伯雷斯被认为具有纯种血统，其父辈进一步缩减到了6头：4头法姬娜和2头黑阿尔伯雷斯。这是官方认定的濒危动物。这些牛处于半野生状态，自己在树林中抚育幼崽。它们吃苦耐劳、寿命很长，通过啃食和清理林下灌木，防止森林火灾，对斜坡上的生态至关重要，因此，加泰罗尼亚国家公园管理处出资赞助它们的放养。安德鲁说，这儿让他联想到了维吉尔（Virgil）《田园诗》（*Georgics*）中的林间牧场。确实，这个地方具有某种永恒的意味，不过，现实情况是，放牧一群法姬娜·阿尔伯雷斯几乎无利可图。人们说，这一种群一直没有从1774年暴发的一场口蹄疫疫情中恢复过来，如今还能见到活的阿尔伯雷斯牛存世，已经是个奇迹了。

整个山坡完全改变颜色，只用了不到两周时间。靠近山脊的地方，浅霜灰色的山楂柔化成薄雾，或白化为一片片积雪，深绿色的、粗硬的松树或冬青点缀其中。在它们下方，一排排血红色的枫树和山茱萸，从层层金黄色的山毛榉、浅黄色的白杨、榆树和榛树，以及像小提琴一样褐色的板栗和橡树丛中探出头来。随着白昼的缩短，山脉正通过树叶里的矿物展现其地质状况。每一树种以其沉积的颜色，宣示着自己的领地。

变色龙一般的树叶，是其内部正在进行的化学反应的石蕊试剂。日夜平衡改变之际，树木会感觉到某一特殊时刻的来临。它似乎能精确地测量小时和分钟，变短的白昼诱发其在每一片树叶中产生某种自杀性的荷尔蒙。它沿着叶茎，流到叶子与小嫩枝的关节，刺激产生脆硬组织的括约肌，使其封闭，从而切断树液的供应。失去水源后，树叶中的叶绿素分解。叶绿素通过吸收阳光中的蓝光和红光、阻挡其他色素，使树叶呈现绿色。当叶绿素分解，树叶呈现出其他潜藏的成分。接着，它进一步变干，叶茎关节脱落，树叶飘飘荡荡落到林地地面上，融入那一团团与林间空地上的阿尔伯雷斯牛相映成趣的黄、橙、板栗褐颜色中。不同树种的叶子，蕴含特有的色素：柳树、白杨或榛树含有类胡萝卜色素；枫树或山茱萸含有花青素（苹果向光那一面具有的玫瑰色，蕴含的是同一种色素）；橡树叶则含有泥土样的单宁酸。树液的蒸发，浓缩了叶子里的色素，让它们看上去更加鲜艳夺目。某一树种的探索根，会比另一树种汲取更多硫、镁、纳或铁分子。一个树种的树液会比另一个树种的树液呈现更强的酸性或碱性。这是勾染了林地颜色的自然化学。

导致落叶的过程，并不受小阳春（Indian summer）或极寒天气的影响。光周期和光与暗、和白昼的缩短严格相关。一棵落叶松所有树叶的总表面积极为惊人。塔型树干和悬臂式的枝条耸立着，将尽可能多的树叶暴露于阳光之下。太阳在一天中的升起、圆周运动、下落，与树的圆顶形状相呼应和。单片叶子，也将尽可能多的表面积展现给天空，因此，一棵拥有数十万片叶子的大树，其吸收阳光的叶绿素表面积竟达半英亩之多。这一建筑风格的经济与巧妙，可与人肺的肺泡相媲美。肺泡那迷宫般的构造，使其吸收氧气的表面积能达到网球场那么大。夏天的树叶饱含水分。它们在秋天干燥、凋落，为树林总体上减轻了许多吨的重负，使其能应付冬天的暴风降雪。整个比利牛斯山区，阔叶树正刻意为自己的下一个生命阶段做准备。

在里奎森斯上面的山里游荡，感觉像叶芝在《柯尔的野天鹅》一诗里描述的："树林已染上美丽的秋色，／林间小道不再阴湿"。

我们从它们毛茸茸的外壳里，剥出了甘美、新鲜的板栗。我们在一条陡峭的凹路边啜饮林地泉水，凹路中间布满了山毛榉、冬青、榛树、板栗、枫树、白蜡木和橡树暴露在外的根。中午临近，蟋蟀开始试探性的鸣叫，幼小的蜥蜴，鼓起勇气来到洒满了阳光的路上。奇怪的是，我们经常看到一些孤零零的树：一棵桤木形单影只长在路边，一棵桃叶卫矛和它亮粉红色的浆果，一串孤独的葡萄叶铁线莲，孤独地悬垂于榛树丛上方。它们为何不在其他地方生长？能解释这一诺亚方舟效应的唯一线索是，这里的整个山坡，都曾是某个贵族领地，这些孤零零的树，就像餐厅及农舍外面那棵马栗树一样，是作为收藏家的样本而种植的。

　　回到餐厅，安德鲁和我享用了迟到的午餐。我们消灭了一大盖碗的豆子汤，一份花样奇特、美味的干果布丁：杏仁、欧洲榛果和核桃，浸在从一个小喷壶样的玻璃水瓶倒出的甘美的麝香葡萄酒中。屋外，树叶从草坪边的悬铃木上时不时地飘落。下午天气逐渐变凉，猫也转移到屋内离炉火更近的地方。我们离开时，护林员添上了更多的木材。我们下山前往坎塔洛普斯，林中的牛铃声归于沉寂。

野马

　　从未像在莱斯沃斯（Lesbos）那个下午一样，见到这么多人爬到树上。山地小镇阿吉亚·帕拉斯凯维（Aghia Paraskevi）的全部人口，似乎都已上了树，攀到尘土飞扬、摩肩接踵的街道边那久经折磨的橄榄树和松树的树枝高处，获取观看赛马的更好视野。赛马会让小镇生气勃勃，赛马们沿着卵石街面上坡，踢踢踏踏走向赛道，它们狂野不羁、难以预测的精力，让小镇人们按捺不住激动的心情。每条小巷、每个院子里，男人们忙着为他们的马匹披上仪式性的马具：全银的大勋章、刺绣和亮闪闪的穗带。年长的妇女们，一群群围聚在门前台阶上，或坐在街上临时摆放的椅子里。在一棵亭亭如盖的法国梧桐和一棵遮盖了整个街面的古老紫藤树的树荫下，酒吧餐馆纷纷在各自门口加添了桌子和椅子。大街两旁，货摊上售卖着各种小饰物、糖果和玩具，拿着气球的女人们游来荡去。每当有新的赛马被骑上或牵入大街，旁观者都退到门廊里，以免马匹尥蹶子、踢人。

　　一半的市民、绝大多数的骑手，显然已经喝得醉醺醺了。据说，他们还给赛马喝希腊茴香烈酒，让它们更加暴烈、更有竞争力。整个莱斯沃斯，人人都为马匹疯狂，男人们积聚了整年的钱，只为用于这一盛事，并连着喝上三天三天。我挤到起跑排位处，这是一个亮黄色的钢铁装置，专门装上安了弹簧的起跑门栅，看上去挺专业。所谓赛道，无非是两堵石墙之间的另一条街。路面坚硬，尘土飞扬。沿赛道上坡疾驰半英里就是终点，那里的一辆卡车和一棵橄榄树上，已经黑压压地挤满了人。赛道旁的每棵树上都蹲着观众，他们还站在石墙上和每间小屋的屋顶上。观众甚至爬到了起跑排位上，但似乎无人在意。连肥胖的中年男人，也爬上了起跑排位旁边的白杨树，赌马者更是坐满了每一根树枝。人人都在叫喊、争论、欢笑。围着头巾、理着平头、脚蹬牢固工作靴的青年人，光着膀子，牵着马，一副踌躇满志的样子。

一个四十多岁、外表十分特别的男人，梳着一头油光锃亮的黑发，穿着紧身牛仔裤和黑衬衫，白色纽扣在胸口敞开着，脚上蹬着高跟牛仔靴，腰里别着银扣腰带，牵着一匹体型巨大、仿佛时刻要挣脱羁绊的炭灰色公马，阔步而走。公马喷着鼻息，表现出难以抑制的激情。每隔几分钟，它就后腿直直地站立，冲向某一匹母马。黑衬衫用马缰控制着它，拿马鞭狠狠抽它，但公马拒绝驯服，在它的感染下，其他马匹也尥起了蹶子、嘶鸣起来，引起一阵巨大的骚动。在连绵不绝的马蹄践踏之前，人们纷纷散开。更多的嘶鸣，更多的叫骂。人人都想让黑衬衫带着他的马走开。男人和公马，像半人马一样连为一体，暴怒地坚守着阵地。两者都张大了鼻孔。黑衬衫呼喝着、喷着鼻息、跺着脚，狂野地比画着手势。马也一样。转着圈、踢着蹄子，公马在扬着尘土的十字路口清出了一个大圆圈。大家都往后退。接着，人与马似乎进入拥吻状态，他把头枕在他的战马的颈上，将脸埋在茂密、银色的马鬃里。人群怀着敬意屏息凝视，少顷，这急躁的一对，带着某种尊严，静悄悄地走开了。

这和英国式的越野赛马、或纽马克特赛马大异其趣。勉强可资比较的，是一些旅游者集会，如上世纪 70 年代中期萨福克的邦吉五月马会（Bungay May Horse Fair）、阿普比展览会（Appleby Fair）或斯托小镇（Stow-on-the-Wold）。它不像戴德梁行（C&W）那样一本正经，更像吉卜赛人一样狂放不羁，有着某种米诺斯文明时期克里特奔牛活动一样强烈的原始意味。当然，钱在赌马者之间倒着手，不过，赌博系统究竟怎么运作，恐怕和赛马组织活动本身一样难以稽考。赛道半路的一个小屋里，人们不断进进出出，另一些人则把手伸到他们的裤子口袋里，用被马匹汗渍弄得油腻的手指，从一沓钞票中抽出几张来。每场比赛都是两匹马之间沿着泥路进行的尘土飞扬的速度对决，前半段在平地上，后半段上坡，骑手们想尽办法不从马背上掉下去。救护车停在一边，准备把那些从马上摔下来的人送到医院。一下午救护车就没有闲过。

　　一排游行队伍进入帕拉斯凯维，标志着行动已经开始。他们举着镇外圣殿里的黑处女圣像，保佑马匹。黑处女据说起源很古老，或许与酒神狄奥尼修斯有关。圣像由一个小男孩举着，镇长、牧师陪伴在侧，小号、单簧管和葫芦手鼓三件乐器组成的镇乐队奏着乐。那一晚，似乎一半的帕拉斯凯维人在街边坐着用晚餐。朋友托尼和简，与我一起，在他们的朋友佩里克利斯的餐馆用晚餐。各种颜色的瘦小而腿长的猫，在椅子间穿梭，甚至来了一只刺猬，四处巡视着，差点撞到桌腿上，然后转过头，一溜烟消失在暗处。

　　莱斯沃斯岛上至少种植着 1100 万棵橄榄树。它们沿着层层梯田，一直延伸到高高的山上，往下，则一直生长到大海边缘。高处，一小块一小块的土地用石墙围起来，像一个个堡垒，里头只有一棵树，它们的叶子像旗帜一样在微风中飘扬。1850 年 1 月，短暂的温暖诱使橄榄树冒出春芽，然后是一场严重的霜冻，气温骤降到零下 13 度。一夜之间，岛上几乎每一棵树都凋敝而死。老树状况最好，次年从底部绽出了新芽，并逐渐恢复。作为长寿和历史连续性的象征，莱斯沃斯岛上的橄榄树，所扮演的角色，与英国的橡树庶几近似。它们是历史最悠久的培植作物，但很难数清它们的年轮。我和托尼次日傍晚散步的莫里沃斯村外树林里的许多橄榄树，.看上去年代极为久远。有些树的形状像沙漏，内部多年以前就已成空洞，树枝在果实的重压下铺展开去。另一些树则像弹簧一样从地里盘旋而上。农民们在树下犁出浅沟，去除杂草，这些犁沟似乎像树干脚踝处的肌腱，向山上绵延不绝。我们从山顶教堂外的两棵橄榄树下出发，沿着两面是石墙的驴道，穿过树林下山。墙顶是修剪下来的橄榄树枝围成的篱笆，天然播种的无花果树从石头之间长出来。我们经过一间造了一半的房子，里面的山羊都步履蹒跚。它们挣扎着爬到楼上的阳台，专注着俯视着我们，眯缝的眼睛一览无余。我们把墙上的醉鱼草扔给它们吃，几秒之内就一扫而空。两条系着锁链的狗，从油桶做成的狗窝里冲出来，发出丁零当啷的声响。

农民们把一卷黑网塞到每棵橄榄树的树枝或树干里，到十月或十一月的收获季节，在树下铺开，收获果实。在蜥蜴般的黑树皮映衬下，几乎看不见黑网。橄榄树每隔一年收成不错，中间的年份也就马马虎虎。你可以用手采摘，当然这很辛苦，也可以把网铺在下面，让它们成熟后自己掉下来。不过，用绿橄榄榨出的油，质量更佳，因此，必须使劲地摇树，经常会用到一根长杆子。现在甚至还有干这个活的机器，幸好，只用于低地树林。由于橄榄油必须在橄榄收获后的 24 小时以内压榨，每个小镇和许多大一点的村子，都有木质的榨油机和榨油车间，但它们如今大多废弃了，因为所有橄榄都用卡车运到现代化的榨油厂去了。希腊，尤其是各个海岛，因 1709 年冻死法国和意大利胡桃树的那同一场严重霜冻而受益。它导致法意两国对橄榄油的需求突增，而希腊橄榄种植户乐得扩大产量，抓住这一新的市场。

一早醒来，我和在莫里沃斯居住多年的海因茨·霍恩出发远足。上世纪60 年代，海因茨从伊斯法罕（Isfahan）买卖地毯，并在喀布尔（Kabul）住过一段时间。37 岁那年，他从伊斯坦布尔（Istanbul）出发，徒步走到大马士革（Damascus）。当他走到叙利亚边境时，人崩溃了，被送到阿勒颇（Aleppo）的医院。那儿，他遇到一个好心的医生，将他送到贝鲁特（Beirut）。他很愉快，在那个城市待了数月。

海因茨建议我们去废弃的山村克拉瓦多斯，它建在莱皮提摩斯（Lepetymos）山脉西面 2200 英尺高的霍雷福特拉山的山坡上，从拉菲奥娜斯村上面一条崎岖的山路上去。1912 年，将莱斯沃斯从统治了 450 年的土耳其人手中解放的最后一次战役，就是在克拉瓦多斯进行的。这一定是场非常血腥的杀戮，因为自此以后，那里就再也无人居住。

除了屋顶外，这些石头房子仍然完好无损，让人颇感惊讶。部分房子甚至盖上了白铁皮屋顶，用来做牧羊人的庇护所。荆棘四处横生。我们在路边的山坡上发现一眼山泉，泉眼边还有一座石砌土耳其浴室的大量遗迹。清澈的泉水流淌到一个满是蝌蚪的水槽里。在壁架上晒太阳的青蛙扑通一声跳进水里。

我们沿路下山，经过一间半废弃的农舍，木质前门和百叶窗仍挂在铰链上。有人一直在维修农舍的石墙。沿着绵羊到再往下，我们进入一个西洋李子果园，果子接近成熟，非常酸涩。李子树因累累果实而弯下了腰，几棵胡桃树和杏树，设法在一大堆黑莓树中活了下来。春天，牧羊人仍然领着羊群来此，但夏天这里太灼热焦渴了。在想必是村子中心的地方，矗立着一棵劫后余生的巨大法国梧桐。它粗大的树干内部已成空洞，地面十英尺以上部分，或遭了雷击，已经折断。它里里外外都已炭化烧焦，但新鲜的活枝，却又在这棵曾经遮盖了泉眼和蒸汽浴室的大树上萌芽了。

在海岛中部的卡利尼，我见过另一棵类似的树，里头也是空的，著名稚拙艺术家提奥菲勒斯（Theophilus）就住在树洞里，旁边是一系列绝佳的泉眼和池塘。有人在附近建了一间酒吧纪念他，酒吧主人骄傲地指给我看一对从大树内壁突出来的四英寸长的钉子。无疑，这是大师上床就寝后挂衣服用的。树干内部空间极为宽敞，确实放得下一张床，或许还可加上一张小桌子和几把椅子，这就更有瓦尔登湖的味道了。

那晚，我们驱车上山，到阿杰诺斯小饮，在村里蜿蜒穿行，发现在一个广场中央，又耸立着一棵巨大的法国梧桐，上面刻满了恋人们的首字母，显然也经常有人爬上爬下。大树似乎像烛蜡一样将枝条滴甩出去，然后凝固于摊开的树干和凸起的树根上。树的一侧，环绕着一个小小神殿和一眼泉水的，是一个松树和白杨组成的圣林。这地方有一种异教的感觉。山羊和马站在旁边的小围场里，绵羊铃铛在暮色中的某处发出清脆的叮当声，五位老人在树下坐成一排。

除了其魁伟的身材和巨大的树荫，这些法国梧桐身上还有些什么奥秘，能让这一地方显得不同寻常？在剑桥埃曼纽尔学院（Emmanuel College）的研究员花园（Fellow's Garden）里，也有一棵法国梧桐，矗立在研究院浴池旁边。这是英国最古老的游泳池，从1690年开始一直用到现在，附带的更衣室建于 1855 年，维多利亚风格，茅草盖顶，非常可爱。这棵法国梧桐种植于 1802 年，如今已长成参天大树，浓荫遮天蔽日。夏天，从公交车站往学院花园石墙里望去，扑入你眼帘的，就是它的一大片绿色。西班牙 / 墨西哥诗人路易斯·塞努达（Luis Cernuda）专门为它赋诗一首，题目就叫《树》（"El Árbol"）。这种树和英国梧桐差异很大。它就像一群飞过刮着风的夜空回到巢穴的白嘴鸦。它们翻滚、俯冲、滑翔、高飞，陶醉于飞翔的纯粹快乐，自信于其高超的技艺，把自己以巨大的弧度抛向空中。这棵法国梧桐的树枝就是这种姿态。它们以慢动作的方式狂野地、如痴如醉地舞动，公然违背重力法则，时而突降，时而翱翔，先是高高地向上，然后径直俯冲至地面，扎下根来，长出新树。于是，这棵有着满满一围裙孩子的母树，永远在沿着草坪一路向下扎根生长，到她死亡时，这些子树将会长成一个小树林。不过，通过向下生长，大树也在给自己提供支撑，为她年老的树干创造一个支持系统。树干最终会空掉，正如提奥菲勒斯住在里面的那棵树一样，而且，圆筒是一种更轻、更稳定的结构，并愈加牢固。

别什恰迪森林

　　布拉格火车站，乃至整个夜色中的布拉格，唯一的亮光，似乎就是一盏 40 瓦的灯泡。这倒是有助于烘托情调，不过，想看清楚火车票就难了，那上面还有捷克期间的卧铺预定细节呢。幸好，东欧之行，我随身携带了一支小小的镁光手电，靠着它端详许久，终于看清我们的卧铺号是 315。爬上陡陡的铁台阶，我们跌跌撞撞扎进今后 24 小时的家，手里紧紧攥着一瓶站台上买的米库洛夫斯基出产的穆勒牌波西米亚白葡萄酒。微型餐桌上方的食橱里，是我们的野餐：苹果、橙子、面包和布拉格火腿。餐桌也是书桌，顺着铰链翻过去，又成了脸盆盖板。卧铺里的生活，和大篷车或航海生活一样，具体而微、井然有序。

　　乌克兰乘务员欢迎我们上车。嗯，检票时，他毕竟朝我们点了下头。他是个温和寡言的人，在车厢那头有自己的私人小间，并偷偷藏匿了比尔森啤酒。我们像玩赏一把瑞士军刀般，端详着独属于自己的小房间。所有东西都折叠着，或可以滑动，没错，一个铺位可以睡两个人，但挤得够呛。我们放下网眼帘，打开床头阅读灯，倒上酒。火车悄悄驶离灯光暗淡的布拉格，心下暗想，要是带了拖鞋和睡袍就好了，对，还有烟斗。我们铺开晚野餐，火车朝着斯洛伐克和喀尔巴阡山脉驶去。

　　少顷，像雕像中的骑士一样，我们仰躺着，慢慢沉入梦乡。在火车上睡觉，是一个被不断逗弄的过程，先是不知不觉被车轮与铁轨接头之间有节奏的咒语哄入眠，接着，梦境正酣，却被一阵突然的左倾和身子底下鬼哭狼嚎般的巨响惊醒。火车沿着急弯甩来甩去，或挤过隧道，慢慢爬升进塔特拉山脉（Tatra Mountains）。凭着弯曲上行时钢轮与钢轨间摩擦发出的刺耳尖叫声，我们知道火车已经进了山。

　　次晨八点十五分，我们被一阵更柔和、有礼貌的敲门声唤醒。是我们的乘务员，他拿来了早餐：茶、面包卷、火腿和奶酪，并告诉我们，马上要到乌克兰边境的乔普（Tchop）了。乔普站和乌克兰许多别的地方惊人地相似：椭圆形的混凝土建筑，大得毫无必要，就像乌克兰海关警察戴的煎锅一样的巨大帽子。他们的表情冷若冰霜，或许在密闭的门后才会笑一笑吧。

　　我们走出乔普站，穿过乌克兰乡间，前往利卫夫（Lviv），穿过绵延数英亩的货物堆场，里面堆放着锈迹斑斑的货车、成套备用的铁轮、灰色的空车厢以及机车爱好者梦寐以求的木质警卫车厢和巨大无比的火车头，这些火车头有的装着铲雪鼻，有的里头居然还有正在休息的司机，脚翘在仪表盘上，好像他们和机器一起退休了，正等在货场里静候下一步的通知。平原那边的远处，喀尔巴阡山脉的雪峰高高耸立着。经过一片片没有树篱的广阔原野，它们一半淹没于最近的雨水中，阴郁肃穆，一堆堆锈蚀的废旧机械，渺无人迹的巨大工厂，是平坦的原野上仅有的点缀。工厂的窗玻璃，被一些当地的克伦威尔坚持不懈地砸碎，几乎没有留下一块完整的。

　　风景空旷得有些怪诞：我们似乎在穿越一块休耕地组成的巨大平原。除了间或在垃圾堆上啄食的一只灰鸦，甚至看不到任何鸟类，并且，除了一两位弯腰在土豆田里劳作的老年妇女，也看不见人的踪影。这块土地看上去筋疲力尽，垃圾像风滚草一样到处飘来飘去。一小堆一小堆烧焦的罐头和半融化的塑料瓶，出现在森林中央，或散落在灰色无生气的芦苇河床岸边。这一满目疮痍的褐色休耕地平原上唯一的地标，就是偶尔跃入眼帘的混凝土发射井或高压输电铁塔。随处可见补丁似的可怜的草地，草或枯干、或萎黄、或饿死，见不到一只家畜：没有绵羊，没有奶牛或猪，只见它们的粪便摊开在农民的白铁皮屋顶上，还有喂给它们吃的一蓬蓬干草，像棒棒糖一样顶在每间农舍外的杆子上。后来，我们见到了河流，涨满了雪山上流下来的褐色融水，还有长满了槲寄生的白杨树。每座农家花园都有各自的微型果园：十几棵树，种成两排，树干下部刷了白短袜似的石灰水，阻绝昆虫向上爬。我们就粉刷树干的原因进行了争论。同伴安奈特认为，或许为的是让树干在夜里更显眼，以免被伏特加灌得醉醺醺的主人撞到。我的理论是，具有老练生存技能的昆虫，绝不会冒着暴露于鸟类天敌面前的危险，穿越白色的粉刷带。

乌克兰人很重视铁路，当我们经过每一个长满天竺葵的信号间时，里头的人总是在门口立正，手里高高举着一面小旗。刚到下午，我们就走出了平原，进入别什恰迪山脉（Bieszczady Mountains），沿森林覆盖的山谷蜿蜒而上，经过一座座农家小木屋，这些木屋原先用茅草盖顶，如今都换成了白铁皮屋顶，它们星星点点分布于陡峭的牧场上，屋外堆着棒棒糖一样的干草垛和干燥的山毛榉或榛树灌木。山毛榉、榛树、橡树，间或还有松树组成的茂密树林，一直延伸到湍急、清浅、布满石头的河流边。一群年轻人懒洋洋地靠在路堤上，他们的自行车扔在一边。一匹马和一辆大车走过。两个男孩推着装满了柴火的手推车，准备卸到墙外的木柴垛上，锯过的两端呈现出随机的图案。在扔到炉膛烧掉以前，这第二堵柴火墙通过绝缘，有助于屋子的保暖。

我们跨过的每一座山溪桥，都由一位岗亭里的孤独哨兵守卫着。我们快速穿过森林，经过高高堆垛着山毛榉树干的木料场，和停在冒烟的空地上护林员的牛鼻卡车。在山区小镇，东正教堂圆屋顶铁壳上的亮光，时不时在河谷那头闪烁着。接着是一段长长的下山路，然后突然在一个乡村小站急停，一位车轮检修工，沿着火车一路耐心地用榔头敲击着，感受着急刹车发出的热量。他像钢琴调音师一样聆听着每一个车轮发出的声音。"这个工作很适合我"，我暗地里寻思。

抵达利卫夫市，步入其壮观、古色古香的车站中央大厅时，天色已黑。大厅里挤满了候车的乌克兰人，他们坐在长凳上，抱着用绳子系在一起的、红白相间的巨大塑料袋。"二战"以前，利卫夫隶属于波兰，名叫利沃夫（Lvov），18、19 世纪，作为奥匈帝国的属地，它的名字是伦贝格（Lemberg），意为"狮子山"。徜徉在利卫夫各处，都有狮子盯着你：石雕的狮子脸，从金碧辉煌的意大利风格的来诺克广场那些 16 世纪古宅的阳台上向你咧嘴而笑；狮子在歌剧院外面静静地嘶吼；每隔一个店面，上面就有一只狮子。我们下榻在密茨凯维奇广场（Mickiewicz Square）一头的格奥尔格饭店（George Hotel），并在附近一家优雅的小餐馆，用了罗宋汤和巨大的烤鲫鱼炒锅菜。他们不畏艰险，把菜单翻译给我们听，里头有诸如"黄油炒牧场""穿外套的蛙腿"之类的美味。

次日清晨，饭店外面来了两位年长的修女。她们穿着长外套，一高一矮，站在人行道上，以无伴奏和声的方式唱着民歌。她们以深沉的激情和忧伤唱着，高的那位拿出一个小小的塑料杯，一听到里头有硬币的声响，就匆忙地倒入外套口袋里，因为两位嬷嬷都是盲人。街道稍远处，一名四岁的女孩坐着乞讨。人人似乎都以漠然、顺从的表情，极度渴望得到几个格里夫尼亚（hryvnia[1]）。几个硬币或几张皱巴巴的纸币，就能让他们满足，但在某些国家，人们似乎可以又穷又开心，至少看上去如此。这儿，他们只是绝望、阴郁、凄惨：经年累月的磨难，已经让他们听天由命、筋疲力尽。他们的脸告诉我，形势早就不是一个笑话了。来诺克广场，老市场所在地，是一个上坡，两侧房屋高大而细长的外立面，一直可以追溯到 1530 年，是在一场火灾后重建的。灰泥外立面后面是木构架。此情此景，以及气势恢宏、墙体开裂的浅绿色歌剧院，让你感受到旧日繁华的回音。如今，市场已经扩大

1 乌克兰货币——译者注。

到周边所有的街道，一群群的乡下人，叫卖着小得可怜的胡萝卜或洋葱束，小包的土豆，或一排细长的辣根。

这是周日早晨，我们坐上 2 路电车穿越郊区，来到谢甫琴基夫斯基湾（Schevchenkivsky Bay）的木建筑博物馆。这里相当于利卫夫的汉普斯特西斯荒地（Hampstead Heath）。

我们慢慢走过马赫尼科娃大街，经过一个个精心打理的私家花园，里头满是用塑料瓶翻转在每株植物上而临时搭建的一个个微型温室。这时天似乎要下雪了。我们在巨大的褐色水坑之间的鹅卵石上小心前行。树林里半隐半现着各种木头农舍、谷仓，甚至还有一座带尖顶的木头教堂。牢固的单层农舍，用巨大的松木梁搭建而成，每根梁木都是用扁斧砍削成方形的一根树干。农舍的屋顶又高又陡，屋檐突出墙体三四英尺，遮盖住围绕三堵前墙组成的连廊。外面门廊的松木雕花精细繁复，雕着我们上学时用圆规画在练习本上那种对称的花叶图案。走廊围着木头墙，通过木头台阶，打开雕花木头移门进入。狗舍建在走廊里离前门最近的角落，由半根中空的木头倒扣过来而成。庭院围墙，除了通常的立柱栏杆，还有画龙点睛之笔。三根水平栏杆之间，用榛树条垂直编织起来，形成了家禽、狗甚至猪都难以逾越的板条篱笆。我特别欣赏空木头狗窝，本地随处可见这一类的狗窝。我决意有朝一日自己也做一个，反正这也不能算剽窃吧，因为纵观整个世界历史，工艺和木雕的创意和主题通过这种方式传播的。

我们登上下午的火车，前往波兰边境的普莱米希尔（Premysil）。腐败渗透了乌克兰社会的每一个角落，这么说已经是老生常谈了。在这个国家，总统列奥尼德·库奇马（Leonid Kuchma）居然买通职业杀手，杀害胆敢批评自己的记者，整个过程都被录了音。后来，人们在一个树林里发现了记者的尸体，被割去了头颅。即便卖火车票也疑问重重。在镇里的旅行社，去普莱斯米尔的火车票要价 54 格里夫尼亚。我们决定到火车站售票处碰碰运气，在那儿，我们向一位穿花式连衣裙的妇女支付了 22 格里夫尼亚，她在整个交易过程中都默默地盯着我们，完全没听我们说话。利卫夫车站的每个人，在给人制造麻烦方面都训练有素。待在乌克兰，对经受盘问已经见怪不怪了。前一分钟还盛气凌人，后一分钟就满脸堆笑。在 75 次车的 14 车厢，情况也是一样。我们高踞在 Rexene 沙发凳上，凝视着窗外的田野，女乘务员不停地过来要我们的印度奶茶和雀巢咖啡。田野里散落着风吹来的垃圾，核反应堆一般大小的鼹鼠丘，以及鼹鼠丘一般大小的核反应堆，那些凸出草皮屋顶的烟囱管，暴露了核反应堆的身份。如果这也叫农田的话，情景实在有些惨不忍睹。触目所见，几乎看不到一棵树。

浑浊而褐色的桑河（San River），沿着乌克兰边境流淌。有人在砍伐长在河岸上的白杨，或许是为了给俯瞰河岸的瞭望塔提供更清晰的视野。双层边境围栏上方，是一圈一圈的棘铁丝，沿着围栏是无声的高音喇叭和吠叫的警犬。我们在一个宽阔的平台和大得惊人的乌克兰海关大厅前停下车。我们等着，注视着平台上仅有的三个身影：一只狗、一只乌鸦和一位穿着黑袜子和高跟黑牛仔靴的金发女人。一进波兰境内，白嘴鸦就突然出现了。乌克兰没有白嘴鸦，只有在半掩埋的垃圾堆上啄食的灰鸦。我们也将见到更多的树：大堤驳岸上成行的截梢柳树，农家果园，甚至作为田野间树篱的线条型的苹果园。

我们朝普莱斯米尔悲伤的中心走去，第一个跃入眼帘的，是小公园里一棵孤零零的哭泣的白蜡木。它的树干因污染而更灰暗，上面布满了伤疤和胼胝，终其一生不断遭受肆意摧残。它的枝条形态也格外扭曲，一些枝干被扯下或折断。它能忍辱负重，顽强存活下来，委实令人惊讶。晚饭后，我们坐上一辆公交车，在夜色中前往乌斯特里奇（Ustriczi），穿越森林时，我们在车头灯的亮光里看见一只松貂。次日早晨，我们赶上一辆公交车，它沿着铁路线行驶到镇外数英里的地方，来到偏远的小村乌斯蒂亚诺瓦（Ustianova）。

除了铁路线旁一间小木屋里的一个小酒吧，和一个在酒吧外摇摇晃晃往里窥探的醉汉，乌斯蒂亚诺瓦一无所有。时间只有十一点半。这是"二战"爆发时安奈特父亲从利卫夫逃亡回家旅途中下火车的地方，在此，他穿越边境，回到自己巴里格洛德村的家中与父母团聚。当时，他正在利卫夫工程学院学习，因没有护照而不得不与家人隔绝。那时的乌波边界是沿着桑河走的，在目前为止的西南方。那些日子里，普莱斯米尔、乌斯特里奇和乌斯蒂亚诺瓦都还是乌克兰的一部分。这名 18 岁的学生突然因战争陷入流亡，他决心冒着生命危险徒步穿越边境回到家中，并选择在夜间行走，以避开来自这一无名边境检查站的巡逻兵。

安奈特的想法是，我们应当沿着她父亲当年的足迹，重新徒步走完这 15 英里的路程。我们爬上路堤，站在废弃的站台边杂草丛生的小路上，眺望着眼前的乡村。站长室如今只是另一处小地产而已。我曾在图书馆找到过一份非常详尽的军事地图，并影印了一份，但阴差阳错，却忘了随身携带了。这满可以引发一场无谓的争吵，而我们只是一笑置之，研究起了手头另一份相当粗略的地图，那上面，森林密布的丘陵和田野，向着别什恰迪山脉渐次上升。

我们沿着一条休耕地之间的道路，往东南方向的巴里格洛德进发。走了一两英里后，大胆折向一条乡间小路。见不到一个人影，但附近的树林里有近期砍伐过的迹象，路况也不错。我们走在被融雪软化的肥沃的淤泥上，两旁是榛树、桤木和柳树幼苗组成的树篱，在高岸相夹的凹路中下行，躲避着空旷地面上的寒冷。雨雪不多，但天气很冷。我们不时穿过伐下的木料堆成的走廊，它们被切割成标准的四英尺线长，堆成六英尺高的木料墙。我们经常趟过在拖拉机和大车车辙中流淌的融水溪流。

俯下身去仔细查看车辙中的流水，可以看到悬浮其中的被流水带下山的微小沙子和黏土颗粒。凹路就是这样形成的。大车车轮、牲口蹄子或人类靴子的每一次路过，就把凹路地面又磨蚀了一分，接着，雨水到来，将尘土表面一粒一粒带下山，如此年复一年，直到凹路变成 6 英尺、15 英尺或 20 英尺深。在一条凹路中，我们发现一位正在劳作的树篱种植者。他把自行车斜靠在树篱上，小猎犬拴着，不停狂吠。我们走近时，这人弯腰专注于自己的活计，没有回应我们的招呼，弄不清是出于害怕还是敌意。河岸上遍生着细小的野生水仙、紫罗兰和一种很矮小的兜藓。

我们蹚过一条小溪，走进跃入眼帘的第一排房子。狗在农家庭院里吠叫，我们在灌木篱墙里割下两根结实的榛树手杖，防备着狗的袭击。对整个中东欧地区的徒步者，狗是人人都会遭遇的麻烦。最好的防卫手段，是削一根 4 英尺出头的手杖，在狗向你袭来时，把它像魔杖一样指着它。我们波澜不惊地经过庭院。院子里都是树或波状钢。谷仓是木结构的，用松木板沿垂直方向箍成墙壁，松木板因节瘤与风化而呈灰色和橙色。坡度平缓的茅草屋顶，夹杂着旧运动衫一样的小块锡皮，悬垂于把整个南面墙体遮挡住的各种木料段的端面上。夏日骄阳将晒干端面晶粒内的水分，使树液蒸发，令其成为绝佳的柴火。两辆马拉大车停在院子里，其中一辆上，仍堆满了鲜绿的榛树捆，被钩镰砍过的白色端面闪烁着光芒。石灰粉刷过的农舍也披上了茅草屋顶，凸出的屋檐下，靠墙堆放着木料，小小的果园里种植着李树和苹果树，树干用白石灰刷到膝盖的高度。

　　小路会入一条乡间大道，在下一个村子罗波索·多尼（Lobosew Dolny），我们找到一家小店和酒吧，买了午餐，在绿草如茵的河堤上，背靠着一棵枫树，在太阳底下面对面席地而坐。在这里的一些农家花园里，茅草覆盖的蜂箱向南成排而立，临时搭建的窝棚里养着兔子。我们再次出发前往桑河，它如今已被巨大的堤坝阻拦，形成了索丽娜湖（Lake Solina），用于水力发电。我们沿着似乎永无尽头的坝墙，穿越索丽娜湖，俯瞰着大坝一侧嗡嗡作响的水电站和几百英尺底下继续流淌的桑河。我们想象着安奈特的父亲如何在 1939 年冬，藏身于树荫底下，避开俄国巡逻队的耳目，瞅准时机，疾驰过冰面，穿越冰冻的桑河。正当他抵达河对面时，被巡逻队发现了。他们向他开火，但未击中，于是他逃入波兰境内。大湖绵延数英里，四周陡峭的崖壁上，遍布松树和山毛榉树林，向下一直延伸至湖面。除了屋顶上几只趾高气扬踱步的灰鸦和喜鹊，索丽娜湖已彻底荒废。

　　我们在茂密的山毛榉林里觅路上坡，沿着山脊依照湖面轮廓前行。我们打算在夜幕降临之前到达波兰茨克（Polanczyk），在那儿过夜，次日早晨再踏上前往巴里格洛德的更险峻的山路。走在山毛榉落叶上富于弹性、感觉很好，在离波兰茨克几英里的地方，一位健谈的男人，或许是护林员吧，从林子里钻出来，和我们一道走，他说的话我们几乎听不懂，对此，他倒显得无所谓。

　　次日早晨，用过一顿"无黄油的土豆"早餐后，我们因缺乏这一地区的可靠地图而担忧。这让我们两人对如何处理接下去的旅程心怀不安。随着我们向南上坡进发，天也开始下雪了。雪一开始很温柔，甚至颇有诗意，硕大而梦幻的雪花飘浮在树顶上。我们几乎马上迷了路，这完全是我那浪漫情怀的错，想通过乡间小道而不是沿着大路的捷径，前往下一个村子密茨科夫（Myczkow）。在不断变厚的积雪中转错了好几次以后，我们总算到了目的地。密茨科夫是一个由茅草覆顶的木头农舍组成的村子，建在一条山溪陡峭的岸边。人人都在室内，俯伏在茅屋顶上的积雪之下。炉子发出的木头烟火，引着我们找到村子的所在。每座屋子都有一个不大不小的果园，里头种着十几棵苹果树和李子树，院子里还堆着一个圆锥形的干草垛，像稻草人外套一样，挂在鱼骨状的榛树条上。无疑，外屋某处养着动物，但一只也看不到。村子，和村里的人一样，隐藏着它的内在生活。

我们沿着大路，在黑魆魆的云杉树林里前行了数英里，来到另一个杂乱无章、寂静的村子贝雷斯卡（Bereska）。这些村子都笼罩着死一般的沉寂，这么说绝非夸张。"二战"期间，别什恰迪地区的村子经历了难以形容的种族灭绝暴行，尤其是发生在波兰和乌克兰游击队之间的鲜为人知的斗争。数以万计的平民被屠杀，整个村子都被灭绝。我们听到过令人毛骨悚然的描述，说党卫军、乌克兰游击队或苏联军队是怎样把包括孩子在内的每一个人，都驱赶到某个茅草覆顶的谷仓内，门在外头锁住，然后放火焚烧谷仓。这些山村的所有物事都是木材或茅草做的。有些村子的街道上甚至铺上了木头路面。当房子、谷仓和小屋着火，村子的所有东西都会烧得无影无踪，包括木头教堂。唯一剩下的，是一堆堆的木灰和焦炭：只有果园和花园能继续存活。从 1939 年到 1945 年，接连不断的恐怖席卷了整个波兰东南部，先是纳粹和本地的乌克兰爱国者，然后是 1944 年入侵的苏联军队，最后是波兰自己的共产主义政府，后者再贴出告示之后仅仅几个小时，就把这里的每个人，总数约 20 万人，强制迁徙到苏联或波兰另一个地区，实际上将别什恰迪地区进行了彻底的种族清洗。只是最近十年，这些山民的一些子女，才开始陆陆续续迁回自己祖居的村镇。

地图上标注的一条小路，现实中还真有，这一点让我们精神大振，于是我们离开贝雷斯卡，沿着一条泥泞的凹路步履沉重地上山。凹路在一条赶畜群的大道上，畜道穿过古老的山毛榉林，通往巴里格洛德。数世纪以来，樵夫们一定是沿着这条路，用大车装载着木材，前往村子里的锯木厂，因而碾出了一条树荫遮蔽的深深凹槽。当我们走在这覆盖着富有弹性的深棕色山毛榉叶子的柔软沃土上，旅客、樵夫、树木和土地，在此演化出某种共生状态，创造了一个躲避暴风雨的庇护所，一个免受山间肆虐的刺骨的、带着雪花的寒风侵扰的天然避难所。

在同一条林地小路的更高处，我们听到嫩枝突然折断的声音，是小鹿，它们跳跃着穿过由细小荆棘组成的下层灌木丛，白色的尾巴摆动着。我们登上了大约 2000 英尺高的林木覆盖的山顶，我们在一间徒步旅行者避难所门阶前的空地上用午餐，雪还在下着。小屋呈 A 字形，由松木板搭建而成，已经半荒废，屋顶铺着撕烂了的油毛毡。当我们啃着苹果和巧克力，看着雪花飘落在山毛榉树枝上，小屋至少能给我们提供某种庇护。

大概就在这儿，我们迷了路。我们在高高的山毛榉丛中沿着树木繁茂的山脊向南而行。树林在我们左边陡峭地往下延展，我们大致朝着巴里格洛德方向前进。突然，道路转向相反方向，我们变成了向北走。我们忘了自己是在深山老林，应当顺其自然，相信道路走向，任凭它沿着山脊轮廓弯弯曲曲。我们犯错了，以为错过了一个左转路口，于是冒冒失失跨过跌倒的树干，穿林下山。什么路也没有，最后，我们来到山谷底部的溪流。沿着山溪跌跌撞撞前行，跨过或钻过覆满青苔的榛树和山毛榉树枝。好不容易登上山脊，却因为某种愚蠢而冲动的预感，白白浪费了得来不易的高度，我不住地咒骂自己。

问题是，指南针和地图并不一致。我断定，地图并不准确，它上面直线标示的道路，实际上沿着山势蜿蜒而行。别什恰迪的森林里，生活着狼、猞猁、欧洲野牛和熊，但除了几只知更鸟，我们没见到一个活物。鹿也不再出现，只有溪边不时出现的小路，领着我们来到河流交汇处，走出树林，踏上路况稍好的开阔高沼地。面前的地势也更加清晰，我们认出了一条沿着河流下山的护林员小路。

河流涨满了在石头上激荡的褐色融水，似乎催我们沿着小路快走，路面上的车辙印和水坑，是我们数小时之内所见的唯一人类痕迹。我们经过河边一堆杂乱无章的原木，都是最近砍伐的白杨和桤木，接着，树林边出现了几排整齐的苹果树或李树。这是"二战"期间被找到并摧毁的一个失落的村子：一点儿房子的痕迹都没有留下。即便房子的一部分免于焚毁，像当地这样贫穷的地区，柴火、砖块和其他建筑材料都无比珍贵，因而很快会被抢救出来、运走。植物，一如既往，是此前居所留下的唯一痕迹。一丛丛的柳兰，暗示火烧后留下的焦炭和木灰导致的酸性土质。长着荨麻的地方，土壤特别肥沃，表明此地曾经是村里的垃圾站。果园的树木仍在，由于是冬天，树枝光秃秃的。养蜂人在树木间建立了一个由五彩缤纷的蜂箱组成的新的村子。大约有 30 个到 40 个蜂箱，上面覆盖着柏油毡。它们漆成轻快的浅蓝色、赤土色和黄色，大概是为了便于蜜蜂回家，也给这一肃穆、鬼气森森的地方带来奇异的节日气氛，让你能轻易地想象正在蜂箱内冬眠的蜜蜂，以及很快将让这里面貌一新的果树繁花。

沿着小路向前，在一块空地上，我们无意中发现一间烧炭人的小屋和窑，一个正方形的、锈迹斑斑的巨大铁炉，带一面 8 英尺高的钢制门。一袋袋焦炭在炉旁堆叠着，雪落在码放得整整齐齐、等待下次投入铁炉中熔炼的山毛榉木材和萌生的榛树上。大屠杀、把人大规模运往西伯利亚和哈萨克斯坦的劳改营，或干脆直接送到离这里没多远的克拉科夫（Kraków）郊外的奥斯维辛，这些场景带来的鬼气森森的暗示，你不可能无视。战争的残酷，给这里造成了如此深重巨大的创伤，让你觉得，所有这一切是上个星期才发生的事，人们很快就能偶遇尚在冒烟的村庄遗址，被劫夺的财物，像破布一样散落在田间地头。一种很明显的恐怖氛围，像浸透的鲜血般弥漫在这片土地上。受尽压迫而形成的习惯很难改掉。这里的人们总是待在屋内，目光躲躲闪闪，尽可能少说话，充满警惕地看着陌生人。

兜兜转转的群山，不见天日的密林，阴沉沉一片的白天，终于让我们彻底迷失方向。沿着湍急的溪流，我们继续走了一英里多。夜幕降临之前，泽尼卡·维斯那（Zernica Wysna）教堂的废墟跃入眼帘，它高踞于我们右边陡峭的岸上，被高大的山毛榉和椴树围绕着。这是一座别致的石灰岩建筑，每一侧都有三扇简朴的哥特式窗户，斜屋顶由生锈的波状钢铺成。屋脊两端和屋顶角落处门廊上方洋葱形状的金属尖塔，表明这是一座乌克兰东正教堂。我们爬上堡垒似的堤岸，从打开的橡木门向内观望。里头比外面更阴暗。这个地方有一种强大的、令人不安的气氛，好像一艘突然之间匆忙抛弃的船。积满灰尘的石头地面那头，原先的壁画在昏暗中还依稀可辨。角落的石头小礼拜堂里，是一个花束的圣龛和一个敬献给圣克里斯托弗（Saint Christopher）的临时木头十字架，他的名字镌刻在满是蛛网的开裂的塑料墙上。显然，有人曾把这儿当作庇护所，地板上有火堆烧焦的痕迹。外面的温度在下降，我突然想到，假如我们不能在天黑前找到前往巴里格洛德的小路，将不得不在此过夜。我把这个想法告诉了安奈特，她一听就不寒而栗，说宁愿忍受寒冷，在外面过夜，也受不了睡在这儿。她是对的。教堂内的气氛难以言喻地荒凉。拥有这么大一个曾经美轮美奂的教堂，泽尼卡·维斯那村想必规模不小，周边树林里的木材让它一度十分繁荣。如今，一切渺无踪迹可寻。走过墓地，我们感到，那些能埋在这里的人是幸运的。他们一直在自己的家中生活，并寿终正寝。

对指南针进行了一番研究后，我们断定，一条涉水而过并上山通往山谷另一侧的旁出的绿色通道，正是通往巴里格洛德的路。河里溢满了山上下来的融雪水，涉水而过想也不要想。于是，我们找到一棵倒下横跨在洪水上的大树，小心翼翼地用双手一寸一寸在激流上方攀缘而过。我们的小路沿着一座小山驼峰上一条凹路迤逦延伸，这条深深的凹路，恐怕已经存在了数千年之久。凹路两侧是成行的截梢橡树和萌生榛树，和英国式的林荫道颇有几分相似。更高处，一侧是金雀花灌木丛和欧石楠荒野，另一侧是深深的老橡树林和山毛榉林。现在，我们已经是在黑暗中赶路了。平稳地向上爬了两英里后，我们登上山脊，第一次看见巴里格洛德。我们站着，眺望着村子里寥寥几盏在寒夜里闪烁着柔和微光的灯火，干掉了最后一条巧克力，然后径直下山，沿着一条险峻而泥泞的凹路滑溜溜地前行，凹路两侧是榛树和野李子树组成的高大树篱。接近村子，小路在一个农家院子边经过，伸向我们刚才看到的灯光。在一名农夫的注视下，我们大步流星走入黑夜，径直走向水位暴涨的河流的浅滩边缘。完全过不去。当我们折回脚步，农夫仍在那儿，默默无言地看着我们。我们找到一座架在奔腾河面上的宽阔木板桥，抵达犹太墓地对面静悄悄的巴里格洛德公共汽车站。

夜已深，我们拖着沉重的步履走啊走，经过一座座黑魆魆的房子，来到村镇广场和一个酒吧。酒吧居然还为两位顾客开着，我们简直感激涕零；更舒心的是，还有过夜的房间。有人甚至还请我们喝了一杯。薯条和几杯马丁尼酒（Martinis），就是庆祝晚宴的所有，而且，有这些东西我们就很感恩了。吃喝完毕，我们回到简朴的住所，就像进入了宫殿的房间。里头的所有东西都是褐色的：刺得人发痛的尼龙地毯、柔软的毛毯，甚至灯罩上烧焦的痕迹，但我们仍然很喜欢。把单人床移到一起的过程中，我们意外发现地上有一小堆黏在一起的干燥避孕套。多少人曾在此度过美妙的春宵。作为游客，来到一个名字都不知道是什么意思的小镇，感觉有点奇怪。若非浑身充满了混杂着凯旋、如释重负和筋疲力尽的美妙感觉，旅途中的不安感或许会让我们难以入眠。

我们在面包店买了早餐，坐在寒冷的广场上一条长凳上享用，旁边就是一辆古董坦克，它的炮口仍然对准了乌克兰。小学生们手里用线牵着五彩缤纷的气球，迤逦而行，队伍像一条彩色鳄鱼。他们唱着爱国歌曲，从学校出来，三三两两从我们身边经过，去那座有着洋葱般拱顶、如今已然颓败不堪的阴沉沉的老东正教堂远足。我们在村里各条街道上游荡，对那些有着芥末黄墙壁和浅灰色白铁皮屋顶的单层木头别墅赞叹不已。晾衣绳挂在房屋之间，上面晾满了明晃晃的衣服。每座房子都有外悬出去的屋顶，和经常需要通过精心制作的木头阶梯登上去的游廊。屋前大花园里的果园，种植着几棵绝好的老苹果树，枝干扭曲，多年未修剪。这个地方有种摄人心魄的寂静：正常的外表下，涌动着无比的荒凉之感。人们从窗子或门口朝我们看，或从后院的劳作中直起腰来，但没人打招呼。他们对外人的警惕深入骨髓。

在村子远端，我们找到了安奈特父亲学生时曾干过活的锯木厂。所谓锯木厂，无非是一把大圆锯和一个滚动支架，把原木引导到刀片上。松木和山毛榉木板堆在一起风干，几辆后头装着起重机的老旧军用卡车停在贮木场内木屑堆成的小山旁。四处不见一个人影，只有一条拴在链子上的狗。一个农家院子养着大眼兔，关在墙边的铁丝网围栏里，旁边停着一辆绝对是生产于苏联时代以前的拖拉机。这是一辆青铜时代的拖拉机，美丽、笨重、制作精良，到处是飞轮和滑轮，有着粗大的球根状的灰色阀盖，粗短结实的锡皮烟囱，和一把由办公室打字员办公椅改造而成的驾驶座椅。不管从哪一个角度看，它都像自己的传真影像一样朝着你若隐若现。这是巴里格洛德一件真正美好的东西：它是其主人独立精神的确证。一旦他发动拖拉机，行驶起来，必将所向披靡。

趁着等待去往萨诺克（Sanok）公交车的闲工夫，我们徘徊于犹太墓地，这里埋葬着数以百计无名的犹太人，他们都来自别什恰迪山区各个被残酷杀戮的村庄。坟墓都一模一样，唯一的标记是一颗大卫之星。覆盖群山的森林是健忘的：它们在那些村子里茂密丛生，将他们以前的存在完全隐藏。渐渐地，村子、树林和田野又有了人烟。波兰的这一地区，已经完成了艰难的重生，以前，几乎什么（残忍血腥的）事都会发生，如今，却几乎没有任何事情发生。在邮电局，安奈特给澳洲的父亲寄了一张明信片。尽可能地远离了巴里格洛德和关于它的记忆，他在新的地方优游卒岁。

凤头鹦鹉

一对掠过桉树丛的红尾凤头鹦鹉的刺耳尖叫，将我从时断时续的睡眠中惊醒。夜里，那布谷鸟一样的叫声，编织进了我的梦乡，不止一次把我吵醒。"一只夜布谷"，我迷迷糊糊地想，接着又睡过去了。这是布布克鹰鸮（boobook owl），鸮的一种，是沿着爱丽丝泉（Alice Springs[1]）以西麦克冬奈尔山脉（Macdonnel Ranges）这些干旱土地上生活的阿兰达（Arrernte）原住民的图腾。我仰面躺着，注视着这对巨大的凤头鹦鹉一起滑翔俯冲，雄鸟转过弯，停在沿着小溪生长的赤桉树上，红色的羽毛，在厚

---

1 澳大利亚最知名的内陆城镇之———译者注。

厚的黑色尾巴中闪现着。陆地沉入小溪的阴影中。我睡在维尔恰（wiltja，一种临时棚屋）里拉孜的老铁架子床上，裹在帆布睡袋里。这是一间侧面敞开的简陋庇护所，用四根柱子支撑，屋顶上铺着围篱树灌木的干柴火。圆拱形的蚊帐从屋顶垂下来，掖在睡袋里。我卷起帐子，坐着倾听不时从我头上掠过的粉红凤头鹦鹉狂野不羁的鸣叫声，它们上下打滚、翻飞，在晨曦中表演着高难度的杂技。其中几只短暂停留在离床脚 50 码远的一棵白干桉树细长、光溜溜的白色树枝上。它浅色、光滑的树干，在旭日照耀下，发出粉红色的光。在阿兰达歌曲中，白干桉树是一位跳舞的女人，讲述着关于这块土地创世的梦幻故事。这种树的优雅形态，实际上是一代代热恋中的粉红凤头鹦鹉雄鸟大献殷勤的结果：它们在树上筑巢，用强劲的鹦鹉嘴啄下嫩枝的顶梢，献给雌鸟作为爱情的信物，雌鸟总是彬彬有礼地接受这份礼物，然后趁雄鸟不在的时候偷偷扔掉。持续不断的修枝，使侧枝形成优美的弧线，并赋予整棵树以舞蹈者的流动性。树的后方，麦冬奈尔山脉，像一只梦幻般的巨大毛毛虫，一路延伸，在冉冉升起的朝阳中，闪烁着电流般的深红色、紫色和赭色。这是一只 250 英里长的毛毛虫。

这棵白干桉树散发着某种家庭般的、甚至是母性的气质，瞬间将我吸引。一两天之后，我才醒悟，原来它让我想起了萨福克家中的白蜡木：它也有着浅色而光滑的肌肤，筋腱优雅，一如风中的舞者。白蜡木的嫩梢和枝条，呈现出同样的拥抱姿态，倾斜着向着太阳羞涩地生长。晚上透过树叶观看月亮时，我注意到了这一环抱效应，树的每棵枝条，似乎都围绕着月亮编织成一个光环。

我正和朋友拉蒙娜·科瓦尔一起，在澳大利亚中部沙漠中漫游，并来到了爱丽丝泉郊外伊尔帕帕路沿线的灌木丛中，造访民族植物学家和自然资源保护主义者彼得·拉孜（Peter Latz）。沙漠旅行必须面对很多困难和不确定性，而拉蒙娜对滑稽事物的敏锐感觉和无穷无尽的幽默感，让我们能在周边的内地荒野中，时刻处于某种兴高采烈的状态中。我们脸颊绯红，拉蒙娜双眸湛蓝，一头蜷曲的金发瀑布般倾泻而下，在原住民眼中，我们一定是一对典型的白人佬。

　　她对滑稽事物的感觉自我而起。在我们"外出丛林"的首日，她不由自主地指着一棵树上一群虎皮鹦鹉，我略带着某种指导式的口吻跟她说，用手指可能会惊动它们，她应该用言语告诉我鹦鹉的具体位置，而且最好用嘴角说。自那以后，"三点钟方位的虎皮鹦鹉"成为我们的私人暗号，一遇到有趣的东西，我们就以此相互示意。

　　从某些方面看，爱丽丝泉是一个非常悲惨的地方，就像一个巨大的沙漠候诊室。不管去到哪里，原住民都无所事事地坐着或站着，好像在等什么东西。街道上，男人们走来走去，脸上的表情仿佛在说："螺丝刀该放在什么地方？"或者"我干吗来到这个房间？"他们挠着头，突然停下来，转过身，向着相反方向去了。托德河河床上尘土飞扬，原住民家庭用毛毯和棍子搭起了维尔恰露营，大街上和河床上扔满了触目惊心的人类遗弃物，它们都与格罗格酒和医院有关。许许多多原住民，尤其是女性，患上了糖尿病和肾衰竭，已经离不开医院，因而从离开镇子很远的沙漠各处赶过来接受治疗，或离透析机近一点。其他人就是为了市场里售卖的格罗格酒而来，因为它在沙漠分店是严禁销售的。

　　回到镇上，拉蒙娜和我会坐在地中海咖啡馆喝咖啡，这是当地大型非主流文化的总部。它的窗户上贴满了各种疏导疗法的小名片，从耳烛到原始尖叫，无奇不有。我们就这样坐着，看着这个遥远的另一世界熙熙攘攘而过。爱丽丝雅努斯双面的这一面，是一个沙漠里的托特尼斯（Totnes¹）。在粘在窗户上的名片中，有一家自称"除草女人"的园艺公司，但这些女人显然不是我们在大街上看到的那些一只手绑着石膏的原住民妇女。绑石膏的总是左手，因为当他们嗜虐成性的酒鬼丈夫打过来时，她们总是会下意识地用左手去挡。医院每天晚上都会治疗一大堆遭受家暴的妻子。出发前，墨尔本的一位朋友告诉我："爱丽丝就是一根时刻会燃起来的火绒。"

　　拉蒙娜还在睡觉，拉孜已经起床，拔除他小园地里的纤毛狼尾草。他跟这种无赖般的植物铆上了劲。它从南非漂洋过海来到本地，所到之处，脆弱

1　英国德文郡的一个镇——译者注。

的本地植物无一不败下阵来，颠覆了他挚爱的沙漠植物那微妙的生命平衡。每天，太阳尚未升得太高之前，他的第一件事，就是出门拔除一夜之间又冒出来的几平方英尺纤毛狼尾草。他单枪匹马坚持着这一仪式，尽管知道输多赢少。不过，他的劳作确实大有改观：充满感激的本土植物，再次出现在拉孜的野生园地里，他已经记录到了 127 个物种。

昨天下午第一眼见到的拉孜，是一个高高瘦瘦、满脸胡茬的家伙，光着身子躺在卧室的阴凉处，跟一位植物学家同行打着电话。他躺在一台疲软无力的吊扇下面，吊扇发出的声音，像高保真音响上播放的贝多芬交响曲，音调柔和，堪堪能听见。来到屋外，在帽檐的阴影下，他冰蓝色的眼睛闪烁着宁静的调皮神情。拉孜是一位民族植物学家，一辈子都住在澳大利亚中部的阿兰达乡间。他比任何人都更了解火和原住民对火的传统运用。他对沙漠和澳大利亚中部广大地区内的每一种野生植物、灌木或乔木都了如指掌。他的权威著作《丛林野火和丛林食物》（*Bushfires and Bushtucker*），考察了皮坚加加拉人（Pitjantjatjara）、瓦尔皮里人（Warlpiri）、阿兰达人、宾土比人（Pintupi）和其他澳大利亚中部地区原住民对于植物和火的使用，从书名就可一窥其激情。他应当知道：他在赫曼斯堡（Hermansburg）原住民社区里的西阿兰达人那儿长大，这个地方距离爱丽丝泉 75 英里，当时要在骆驼背上走好几天时间。他父亲是一位工程师，每隔 5 英里在地上凿一个深井，把水抽到遍布乡间的淡水供应系统中。拉孜会说阿兰达语，并熟知原住民的习惯和技能。他说，红尾风头鹦鹉是他的图腾动物，他的梦幻。它总是和火联系在一起。

人人都叫他拉孜。他住在爱丽丝泉郊外 12 英里一所他离婚后自建的房子里。他有意把房子建得小而简陋，以便尽可能多地到户外活动。房子时单层的，带走廊，铺着瓦楞屋顶，放着集雨桶，有两间卧室、浴室、厨房和兼做书房的起居室。房子建好之前临时居住的旧大篷车仍放在屋外，里面爬满了赤背蜘蛛、白尾蜘蛛、蝎子和稀奇古怪的蛇。大篷车本来是为来访的客人准备的，但蜘蛛们鸠占鹊巢，结起了拒人于千里之外的网。一只伯劳鸟每天坐在厨房窗户外的空调外机上，唱着甜美至极的歌声，你根本无法猜到，它是一位冷血杀手，用喙戳刺猎物，把它们的尸体挂在自己位于多刺疏林的肉丝储藏室内。它最近甚至把喙从鸟笼铁栏杆间伸进去，企图暗杀邻居家的虎皮鹦鹉。它像一位手艺人一样，边干活边吹着口哨，发出爵士笛般忽高忽低的啸声。

屋内，一台铸铁克朗代克大肚火炉立在角落里，一个瓶子里，插满了红尾黑风头鹦鹉雄鸟红黑相间的尾羽。墙上挂着拉孜原住民朋友画在硬纸板和木板上的点彩画。其中最显眼的一幅是诺斯佩格（Nosepeg）画的。他是一位来自西部沙漠的宾土比老汉，曾见过女王陛下，自我介绍为"宾土比人的国王"，以求与女王平起平坐。诺斯佩格的梦幻是枭，就是我夜间曾听到鸣叫的布布克鹰鸮。第一批白人定居者把布布克鹰鸮叫作布谷鸮（cuckoo owl）；阿兰达人则叫它阿库拉夸（arkularkua）。这声音听上去和我们的幼儿园老阿姨阿克拉很像，让我觉得自己和这种鸟心意相通。诺斯佩格的画，用土红作为底色，画在一块两英尺长、两英尺半高的硬纸板边料上，他以梦幻者的俯瞰四教，描述了自己的梦幻，他的枭的家园：一座山岗，山顶上有个水潭，十条裂缝或曰山谷，从顶峰处像花瓣一样流泻而下。拉孜说，画里的绿点是围篱树丛，一种在遍布石头的平原上到处生长的金合欢属植物。遍布于光秃秃的荒凉岩石和山坡沙砾上较小的赭色点，是一丛丛的三齿稃。较大的土褐色点，代表了火烧过的乔木和灌木的树桩，以及烧焦了的草根。混合着绿色、黄色、白色和褐色的点状区域，展示了最近刚刚烧过的地方，植被又开始在那里生长。画作最上方和最下方的六个点状圆圈，代表着六个水潭，它们或许离山岗很远，诺斯佩格和族人必须长途跋涉才能到达这些水源地。在画作右下方的一个水潭，与其他水潭有着明显区别，画得也更为精细，说不定具有更神圣的地位。

画作没有加画框，用钉子歪歪斜斜挂在墙上，我挺喜欢这个样子，并且寻思，诺斯佩格为什么会把自己的秘密，暴露在一幅白人佬可能会看到的画中。不过，或许这正是他要达到的效果：以圆点为编码，制造一个谜，让我们一直不停地猜测、想象。这就像一张古代世界地图，诺斯佩格通过绘图的方式表达了自己所看到和体验到的世界：他的鸥鸮故乡。让我特别喜欢的，是它把风景作为某个单一有机体进行抽象描绘，就如显微镜下看到的植物茎干切片，每个点都代表着一个细胞。它让陌生的风景变得更加陌生，待在拉孜房子里的第一夜，我的眼睛简直无法从它上面移开。它所表达的内心生活和观看世界的方式，和我本人的迥然有别，我越看越觉得，它那些画上去的像素点，像一个谜语或一座迷宫一样，挑战着我的理解力。我发现，悬挂这幅画的方式，可谓恰如其分：这是原住民对待事物的方式。他们不习惯给物体赋予太多纯粹金钱上的价值。这些画作在国际艺术市场上售价高昂，这一事实，据说成了许多画家本人私下消遣的笑谈。

厨房墙上挂着一顶针织羊毛无檐便帽，拉孜喜欢在沙漠寒冬中拉下帽子遮住耳朵。在它旁边，是一个永久性的清单，上面罗列着"外出丛林"远征时需要随身携带的东西：帽子、手电筒、睡袋、书。毛巾、衣服、帆布背包、眼镜。胶卷、便携式冰盒、照相机、鞋子、芦荟汁、植物采集压制板、日记本、地图、备用相机和电池、热水瓶。沙漠里下了数年之内的第一场大雨，拉孜打算去看看植物有什么变化，哪些乔木和灌木已经开花、结果。

第二天，我们驱车前往爱丽丝泉，购买西行格兰·海伦峡谷（Glen Helen Gorge）和芬克河（Finke River）所需的冰块和给养。回到拉孜的院子，我们把睡袋、蚊帐、帆布背包、野营装备和他最心爱的植物压制板。我们把水罐、冰块和生食塞进冰盒。拉孜坚守着澳大利亚中部沙漠的优良游牧传统，大部分时间都花在路上，或者倒不如说，在一辆四轮驱动汽车里悬空在路上：大部分露营装备，我们只需直接从车库箱子里提上车就行了。甚至还有一张折叠桌，每人还有一张帆布椅。看到汽车，就足以让我燃起绿色环保主义者的义愤，不过，随着我们挤在这辆满身灰尘的大货车的驾驶室里启程出发，沿着崎岖不平的山路一路向西，蹚过沙漠大河休伊河、埃勒里河以及芬克河，突然之间，它似乎成了世界上最自然而然的交通工具了。

接近格兰·海伦峡谷，芬克河在此穿越麦冬奈尔山脉的缺口，往南流向辛普森沙漠（Simpson Desert）和艾尔湖（Lake Eyre）。我们折向北面，溯河而上，沿着它上层河床的石头和沙子，在高大的赤桉树中间蜿蜒前行。芬克河据说是世界上最古老的河流。一百万年来，它的河道都没有变过，并曾经和亚马孙河一样浩荡。随着中部地区的死亡，它大部分已经转入地下，但沿着河道还有一些水潭通常保存着河水，大雨之后，河水还会定期泛滥。一两周之前的雨水已经让芬克河重绽生机，我们宿营地附近的一串小溪，注满了深而清澈的河水。赤桉树总是描绘着河道的轮廓，沿着河岸和多沙的河床生长，不仅时不时地抵御着深深的洪水，而且也需要这些洪水。来到这一方向的早期内陆探险家，如托马斯·米切尔（Thomas Mitchell）或恩斯特·贾尔斯（Ernest Giles），很快就学会从沿岸生长的赤桉树来辨认前方地貌中的河道。

沙漠生活中，干渴是自然条件，人们，人们总是通过树木来标记水潭，有时候，它们本身就是水源。他们在树干上的小洞里放一块石子，在树皮上刻一个记号，或把树干涂成赭石色。这意味着两件事中的一件：要么你可以在树附近挖到水，要么树本身蕴含着从树枝上滴落下来的雨水，并贮留在空树干的冷却槽里。你可以用一根中空的茎干把水吸出来，或者把草团成球，插在木棍顶端，做成拖把状伸进去。作为赫曼斯堡长大的孩子，拉孜和朋友们外出漫游时从不带水，因为他们知道在哪儿能挖出水来。还有其他办法从树上找水。托马斯·米切尔记述了对这一不毛之地的一次远征，他是这么说的：

原住民如何在这焦渴之地生存下去，乃是问题所在。我们发现，在许多树的周围，树根被挖了出来，上面没有树皮，并且被切成短棒和木块，不过那时候我们不清楚这样做的原因……我说自己很口渴，想要水喝。看上去他们似乎明白我的意思，于是马上继续刚才的工作，我发现，他们挖树根是为了喝里头蕴含的树液。似乎他们先是把树根切割成木块，然后剥掉树皮或外壳，有时候也放在嘴里咀嚼，接着，他们举起木块，把一头塞进嘴巴，让汁液自己流进去。

还有一个类似的方法，即把树根切削成三英尺长，让它们立在一个容器里过夜，最靠近树干的切削端总是方向朝下。在 1889 年出版的经典之作《有用的澳大利亚本土植物》（*The Useful Native Plants of Australia*）一书中，梅登（J. H. Maiden）描述了一种叫作 beal 或者 bool 的饮料，用塔努克斯（tarnuks，"每个帐篷里都能见到的"的一种大木碗）把山龙眼或铁树的花浸渍在水里制作而成。

我们在河岸较高处一丛巨大赤桉树树荫下的沙地上宿营，小心避免处于任何树枝的正下方：它们经常会突然折断。夜幕降临以前，沙子烫得无法赤脚去踩，入夜以后，却变得柔软而湿润，每颗沙砾都被漫长的时间磨得滚圆。我们此前在路上经过一个围篱树丛时停下来收集了枯枝作为柴火。大量死木头的碎片被河水冲到了左岸，散落在帐篷周围，但木头气孔里充满了沙子，烧起来并不顺畅。围篱树烧起来又旺又热，留下的灰也是烹煮的好材料。

河床上灼热的沙子50码开外的地方，有一个清澈的深水潭，我们在里头游泳。在河对岸一棵赤桉树树顶上，一对楔尾雕正在筑巢，抓住大批鸟类和动物麇集于河边的大好时机。我仰躺于水面上，凝视着其中一只楔尾雕。我们也动手捕鱼，并抓到了亮斑哼哼鱼（spangled grunter）和澳洲鲈鱼，大雨之后，澳洲鲈鱼从休眠的鱼卵中孵化，生长速度惊人，突然之间挤满了芬克河中的水潭。拉孜说，芬克河里生长着10~11种不同的鱼类，它们都具备一切沙漠动植物共有的机会主义能力，抓住雨后的宝贵时机。它们孵化，以令人惊讶的速度生长、繁殖，并在沙中产下更多的卵，让它们的物种能熬过下一次干旱存活下来。

我们选来遮阴的赤桉树，树干直径至少有6英尺，覆盖着撕裂的红色树皮，一条条垂下来。它足有60英尺高，宽度也差不多，斑驳而微红的上层枝条，在浓密的树叶中扭转弯曲成巴洛克雕塑的形状。大树由于在上面筑巢的虎皮鹦鹉和环颈鹦鹉而生机勃勃。每对鸟儿占据了中空树枝连接树干的一端，这种树枝是天然的迪吉里杜管（didgeridoo[1]），内部被受到桉树树液中糖分吸引的白蚁蛀空。这种风琴管效应似乎放大了鹦鹉的大合唱，而原本我一直以为鹦鹉是一种十分招人讨厌的鸟，整天腻腻歪歪、爱出风头，啄

1　澳大利亚土著使用的一种乐器——译者注。

着鸟笼里一面小镜子。我们好像露营在一家英国宠物店下面。像其他鹦鹉一样，虎皮鹦鹉用喙和爪子爬过整棵树，通常是从上到下倒着爬。它们像一阵绿色的狂风，沿着河床盘旋、俯冲，然后消失在树叶里，激动得叽叽喳喳叫着。它们是游牧性的鸟类，当感知到某个地方有雨水和食物，就一群群地长途跋涉，横穿澳大利亚前往筑巢、繁衍。拉孜说，这些桉树的巨大根系，在洪水期间一天能吸收一吨水送到树上，以确保下次洪水泛滥到来前树木生长所需的水分。根据梅登的说法，赤桉树因其强度和耐久性而具有很高价值，特别适合用作潮湿地面上的桩和柱子。他写道："它还用于造船、铁路枕木、桥梁、码头和不计其数的其他场合。这种木材干燥后极其坚硬；这就限制了它在家具方面的用途。"这一乔木坚韧、强劲、曲折的习性，使它特别适合用作木船的膝和弯头。

拉孜的植物学家朋友戴夫·阿尔布莱希特和妻子萨拉，带着他们的小女儿爱莉米娅加入了我们的营地，我们享用了火上烘烤的美味的亮斑哼哼鱼，这堆篝火一直燃着，既用来照明，也作为睡前茶点的伴侣。它还能防范蚊子。

借着围篱树丛，我支起了从拉孜那里借来的蚊帐，悬挂在我的睡袋上方，然后钻进去，像一位巴夏（pasha[1]）一样朝天躺下，透过精美的薄纱，凝视着夜空。蚊子在蚊帐外排着队嗡嗡叫着，却进不来，我不由得暗自得意。接着，我打量起了蚊帐本身，发现上面有几个香烟灰烧的破洞。我赶紧处理了一下。次日，拉孜坦白说，他过去确实常常躺在睡袋里抽烟，后来放弃了，改为嚼皮特尤里（pituri）。它是澳大利亚原住民惯用的上好兴奋剂，由四种烟草属（Nicotiana）皮特尤里植物之一的干叶子，和至少十二种其他植物或乔木（包括茶树）的灰混合调制而成。烟草属皮特尤里，自然和商用烟草同一属。野生烟草（nicotiana gossei）是烟草属中最珍贵的种，其次是 nicotiana excelsior。根据拉孜的说法，灰似乎能通过嘴唇处较薄的组织，甚至可能通过耳朵后面（烟草不用时，通常夹在这儿）的皮肤，

1　对奥斯曼土耳其帝国高级官员的尊称——译者注。

促进尼古丁快速吸收至血管中。皮特尤里可能是沙漠地区的原住民中间最重要的贸易品了，至少一直到 1940 年，还会运送到很远的地方，因为拉孜还记得，一个叫塔冒祖（Tamulju）的赫曼斯堡男子，和人种学者阿瑟·格罗姆（Arthur Groom）探险回来，骆驼背上就驮着野生皮特尤里叶。有一阵子，他成了有钱人。拉孜在麦冬奈尔山脉寻找 nicotiana excelsior，多年徒劳无功，后来一场野火烧掉了某座石灰岩小山上的三齿稃，烟草属植物很快就从那里萌发出来。它们的种子一直埋藏在这里，等待时机。拉孜说，在罗利爵士（Raleigh）把烟草带回欧洲之前很久，原住民似乎就一直在利用这些植物当中蕴含的尼古丁了。

破晓时分，其他人还在沉睡，我挪出睡袋，悄悄漫步在柔软的沙地上，打量着地上那精致的花边，那是昨夜各种动物留下的踪迹：石龙子、巨蜥、蛇、小更格卢鼠、甲虫、千足虫。斜射的朝阳沿着沙地的轮廓勾勒出淡淡的阴影，随着细沙在微风的吹拂下恢复平整，这些阴影很快就会像梦一样蒸发。我在笔记本上画了一方被侵蚀的沙漠，回想着萨福克冬日雪后外出来到牧场上的激动。人们有时把沙漠描述为"无路可走"，不过，当然没有这样的事。沙漠生活的艺术，尤其对小动物而言，是在体内保留尽可能多的水分，因而，它们一般住在凉爽的洞穴里，只在夜间出来活动。沿着耸立于营地上方的沙脊，我发现了一条澳洲野狗的新鲜踪迹，它躲在营地的阴影里，希望能找到些食物残渣，但一直避人耳目。

我回来的时候，拉孜正用金属罐在营火上煮东西，拉蒙娜在河中游泳。拉孜关于原住民文化谈得越多，我就越是意识到有多少宝贵的东西已经失去。他和赫曼斯堡的发小很早就成为沙漠植物学家。澳大利亚中部地区所有游牧民为了生存，不得不成为第一流的植物学家和生态学家。他们需要知道哪些植物、水果或种子可以吃，哪些部分比较有营养，哪些植物有毒，或可以作为狩猎用的毒物，哪些植物需要煮熟了吃，哪些植物能用来治疗特定疾病，哪些植物具有宗教含义，能够在典礼仪式上使用他们需要知道如何从乔木的根系和空洞或植物的茎干里汲取水分，如何从藏在树里的各种幼虫获得蛋白质或糖分。经常能在赤桉树树干里找到的一种木蠹蛾的幼虫，是传统食谱上的重要一员。拉孜记得孩提时和小伙伴们先定位它们的凿洞，再用卷曲的风车草带钩的坚硬茎干把它们钓出来，仅仅半个小时就轻轻松松从一棵树上抓到 25 条木蠹蛾幼虫。赤桉树还提供了原住民的库拉蒙，这是用树干或树根雕刻的盛东西的碗。拉孜在赫曼斯堡的阿兰达发小们几乎没有人还活着。他悲伤地说道："格罗格酒要了他们所有人的命。"

　　拉孜和戴夫挑选我来携带植物压制板，我们启程穿越矮树沙漠，前往一个遥远的土丘泉眼，我的同伴们认为，雨后，那些说不定会冒出一些有趣的植物。我们从三齿稃丛中觅路前行，这是一种像豪猪刺一样直立的茂密杂草，遍布澳大利亚中部沙漠，说不定是野火促进了它的繁盛。围篱树是分布最广的乔木或灌木，丛生于坚硬、布满砾石的红土上。两种植物对沙漠原住民的生活都具有核心意义：围篱树种子富于营养，木质坚硬；通过研磨、加热三齿稃富含树脂的茎干，能得到塑胶和填充剂。围篱树的木头生材时很容易加工，但干燥后变得坚硬、不易开裂，因而是制作各种工具的最重要材料：标枪叶片、飞旋镖、盾牌、挖掘棒、扁斧、搏击棍、长矛和圣石（tjuringas）。即便是其嫩枝燃烧后的灰，还能与皮特尤里混合。作为一种金合欢属植物，围篱树的豆荚里包含着大量的种子。把这些种子清洗、烘烤，磨成粉制作成面团，模样和吃口像花生酱，也和后者一样富含营养。

　　我们缓慢前行，一边走一边研究采集植物，不时把标本植物夹进采集板内，而拉孜则记下笔记，进行编号。那天，他的编号已经到了 15,418 号。那是他在 25 年间采集的植物数量。"其中大约 40 种是新发现的物种"，他补充道。甚至还有一种金合欢属植物以他的名字命名为"拉孜金合欢"（acacia latzii）。所有这些植物和乔木对我而言都是陌生的，在拉孜和戴夫告诉我它们的名字以后，我试着想象，自己看待它们的眼光，与知晓名字前有什么不同。知道了名字，意味着正式引见给了它们，似乎让我与它们近了一步。这和结识人差不多。

　　我们在灌木走廊中间觅路前进，避开悬挂其上的亮绿色、宝石般的金蛛织的网。我们吃着红醋栗甜甜的小黑果子，发现了野生香蕉、野生西红柿和沙漠乳香林，它的香味晚上吸引着飞蛾。当我们到达目的地，含盐的土丘泉眼似乎在炎热中流汗，水流沿着小冲沟渗漏滴流下来，紫色的 cryola 给砂砾染上了颜色。除了一度生活于此但如今已灭绝的兔袋鼠，其他所有动物都喜欢吃这种植物。一只娇小的沙漠鹩鹩像一扇吱嘎作响的门一样唱着歌。澳洲野狗也在舔舐水和盐，并留下了足迹。蜘蛛留下的又白又小、火山口一样的洞，在沙漠海篷子下面泉水的沙地渗流上突兀而醒目。沙漠海篷子是另一种有用的可食植物，我们吮吸着这一红宝石般的含盐灌木的小红果子，原住民小孩把这些果子当作糖果食用。泉眼那头，我们发现一个长满了腰卡（yalka）的天然大碗。腰卡是一种长着草绿色叶子的莎草，它的根是小小的、吃上去像坚果的球茎。把它们盛在木碗里，杂以热炭，轻轻翻动，就可以把它们烤熟。沙地上遍布着蛇、石龙子和巨蜥的洞穴。我们看到的几乎任何东西，都有某种用途。一棵身姿苗条优雅的铁树，被黑压压一大群行进中的幼虫包裹了起来。拉孜说，在原住民医药中，它们吐出的丝被视为第二皮肤，是处理包扎烧伤的绝佳良药。

"假定你看不到一棵树，怎样才能找到水呢？"我问拉孜和阿尔布莱希特。"那你就得杀死一头小袋鼠（wallaby）或别的什么动物，用足够的盐在肉上摩擦，让水渗出来。沙漠里总是能找到盐。然后把自己藏起来，注意观察。迟早，会有乌鸦落下来，对着咸肉大快朵颐。盐分让它口渴，它就会飞往最近的水潭。乌鸦总是直线飞行。你跟着它，保持直线。最终你会发现水源。"

那晚，围着篝火，拉孜借着头灯的光坐着撰写植物笔记。他聊着芬克河，说它在洪水泛滥是多么可怕，洪峰所到之处，能把遮天蔽日的大树连根拔起。当它最初注入干涸、多沙的河床，河流用一条一英尺的细长水舌探路，在洪水墙之前漫不经心地流过沙地。赤桉树等待着这一刻的到来，打开种皮，将数以百万计黄色的小种子撒入奔腾的褐色水流中；它们搁浅于洪水的外缘，在有机废墟中生根发芽。成年女性和女孩子们把种皮两端折叠起来，用一根嫩枝塞进空的坚果里，装饰她们的头发。她们还把一束束赤桉叶子卷进胳膊和腿上的绷带里，典礼舞蹈时发出有节奏的咔嗒声。

拉孜说，有朝一日，他将在洪水中乘着筏子漂流芬克河，从它在塔纳米沙漠以南的发源地，一直漂流到辛普森沙漠，然后继续沿着马坎巴河（Macumba River）漂流进浩瀚的艾尔湖。在我们凝视着火苗，沉浸在梦想和回忆中的时候，火的效果开始体现出来了。几天前，我和拉蒙娜在200英里以外一个覆盖着优雅至极的沙漠木麻黄树的平原边缘的的沙丘中宿营，我们坐在营火前，三四英尺长的巨大白色千足虫一条条从沙漠的黑暗中现身，围着营火疯狂地舞动追逐。受到火的激励，它们几乎跳到我们的脚趾上，我们下意识地缩回脚，并没意识到，它们的叮咬非常疼痛，而且有毒。

拉孜开始聊起了各个大沙漠：辛普森沙漠、吉布森沙漠和塔纳米沙漠，他喜欢去这些沙漠，一次几个星期，有时与从皮屁股沟（Letherarse Gully）画室徒步而来的艺术家约翰·沃斯利（John Wolseley）结伴而行。拉孜厨房墙上挂着沃斯利的照片，他戴着宽檐"烤不赖"帽（Akubra），穿着棉背心，坐在从围篱树丛延伸下来的帆布被单维尔恰外画架前的帆布椅上。在一次结伴同行的探险活动中，沃斯利请求拉孜带他前往吉布森沙漠，因为他想画它。他们走到哈斯特断崖（Hasst Bluff）西面扎营，从那里，沃斯利继续前行，花了整整一个星期低头描绘某种罕见的沙漠植物，眼皮都不抬起来看一眼地平线。他逐渐熟悉了这个地方，被它深深吸引，像以往一样，专注于细节，凭着艺术家和博物学家的本能，在适当的时候提供联系和总体印象。另一次，他把画布埋在沙漠里，一年以后再来发掘。这是沃斯利的工作方式：在一个地方扎营，连续不断工作数星期甚至数月，每天写日记，将他所遭遇和观察到的所有自然现象事无巨细地记载下来。通过富有耐心地慢慢获得与这片土地的亲近感，沃斯利发展出了某种融合性的艺术：一种更加接近于原住民观察和感觉方式、同时又充满科学细节和无穷好奇心的绘画语言。

聊天慢慢转到了凤头鹦鹉。我们谈到了住在悉尼的共同好友托尼·巴雷尔（Tony Barrell），他拍了一部乔·库克（Joe Cocker）的弟弟、一位个性张扬的昆士兰人的纪录片，片子的名称叫作《我也是一位库克》（"I'm a Cocker Too"）。库克的侄子贾维斯已经答应，在他下次巡游澳大利亚时帮他拍一部续集。托尼说，他想给续集起名为"我也是一位库克2"。

夜已深。虎皮鹦鹉们都已在头上的赤桉树上沉入梦想，河床某处，枭又开始叫唤。我们沉默不语，拉孜向后斜躺着，打着瞌睡，做着梦，像他梦中的火鸟——红尾黑凤头鹦鹉一样，栖息在余烬前面的椅子上。

乌托邦

周日是约定好的猎取丛林李（bush-plum）的日子。拉蒙娜、茜奥、克玛尔和我半夜就起来了，着手准备依据风俗需随身携带的一大锅野餐用的肉汤。一两天前，拉蒙娜和我驱车前往位于爱丽丝（Alice）150 英里以外乌托邦（Utopia）地区偏远的原住民社区，在那儿与她的朋友茜奥待在一起。茜奥是乌拉盘特加（Urapuntja）卫生所的护士。"那里才不是乌托邦呢"，爱丽丝加油站的那个男人这么说。茜奥说，乌托邦原来是这里一个养牛场的名字，它要么表达了早期定居者天真的乐观心态，要么就是很高明的嘲讽。托马斯·莫尔（Thomas More）爵士用拉丁文写成的一部出版于1516 年、标题意为"乌有之城"的书，不可能是这里的人们首先想到的东西，当然，除非你实在闲得太无聊了。

几头印第安模样的牛，仍然游荡在乌托邦周边的丛林里，寻找零星的荒漠草地，但整个地区多年前就已经被啃食得几乎寸草不生了。乌托邦人，多数属于阿利亚瓦尔（Alyawarre）和安马泰耶尔（Anmatyerre）两个部族，因其画家而驰名，特别是一群女性艺术家，包括已故的艾米丽·凯姆·克恩格瓦雷耶（Emily Kame Kngwarreye）。她的作品在墨尔本（Melbourne）的维多利亚国家美术馆（National Gallery of Victoria）和世界各地主要展览中占据着首屈一指的地位。尽管艺术如今是乌托邦的主要经济活动，原住民艺术也成为国际艺术市场上有利可图的领域，但乌托邦似乎没人因而变得特别富有。据说，艾米丽的绘画每天都为她带来成千上万美元的收入，但她总是把这些钱分送给依赖她生活的那个有八十来个亲戚的大家庭。她去世时，睡的还是乌托邦那间柏油帆布临时屋（wiltja）内的那张旧床。在爱丽丝，著名画家克利福德·泡森·贾帕尔加里（Clifford Possum Tjapaltjarri），如今住在托德河（Todd River）干涸河床上的一间小棚屋里，绘画赚来的所有钱，都花费在不计其数的亲戚身上了。

　　克玛尔是一位三十多岁的路德派传教士，独自一人住在卫生所那边荒地上的一辆大篷车里，他在这里准备把《旧约》39卷翻译成本地两种主要语言之一的阿利亚瓦尔语。他是一位出色的旅伴：善良、风趣、精通多种语言，很了解原住民的生活方式。在一位名叫弗兰克·泰勒的阿利亚瓦尔老人的帮助下，他目前翻完了《出埃及记》。老人每天到他的大篷车里坐上四个钟头，一起探讨文本。还有37卷等待翻译。克玛尔是四个最主要的阿利亚瓦尔名字之一，他是临时授予的传教士，看样子会坚持下去。克玛尔的真实名字大卫，决不能随便提起，因为社区里一个名叫大卫的人刚刚去世。同样原因，茜奥厨房餐桌上一本关于乌托邦女性画家的书摊开着，里头有几页遮盖了起来，因为上面有一位死者的名字和照片。这就是原住民社会的规矩。

　　还有一个规矩是，在丛林李猎取活动中，自然应当由白人准备运输工具和肉，最好事先准备好，并在汤锅里炖好。作为散居于乌托邦地区25个分部和家族集团的2000名阿利亚瓦尔人和安马泰耶尔人组成的社区的护士，茜奥对每一个人都了如指掌。她的狗名字叫米切尔，是一条黑色的牧牛犬，躺在前门门垫上，耳朵尖尖的，非常灵敏。乌托邦到处都是狗，大部分有一半的澳洲野狗血统，看上去饥肠辘辘。

　　我们把肉汤和野餐用具放进两辆丰田皮卡，行驶到异叶瓶木营地（Kurrajong Camp）接其他人。一群狗出来迎接我们：三四十条肮脏、皮包骨头、漫无目的的生灵，几乎在我们车轮底下跑着，在尘土中翻滚，啃着身上的虱子，成群地围着营地漫游，徒然地渴望某种行动。四个男人坐在一辆支撑在轮毂上已经熄火的猎鹰500（Falcon 500）轿车车顶上。铁树林里，有更多的轿车在锈烂。一辆老旧的霍顿（Holden）车停在太阳底下，车上装满了干柴火，像狙击步枪一样从车窗里伸出来。

我们发现玛丽·克玛尔坐在棚屋里一张大床上，床架在一个生锈的行李架上，底下垫着几个十加仑容量的油桶和一些轮毂。"吃的带了吗？"她问道。"带了，很多"，茜奥答道。孩子们骄傲地带着我们去看住在一张床底下地洞里的一窝新生的小狗。他们把手伸进洞里，一直到腋窝处，或抓着腿，或揪着耳朵，笨拙地把尚未开眼的小狗一只一只拎了出来，供我们瞻仰。一只模样显眼、尾巴巨长的虎斑猫，和她的小猫们躺在树下另一张床底下。"这个国家有些地方狗是圣物，没人敢碰这些狗"，茜奥说。狗享有圣牛的地位。"警察有时会射杀一些，但长老们会叫警察走开"。克玛尔说，在常常在室外举行的教堂礼拜活动期间，群狗会突然激烈地扭打成一团，人们只好退避三舍。女人们和狗睡在一起，在寒夜中取暖，因此就有了"两只狗的夜晚""三只狗的夜晚"这样的说法，形容寒冷的程度。所有的狗都有名字：艾米、小红、小白，人人显然都很喜欢它们，尽管它们身上说不定携带着疾病，不过，大家对此也没什么概念。"为什么每年在原住民保健项目上花费高达 8.5 亿澳元，却没有花一分钱派几个兽医来关照一下这些据说对原住民'具有文化重要性'的狗？"茜奥质问道。

玛丽显然是营地里地位较高的女性，她把朋友们叫过来。启程之前，我们一边坐着聊天，一边轻抚着小狗们。我们算得上浩浩荡荡的一群了。能说一口流利的安马泰耶尔语和阿利亚瓦尔语的克玛尔，充当我们的翻译。拉蒙娜的一个学医的女儿，这些年一直在乌托邦卫生所工作，因此我们受到了热烈的欢迎。除了玛丽和茜奥，我们的狩猎小组还包括奥黛丽、莉莉、翠西、凯丽、凯丽的婴儿塞里克和奥黛丽的妹妹萨拉。女人们一直载歌载舞，庆祝到深夜，依然兴致高昂、欢声笑语。大量的酸奶罐，被匆忙扔进塑料袋，作为采果子用的库拉蒙（coolamon）。我们把东西塞进两辆皮卡就上路了。

"可哇提，"玛丽指着北面晴空中正聚集的一丝云彩说道。她认为一两天之内可能会下雨。"可哇提"指的水或者云，在阿利亚瓦尔语中，下雨叫"可哇提恩特维耶尔"（kwatyrntweyel）：水在跳舞。

我们沿着一条坑坑洼洼的小路，驶入点缀着三齿稃、围篱树丛、白干桉树和白蚁丘的开阔沙原。什么东西都逃不过女人们的眼睛。她们从移动的卡车上看到了巨蜥的脚印，甚至讨论着它们的肉有多新鲜，值不值得去追逐大眼斑巨蜥。车子经过一个弯道，路边有一棵枯死的软木斛，我不得不急打方向盘，避让一辆横亘在路中央熄火的霍顿汽车。突然，女人们大叫："阿卡泰耶尔"，让我们停车。路的两边长着丛林葡萄干，大家都爬出车外，把已经枯干的褐色水果装到酸奶罐里。沙漠葡萄树开着紫花、长着软叶，约莫一英尺高，实际上是西红柿家族的一员。和众多其他沙漠植物一样，它完全依赖周期性野火而生存，假如没有定期的焚烧，它就会彻底消失。

回到丰田皮卡，我们驰骋于乡野中，在赭色土砖似的白蚁丘中间蜿蜒穿行。这些白蚁丘两三英尺高，有如高迪建造的矮护墙，像混凝土一样坚硬。我们还不得不避免被开裂的树根和三齿稃刺伤的危险。当威廉·丹皮尔（William Dampier）于 1699 年驾着他的"雄獐号"（Roebuck）在航海途中首次看到白蚁丘，误以为是岩石。他写道："有几个像圆锥形干草堆一样的东西，矗立在热带稀树大草原上，刚开始我们以为是房子，看上去就像好望角霍屯督人（Hottentot）的房子，但最终我们发现，它们是许多岩石"。

女人们指着远处的一圈树木和灌丛，再次爆发出一阵叫喊。"奥克瓦"：丛林李。我们在滑雪道外更多的石笋状白蚁丘中穿梭，向着那 10 英尺高的丛林驶去。果然，它们挂满了和小橄榄差不多大的成熟的黑色果实。沙漠檀香（Santalum lanceolatum）是整个澳大利亚中部地区的原住民非常重要的食物来源，它的果实含有高浓度的维生素 C。它也是阿兰达人的图腾植物，即便如斯特雷罗（T. G. H. Strehlow）在《澳大利亚中部之歌》（Songs of Central Australia）一书中所言，它的圣地，丛林李的至圣所，已经被早期的欧洲定居者亵渎了。

铺开野餐毯子、点起篝火前，女人们折下围篱树枝做扫帚，一丝不苟地清扫树周围的多沙地面。我们人人动手收集围篱树枯枝，火很快点了起来。当小火炉聚集起足够的火苗，玛丽和她的朋友们把汤锅架了上去。玛丽坐镇指挥，很自然地掌控着烹饪事宜，好像她前一晚上就已经在热炉子前忙乎了一夜似的。打扫地面这一举动，雄辩地向我证明，这些游牧民是如何深深地将沙漠视为自己的家园。她们小心翼翼清扫着红土，就跟我清扫家里的厨房一样。原住民对蛇类有种病态的恐惧，不管多临时的营地，他们也会把周围清扫得干干净净，这样，蛇的踪迹可以显现在尘土上。玛丽和克玛尔谈起了最近发生在她们营地的一场露天礼拜会的故事。会众们正在全神贯注地吟唱路德派圣歌集上的歌曲，突然，有人发现了蛇的踪迹。礼拜活动当即停止，大家寻找到这条蛇并把它杀死。原住民打蛇的办法是用石头扔，一扔一个准。

　　肉汤在发光的围篱树下冒起了泡，玛丽仔细地向拉蒙娜、茜奥、克玛尔和我交代用酸奶罐库拉蒙采摘李子的方法。在女人们挑剔的目光下，我们的表现差强人意。果子老是粘着我们的手指，不肯掉进罐子里，很快，我们身上就沾满了成熟丛林李黏糊糊的紫色果肉。我们的同伴们却令人惊讶地突然对果子失去了兴趣，她们宁愿围着篝火休憩，传递着汤勺，以行家的神情品尝着肉汤。当我们携着塑料库拉蒙满载而归，里头的果子很快被倒入炖锅和马口铁罐。果子是甜的，但略显寡淡，里头能嚼到小石子儿。小塞里克吃得太多了，但在原住民家庭里，教训孩子不是母亲的事，而是父亲、姑妈或祖母管的，他们比母亲、姨妈和外婆更有权力。母亲绝不会惹孩子哭。在这个团体里，玛丽具有绝对的权威。作为一位年长的女性，她享有较高的地位，并掌管着通过家族的女性一系传下来的与她们所属土地相关的梦想。她还负责主持繁衍典礼，以确保植物和动物再生，营地和家族团体延续，作物繁盛、狩猎成功。我们围坐在篝火旁享用肉汤，克玛尔充当翻译。玛丽一度表扬了他的阿利亚瓦尔语。"你快忘了英语了，克玛尔"。她说。

　　午饭后，玛丽和其他人拿着更多的酸奶罐去摘树上的果子，她们以令人惊讶的技巧和速度采摘李子，几分钟就把马口铁罐装满了。由于知道果子多么难摘，因而，看着这些女人们不费吹灰之力，有如闲庭信步一般的动作，我简直佩服得五体投地。一会儿之前她们还在篝火边休憩欢宴，转眼间就变成了具有 40000 年传承经验的猎手—采集者，抓紧一切机会，采摘着这些难得一见的成熟丛林李。那个下午，我们一棵树一棵树地采过去，把每一颗李子都采摘了下来。我记得拉孜曾说过，在沙漠里，机会主义优先于其他的一切，他有一次看见一个男人在悄悄接近并准备猎杀一只袋鼠时突然停了下来，弯下腰去采摘不经意看到的一些丛林葡萄。下午的采摘活动既井然有序、轻松写意，又效率惊人、充满乐趣，给我留下深刻印象。拉下树枝采摘李子的那一刻，我想起了我们全家到奇尔特恩斯（Chilterns）远足采摘玫瑰果和黑莓的往事了，想起父亲如何用手杖的弯钩拉下高处的树枝，还有像邮箱一样红的玫瑰果掉进炖锅里的美妙乐声。

在尘土飞扬的回家路上，和莉莉、凯丽和玛丽一起挤在后车厢的拉蒙娜，把黏糊糊、满身尘土的婴儿抱在怀里。当我开着丰田车，像电动碰碰车一样摇摇晃晃，顺着女人们柔和、低声的集体指点，在白蚁丘中间穿行时，小家伙一路上不停地吃着李子。在我眼中布满高楼的白蚁都市，却是她们眼中熟悉得不能再熟悉的乡间。白蚁，无疑是澳大利亚最成功的动物了，也是能啃食和消化处于成熟期的三齿稃的唯一动物。作为澳大利亚最成功的植物，成熟期的三齿稃坚韧无比。玛丽指点着新月的微暗轮廓，无疑，它是前一晚载歌载舞的原因，当我跟她说，在英格兰，新月弧的形状是反过来的，她的回答是，"你们那个是方向弄错了的垃圾月亮"。

茜奥墙上挂了几幅乌托邦女人们画的绝妙画作，包括一幅凯丝琳·恩加拉（Kathleen Ngala）的《丛林李的梦幻》（*Bush Plum Dreaming*）和另一幅格雷茜·佩蒂亚尔（Gracie Petyarre）的作品。格雷茜是佩蒂亚尔五姐妹之一，她们都是著名画家，父亲是同一位，却出自五位不同的母亲。一只活生生的高脚蜘蛛徘徊在《丛林李的梦幻》画上的一个角落里。到家的时候，我们自己也成了某种形式的丛林李绘画了：浑身紫色、黏糊糊的，涂得乱七八糟，让乌托邦的苍蝇们大感兴趣。

在皮屁股沟

看来，想在惠普斯蒂克森林（Whipstick Forest）令人窒息的炎热中好好睡个觉，恐怕是不可能的了，我在约翰和詹妮·沃斯利的桃花心木四柱大床上辗转难眠。床安置在一个铁路车皮里，这是他们位于皮屁股沟（Letherarse Gully）的几个车皮之一。一顶婚礼蛋糕模样的蚊帐，钩在车皮天花板上。这个地方隐藏在墨尔本西北两小时车程的本迪戈市（Bendigo）郊外废弃的采金区中。报废的车皮是木质警卫车厢，支在空地上吉卜赛风格营地的砖头墩子上。空地旁是一座白铁皮屋顶的平房，充作厨房和餐厅。一条弯弯曲曲的林中小路，通往沃斯利的画室。我吹灭蜡烛，躺着聆听蟋蟀、欧夜鹰的叫声和从水库那边传来的乡巴佬乐队一样的背汀蟾的聒噪声。水库的水浓得跟汤汁一般，艺术家有时会在下午到里头打个滚。大床两侧的移门大开着，给夜间的空气留出过道。我把视线投向空地那头，依稀辨认出黄杨树丛里几只黑尾袋鼠的暗影，这时，晚餐喝的酒上了头，我迷迷糊糊睡过去了。

曙光从小桉树林升起，很快让一轮澄澈的满月暗淡了下去。一片静谧之中，远处澳洲喜鹊的歌声隐隐传来。一只铃鸟像汽车报警器一样突然放声歌唱。睡意蒙眬间，我还以为是在萨福克自己的铁路车皮里醒来。"罗杰今晚在哪一列火车里？"沃斯利就寝前问詹妮。我起床在自己的居所里溜达。两头的卧室通往中央车厢，警卫座椅在铁质动轮和能让他沿着火车车顶向两边观察的潜望镜前面，这是一个很有用的精巧装置，因为在蒸汽机时代，无论何时把头伸出火车车窗，煤尘就会直飞进你的眼里。车厢里还有书架、蜡烛和一张小写字台。墙上挂着鲁热（Rouget）的画《养蜂人》（*Beekeepers*）和一张 1930 年特拉华 & 休斯敦机车的照片，它每周一次，拉着"甘"号（Ghan）列车，往来阿德莱德与爱丽丝泉之间，半路上会在沙漠水潭边驻留片刻，让乘客下车游泳。沃斯利的好友、我们在爱丽丝泉郊外刚刚造访过的彼得·拉孜，曾一年一度和母亲从爱丽丝泉上车，他记得，乘警们会提前半小时在各个车厢走动，通知乘客们提前换好衣服，为 20 分钟的逗留做好准备。当司机拉响汽笛，浑身湿漉漉的乘客们再爬上火车。

我走到外面，一行行蚂蚁正在搬家，太阳烘烤着金合欢树之间微红的沙地，这片波浪起伏、遍布石头的土地，是 1850 年的本迪哥淘金潮遗留下来的。该金矿曾是世界上蕴藏量最丰富的，它造就了本迪哥优雅的维多利亚式建筑风格，让约翰·贝杰曼（John Betjeman）赞叹不已。火车车厢外面，最初的红赭铅色油漆仍未褪去，四处散落的木板上，依稀可辨模板印制的调车场行话"前往西摩尔方向的机车""仅限4697D"。

在淘金岁月里，惠普斯蒂克森林是一片欣欣向荣的工业景象，人来人往、机器轰鸣。如今，给淘金者筛选含金沙土和驱动碎石机提供水源的人工引水渠仍然四处可见。从这点上看，它倒有点像达特穆尔，后者也曾是一片采矿景象，如今业已荒废。淘金者用其留下的火山口似的矿坑、废弃的小屋和锈迹斑斑的机械设备，重塑了惠普斯蒂克的风貌。几乎没有一棵树保留下来，但如今，它们已卷土重来：铁皮木和白皮桉、灰色的黄杨，还有茂密的小桉树矮林，处处生机勃勃。

小桉树是此地至今犹存的某个行业的基础：每隔数年，人们会伐其萌条，制作桉叶油。沙伯特（Shadbolt）著名的桉油蒸馏室曾经就坐落于几百码以外的路边，这样的蒸馏室有好几处，如今都已废弃在树林里。如今，萌条上的桉叶捋下来后，用货车运到镇上煮沸，再蒸馏制油。这行当不无危险，因为周围环绕着易燃的桉气：发生过蒸馏炉爆炸的事故。我捏碎一片叶子，放在鼻子底下嗅着，想象自己重回孩提时代，额上敷着毛巾，面对着一大杯热气腾腾的开水里自己的倒影，觉得感冒也不失为一桩幸事。

即便在家里，沃斯利也不能完全摆脱露营探险家的感觉：他觉得，待在户外要比待在室内自在得多。他身材高大、神情悠闲、态度和蔼可亲，仍然一副典型英国人的派头，善于在周遭事物中发现笑料。在削枇果准备早餐时，他把削下的皮扔给游廊上一只从护壁板上的洞里伸出头来满怀期待的短尾巴蜥蜴。它狼吞虎咽，继续驯顺地待在原地，希望得到更多的美味。它有一英尺长，体型丰满匀称，机灵的黑色眼睛忽闪忽闪地看着我们吃。我注意到厨房墙上挂着一张多次油漆过的胶合板的残片，沃斯利称之为"米色皱纹"，它把历次刷过的底色以地图模样呈现出来。花园里，零零散散的铁皮碎片，锈蚀成树叶一般脆薄，并渐渐与橙色的泥土融为一体。澳大利亚风景中的此类不经意的自然过程和易变特性，从沃斯利1976年创作的《吉普斯兰墙纸》（*The Gippsland Wallpapers*）开始，就一直是他澳大利亚题材作品的核心主题。他连着数月住在维多利亚州吉普斯兰和奥特威山脉（Otway Ranges）废弃的农舍里，并在日记里记录了他的发现："这一新风景，似乎无法再被纳入小的矩形空间；作为一名英国绅士，我在萨默塞特画杂树林和牧场时，是可以纳入这样的空间的。"起初，他的解决办法是，直接在吉普斯兰废墟板条灰泥墙的褪色、剥落的墙纸上涂鸦，后来，他把整片墙纸移除，运到美术馆展览。

早餐后，我们沿着一条蜿蜒的林中小路前往画室。这又是一间平房，曾是皮屁股沟的主要居所，白铁皮屋顶和走廊很矮，走廊一头放着集雨桶。屋外大门边，放着一个玻璃罩的文物展柜，里头堆满了沃斯利澳大利亚绘画远征途中的种种发现：野狗头骨、袋鼬尾巴、长喙朱鹭和鹳的头骨、小块的原始岩石、特大号的鸸鹋脚爪以及一具骆驼头骨。还有一个头骨，不大像是野狗，可能是獒。在这个野生动物展柜旁边，是一个俗气、乏味的小水泥池，周边是一圈侏儒，有的在钓鱼，有的在思考：典型的郊区居民品位。

画室内凉爽宜人。一台老式空调在角落里铿然作响。墙上挂着一些营地的照片，这些营地几乎都在澳大利亚偏远地区，沃斯利每年花上数月，在这些地方进行植物调查，观察鸟类、昆虫、岩石和天空；写生、绘画，记录自己的发现；用木头点火煮饭；在吊床或睡袋里打盹；散步；采集植物、动物和地质标本；拍摄照片；每晚就着烛光，在日记本上勤奋写作。其中一张照片里，他的朋友彼得·拉孜坐在某个遥远营地的餐桌旁，手里拿着一个沙漠甘薯。另一张照片再现了沃斯利参加某个在爱丽丝泉野外举办的"艺术夏令营"的情景，他说自己是"被人用绳子捆了去的"。照片中，一群端庄的中年女性，站在芬克河干涸、多沙的河床上。她们穿着短裤、衬衫，戴着"烤不赖"帽，在一棵赤桉树下摆着姿势，赞叹着她们刚刚在沙地里装置好的一件艺术作品：这是一幅巨大的阴蒂图案，由河床上的岩石搭建而成，外面覆以粉红色的棉布，可谓是对凸现了巨大阴茎的塞恩阿巴斯巨人像（Cerne Abbas Giant）的澳大利亚式还击。

沃斯利巡游于画室里那些显示了他无穷无尽好奇心的物体间，对每一件东西如数家珍，把它们的故事娓娓道来，像怀特《石中剑》里梅林在野性森林小屋楼上的房间里一样讲述着："橡子上盘踞着一条和活体一般大小的鳄鱼，长着可怕的玻璃眼珠和满是鳞片的尾巴，栩栩如生。当主人进入房间，它眨着一只眼睛以示欢迎，尽管它只是个毛绒玩具。"同样，沃斯利的栖息地神奇地堆满了纸张、书籍、地图、帽子、图画、标本和钉在墙上或像洗过的衣服一样悬挂着的未完成作品。挂着地图的衣柜抽屉上，贴着"华莱士""沉积纸""情绪片段"等标签。桌上小心翼翼地摊放着各种或完整或片段的埋藏画，上面是由草根或树根留下的、或白蚁啃噬过的幽灵般的印记。沃斯利有一个习惯，会偶尔在原地（通常是一个偏远的地方）把画作埋到土里，数年乃至十年后再回来发掘出残余的画作，此时，大自然已在上面留下各种评论和签名。眼前所见，就是这一习惯的成果。一个有机玻璃盒子里，立着一枚最近刚发现的、生长于悉尼北面蓝岭（Blue Mountains）的古瓦勒迈松（Wollemi pine）的叶子。进化现象和漫长地质时间造成的后果，是沃斯利作品一以贯之的主题。画室里还可见到手杖、小段的炭笔和烧焦的木头碎片：这是不断在沙漠和森林露营漫游后留下的陆地浮木。桌面上还放着两个连接在蜥蜴干尸上的蜾蠃蜂泥巢，一只钻石鸟和一只长得跟欧夜鹰有点像的蛙嘴夜鹰的翅膀，以及一排沃斯利已经连着画了数月之久的木麻黄种子。呈现出网格状叶脉的半腐烂的叶子，与蝴蝶和鸟类的翅膀并排放置在一起，和香料群岛（Spice Islands）的航拍照片相映成趣。一段白皮桉树干浑身上下钻满了孔，插着刺猬一样的铅笔。画镜线上，一束束鹦鹉和其他鸟类的羽毛，像夏延人（Cheyenne[1]）的饰头巾一样捆扎好，附上带注解的行李标签。带穗的灌木侧枝置于一张张白纸上，旁边是一个精美的鸠尾状标本柜，地衣或种子的标本，放在一个个井然有序的托盘里。几幅园丁鸟炫耀羽毛的画作，挂在这样一个背景中，可谓水乳交融。

更多的抽屉、行李架和书架靠墙而立，有如蜂巢。书架上放着各种关于分类学、博物学和地理学的书籍、肯尼斯·怀特（Kenneth White）的几期《地理诗学》（*Cahiers de Géopoétique*）旧杂志、其他画家和探险家

---

1 居住在美国西部大平原上的一个印第安部落——译者注。

的著作、各种地图、翻烂了的野外工作指南和一长串的各类诗歌选集。沃斯利的一排排笔记本，和水彩画、素描、便签、压制过的叶子、羽毛和种皮挤在一起。粉刷过的木板墙上，每英寸空间都钉满了各种图像，有些是画的，有些是拍摄的，有些是从杂志上撕下来的：一只飞翔中的猫头鹰；一只跳跃中的松鼠；一只起飞的食蜂鸟；树干上的檐状菌；帆船；叶子素描；水果素描；干果素描；带叶小枝。但在这一切之中，我的眼睛被吸引到一幅小尺寸形式绘画上，画中小孩穿着华丽的夏季连衣裙。这是沃斯利父亲加内特·罗斯金·沃斯利（Garnet Ruskin Wolseley）的早期作品。他是约翰·罗斯金的远房表亲，一位斯莱德艺术学院（Slade School）毕业的获奖艺术家，康沃尔纽林画派（Newlyn School）的一员。

约翰·沃斯利 1976 年赴澳大利亚短暂造访，时年 38 岁。将近 30 年过去，他仍在那儿，痴迷于澳大利亚谜一般的荒野。他不是第一位到澳大利亚一试运气的沃斯利家族成员。他的曾祖父弗雷德里克·约克·沃斯利，1854年 17 岁时从爱尔兰来到澳大利亚。埃里克·罗尔斯认为，他可能是最早发明棘铁丝的人：像沃斯利这样一位只喜欢篱笆以外荒野事物的人，却有这样一位祖先，颇有讽刺意味。在《百万英亩野地》里，罗尔斯记载道，大约1867 年，老沃斯利在博拉溪（Borah Creek）沿岸阿拉罗尼（Arrarownie）的 10000 英亩皮利加土地上，围起了一道由十二条铁丝扎成、长达 18 英里的篱笆网保护自己的绵羊免受澳洲野狗的袭击。沃斯利的篱笆匠，每隔 6 英尺，给富于弹性的铁丝网安上倒刺。他继续大展身手，发明了第一台剪羊毛机：沃斯利热芯盒。它改变了澳大利亚绵羊业。他雇用了一位了不起的工程师赫尔伯特·奥斯汀（Herbert Austin）担任工厂经理，他们最终将产业多元化，于 1896 年在英国建立了第一家沃斯利汽车厂。后来，奥斯汀于 1905年在一家废弃的印刷厂里开设了自己的汽车公司。

弗雷德里克·约克·沃斯利把阿拉罗尼留给了他 17 岁的侄子厄尔·沃斯利·克里格，后者因一些轻微的行止不端，被叔父沃斯利子爵放逐到了澳大利亚。埃里克·罗尔斯认识皮利加森林地区一些活到 1970 年并仍然记得他的老人。沃斯利·克里格饲养马匹、给山羊挤奶，依靠他的果园和无花果树养活自己，并且读报纸。罗尔斯描述道，每天劳作结束后，"他会在室外托架上的白铁皮碟子里洗手，回到屋内弹奏那架三角钢琴。在最后一位原住民离开溪流前，每晚都有一群人聚到他家里听他弹钢琴。他们悄悄进来，围着钢琴坐成半圆形"。

然而，是另一位祖先的生平吸引沃斯利来到澳大利亚。威廉·特里维廉·温德汉姆于 1850 年扬帆南下，过起了如沃斯利所说的"早期嬉皮士"的生活。他混迹于新南威尔士北部的原住民部落中，学习他们的文化和语言。作为一名野性十足的殖民者男孩子，他与原住民一起，在南凯珀尔岛（South Keppel Island）上以渔猎为生。1888 年，他在昆士兰州博茵河（Boyne River）河口处买了一处农庄。他在农庄上培植珍稀植物，栽培橙子、香蕉和凤梨果园，乘着他 40 英尺长、有斜桁帆的独桅纵帆船"鹈鹕号"扬帆远航，并在悉尼的皇家学会（Royal Society）上就昆士兰中部原住民的树皮独木舟发表演讲，还跟美国史密森协会（Smithonian Society of America）就澳大利亚土著语言展开通信，最后于 1898 年长眠于自己的果园里。

门外的温度计已蹿升到了 40℃，空调机开足马力不屈不挠地运行着。沃斯利夫妇的"红色跟班"——护羊犬布鲁皮，长着马形水鬼一样的耳朵，长长的野狗般的鼻子，有斑点的爪子和姜黄色的侧腹，正躺在地板上大喘气。她太老了，实在受不了这种酷热。我帮着沃斯利把一幅 10 英尺 ×5 英尺的巨大炭笔擦印画（frottage）铺展开来，并把它钉在一面软质纤维板墙上。三个动物（兔子、狗和小袋鼠）的头骨，安坐于一块可调节的 Vemco 牌建筑绘图板上。我们戴上眼镜，仔细检查头盖骨之间的缝合线。人人都应当有一副眼镜和一台显微镜，我想：它比电视机好得多。我们看着狗颅骨的侧面，看到缝合线如何像河流般曲曲弯弯，看见骨头表面如何像月球表面一样高低不平、坑坑洼洼。至于那幅大型炭笔画，我们发现，可以挂得更高，或者竖起来挂，看上去像河谷与山脊顶。沃斯利正用放在绘图板旁边的几根蛙嘴夜鹰羽毛，比较着几个颅骨和它们岩石断层般的拼图。它们是褐色的，带有斑点，类似树皮。在眼镜底下，你可以看到它们内部的波浪形态和沿着中央静脉弯曲的缝合处。

　　沃斯利指出，小袋鼠的颅骨与下颌骨具有锋利无比的门齿，可以直接切断青草，而不是像牛一样加以撕扯，更后方，是一套咀嚼用的研磨上颚骨。他说，比起牛羊来，有袋类动物对娇嫩的澳大利亚本土青草可谓呵护有加，它们更完美地适应了早期定居者面临的澳大利亚脆弱的土壤结构。在废弃采金区的采矿景观中用午餐时，我们查找到了埃里克·罗尔斯在一篇文章中对澳大利亚曾经的脆弱土质所做的经典描述：

　　地表极其松软，可以用手指去耙梳。上面从未有过轮子、皮鞋跟和偶蹄类动物的碾压、践踏——所有哺乳动物，包括人在内，都以厚厚的软脚板走路。我们的大型动物不会留下足迹。蹦蹦跳跳的袋鼠通常三三两两分散活动，不像牛羊那样以毁灭性的巨大队列移动……每种食草哺乳动物都有两套牙齿，吃起草来干脆利落。没有任何其他土地，像在这儿一样受到如此温柔的对待。

　　我们在下午的骄阳中，用伐柏拉姆牌靴子，践踏在最近一场席卷了惠普斯蒂克森林的大火焚烧过的灰烬和黑土上，这场大火把乔木和灌木烧成了纯炭的骨架。大火将森林以其抽象形态呈现出来。我们驾驶着沃斯利老掉牙的旅行车外出，自从他倒车时把后车门撞到树上后，它就一直不肯关上。他抓着一块大画板，画板上用大铁夹子夹着几张白色厚纸，四处寻找合适的烧焦木头。突然，他像一位拿着网的昆虫学者一样向前猛扑俯冲，画板朝下，在一连串被烧成了焦炭的灌木之间挥舞过去。"我陷入了某种风水般的恍惚状态，然后在灌木丛中舞蹈起来，拿着画板在焦树上移动，让它们自己来绘画"，他解释道。接下来，他挑选了一棵倒塌的铁皮木，通过把画板在其黑化的树皮上按压刮擦，在白纸上留下更多痕迹。沃斯利把它称为"以树为笔"。这一强有力活动的结果，是一种以令人惊讶的准确性表现了森林生命的自由绘画。纸上的炭痕暗示了昆虫或鸟类的飞行，铁皮木创造了你在沙漠上方飞过时于流沙中、或在被雨冲刷过的木灰中看到的鱼鳞纹：这是原住民艺术的常见母题。

沃斯利取下第一张纸，用下一层接着操作。他走近某棵木麻黄矮树的炭遗骸，用纸朝着烧焦的种子簇猛击。它们在纸上留下像乐谱一样舞动的炭点。沃斯利把这种即兴创作方式称为"擦印画"（*frottage*），源自法语动词"摩擦"。他说，有一次，画架意外地面朝前跌落到烧焦的灌木上，他意识到，它留下的印迹，比自己尚未完工的常规绘画更有趣：因为风景在绘制自身。擦印画法就这么开始了。当时，他正在悉尼南面火焚不久的皇家国家公园（Royal National Park）进行历时五个月的写生、绘画和野营。2001年圣诞节，这里发生了严重的丛林火灾。受新技法的鼓舞，他尝试以更大规模如法炮制，于是让另一名艺术家手持一幅 12 英尺长的铜版纸的另一端，两人沿着山涧，在烧焦的小树中间飞奔、舞动，记录下树干的黑色磨损和树苗、灌木的炭点、刮擦。

在惠普斯蒂克森林一下午劳作的效果是激动人心的：擦印画拥有迅速蔓延的丛林大火所有的紧迫感和能量。沃斯利指出，纸上的抽象记号不是形象，而是踪迹：是一度发生过的事情，如摩擦、污点、底片、水印或化石印记的符号和标记。这是被焚树木的某种符号语言，它们中的每一棵，都因大火而呈现出本质的矿物结构。回到画室，沃斯利一般会挑选出最有趣的炭痕，进行修订，加上以精致的水彩和素描勾勒的种子、飞鸟、花朵、植物、昆虫以及他自己的说明，所有这些都取自同一个地方。他会以水彩绘制哈克木种皮红宝石色的内部，夜雨后从沙地里的蛹中现身疾飞的蛾子，一只从矮杯果木绿琥珀色的新枝中啄取白色飞蛾幼虫的至尊鹦鹉的猩红色胸脯，像罗马焰火筒般从乔木胶树顶部绽放的新枝的绿色火焰，或者从桉树烧焦的树皮中绽放的嫩芽。他说，一场大火后，各种生命迹象回归丛林的速度之快，实在令人震惊。

沃斯利说，他花了很长时间才理解澳大利亚风景的颜色。他最终意识到，它的主色调根本不是绿色，而是几乎不带一丝绿色的灰色阴影。黑白之外加上一点灰，有时再添上一些赭色，就有了完美的森林。外出丛林时，他常在一本厚纸可如六角手风琴一般打开的笔记本上完成初步绘画、记笔记。这一形式很适合沃斯利的开阔视野和散漫风格，并且，他常常将其累积效应以更大规模转化为类似的形式。他把这些印象主义式的、逐渐展开的作品叫作 reporello，用的是莫扎特歌剧《唐·乔万尼》（*Don Giovanni*）第一幕中的典故：男仆 Leporello 向女仆 Donna Elvira 展示唐·乔万尼无穷无尽的情人目录。在笔记中，他描述了 2001 圣诞节年皇家国家公园大火后一幅巨型焚木画的绘制过程：

我把 5 英尺高、30 英尺长的一卷 300gsm 山度氏（Sanders）水彩纸铺开，每隔 12 英尺，在纸的上下两端用 2×1 英寸的松木条钉住固定。当卡罗尔和我各举起一端，水彩纸看上去既牢固，有充满目的性，紧绷绷的，像一张风中的帆。这张纯白的、巨大的石蕊试纸，准备接受空气中最微小的粉末，或记录烧焦的树干的重击。一串蓑颈白环在苍白的天空中移动着，象不停拉长和收缩的橡皮筋。卡罗尔和我沿着沟壑往下走。我们在烧焦的树苗间移动，纸张的长度也变成了一条不定线——像蛇一样收缩、拉紧。我们和四五种不同的树进行了各种不同形式的遭遇（有些树我们只是轻轻地拂过），然后和一棵大山龙眼树来了一次更强制性的碰撞，它的布满鳞片和疙瘩的树皮，在纸上留下一条黑色鳞片构成的通道，好像一只巨大的爬行动物刚刚从上面经过。

我们徜徉在烧焦的森林中，灼热的微风偶尔卷起小小的木灰柱，再像烟一样散开。我们自己也被煮得半熟，于是聊起了火：它如何塑造了自然条件经常会带来干旱的澳大利亚的风景。这是首先注意到的现象。1770 年 4 月 19 日，库克船长（Captain Cook）和随船植物学家约瑟夫·班克斯爵士（Sir Joseph Banks）驾驶的"奋进号"（*Endeavour*）从新西兰出发，被风吹向北方偏离航线，来到塔斯马尼亚（Tasmania），见到了澳大利亚大陆，注意到的第一件事就是火。"不管到哪里，我们不是在白天看到烟，就是在夜间看到火"，库克在航海日志中记录道，并且，他一直提到"这个冒烟的大陆"。白人探险者和早期定居者遇到的澳大利亚土著，手里总是拿着打火棍。"火棒耕作"（firestick farming）一词描绘了土原住民通过火的运用从而大规模操纵和改变其环境的方式。但他们从未以通常的方式开展农耕。新石器时代逝去了。他们通过在开放平原上进行频繁、轻微的火焚，用火保持猎场开阔、新草萌生、创造树木间距宽阔、人可以通行无阻的林中牧场，让猎物无法在下层林丛中藏身。早期定居者都震撼于这一林木稀疏的风景与英国绿地的相似性。原住民不管去哪里，都会让营地炉台或空心树里的火苗保持燃烧状态，以便后来者接管，或用来补充减少的打火棒。"原住民时期的澳大利亚遭遇火焚的数量，无论怎样估计都不会过分"。

原住民放的火，完全不是为了耕作土地，实际上刺激了植物的更新和更多样化的生长。桉树肯定受益于火焚，它们厚厚的树皮保护着存活的新生组织和树皮下隐藏的表生芽，几乎马上就准备好了再次萌发。它们能像惠普斯蒂克森林的小桉树一样，从地下木块茎中长出新的萌条，它们的根扎得很深，火根本烧不到。大火经常是一个触机，让它们的涩粒种子从树冠上纷纷摇落。火使阳光照进森林，并产生肥沃的木灰，从而刺激发芽，增加其他植物种类的多样性或引发野番茄和丛林香蕉等有用食用植物的生长。原住民放的火大多数是草地火，旨在让土地保持开阔、易于接近。通过在最近刚火焚过的地方再次放火，他们自然而然缩减了火灾的规模。火焚是某种形式的春季大扫除，是对土地的神圣化。一旦他们停止火耕，可燃物、特别是森林地面上可燃物的数量，就大量增加，引起的丛林大火规模也就更大。

回到皮屁股沟，在惠普斯蒂克森林一个未受最近火灾焚毁的角落，我们喝着冰茶，在沃斯利水库褐色泥汤般的水里畅游，除了头顶的烤不赖帽，浑身赤裸。天气实在太热，连蚂蟥都无力咬破我们沾满泥浆的身体。那夜，我们点染烛光，和蟋蟀一起在室外享用晚餐。沃斯利说，如果发生丛林火灾，正确的做法是待在室内，希望温度不是太高，能够熬过去。从水库里抽水，浇湿浸润屋顶和墙壁也能起到作用。或许，正是火的威胁，解释了为何丛林中的房屋会建得简陋无比，似乎它们从未奢求能存活很长时间。

次日早晨，林中漫步，焦枯的树枝在脚底下不断发出爆裂之声，我们在远远的距离充满敬意地欣赏着公牛蚁（bull ant）巨大的蚁冢。每个蚁冢都是一个矮矮的细小碎石建成的圆屋顶，直径 6-8 英尺，上面闪烁着微小的石英颗粒，形成一座蚂蚁火山，从它的肚脐中喷出数以百计全副武装的蚂蚁，在又一个灼热的白天不断上升的气温中，充满活力地投入疯也似的活动当中。每个闪闪发光的蚁冢黑洞洞的肚脐眼周围，都整齐地摆放着一圈嫩枝编成的项链。沃斯利说，最初的挖金者号称"黄金蚁"。

热风吹拂着铁皮木树梢，桉树树皮在酷热中剥落下来，像充满诱惑的丝带晃荡着，一点就着。或许为了让自己凉爽下来，我们聊起了英国和几位英国艺术家。沃斯利以欣赏的口吻说起塞西尔·柯林斯（Cecil Collins），他起床很晚，大部分工作在晚上 5 点到 7 点半之间进行，因为他的手和头脑那时已经稳定下来。"就算不在那儿，我也知道拂晓的来临"，他有一次说。柯林斯喜欢"to draw"这个动词的广泛用法：让某人畅所欲言；吸一口气；灵感迸发；吊水；拉上窗帘（揭示或掩盖某件事情）。沃斯利描述了萨默塞特祖宅里那张可以追溯到 1558 年的橡木长餐桌。他说，它有 19 英尺长，4~5 英寸厚，桌面由于长期玩家庭版的打硬币游戏（shove-ha'penny，也就是把硬币转起来，一直到它自己停，看谁时间长）而逐渐磨损。他提到了特里维廉祖父，和他每晚在树屋用餐的习惯，树屋的墙上，挂满了每日的猎获所得。在这里，由于戴上了野鸡面具，他喜欢让管家用稻草通过喙来喂食。听沃斯利用他深沉、和善的英国口音讲故事，就像观看他的某一幅画，一层一层的风景，通过不断累积的细节和轶事而得以逐步揭示。

我们进入一块林间空地，站在焦渴的水库里疯狂、灼热的泥浆上，只有帽檐庇荫。一只干渴的小袋鼠在一棵白皮桉后面无精打采地走动着。更远处，我们遇见了埃塞克斯的精灵：一辆天蓝色福特汽车长满地衣的外壳，宽阔的阀盖嘴上，是几个铬合金的大写字母：ZEPHYR。它半陷于福莱特先生（Mr Flett）的桉油蒸馏厂原厂址旁边的沙土中。蒸馏厂如今已被白蚁和蚂蚁啃食得只剩下几个砖头烟囱和耷拉下来的白铁皮屋顶，锈迹斑斑的铁路轨道，纠缠在一起的电线，齿轮和滑轮，一台用作吊车的木质起重机架和一个倾斜的雨水槽。

回程路上，我们沿着惠普斯蒂克一条生锈的铁丝网走，它是用曾经从矿井中拖起金泥桶的卷扬机的缆绳临时拼凑成的。如果沃斯利有图腾动物，它一定是鼹鼠。他一次又一次回到大地的身体里：在遥远的洞穴中宿营，在原住民赭石矿中提取颜色样本，在纽曼山（Mount Newman）描绘铁矿石矿，在哈斯特断崖的巨大的陨石坑中连着工作几个月，或者在沙漠中挖坑，把自己的画作在里头放上一年或更久，再回来发掘。他谈起了"以从地底下体验的方式"来描绘风景，通过他所谓的"独自露营"之举将自己融于风景之中，从而与之建立直接的亲密关系。他在日记中写道："我常把一小块风景，如蜥蜴身上的某个部分，或一朵花瓣，或一件垃圾，加以孤立，然后在纸上对它进行思考。在这样小的一个区域，我可以感觉'轻松'、专注，以温和的探究方式，研究其形状或颜色——将细节部分抽象化，并在相关思绪和感觉到来时把它们写下来"。

如果说沃斯利的澳大利亚荒野之旅和记载并浓缩于其作品中的露营经历有种神秘品质，那只是对一块挚爱之地的诗意的、充满敬意的回应，这块土地，在建造起悉尼高楼大厦的人涉足以前很久，就已存在了数千年时间。莫斯利的鼹鼠视角所提供的，是一个深思熟虑的博物学家的观感，而不是一家采矿公司的眼光。

皮利加森林

一生中，不时会有朋友将某位作家作品介绍给你，于是，你找到了一部铭刻于心灵之上的灵魂之书：你一遍一遍去读，每读一遍，对它的爱就更深一分。对我而言，埃里克·罗尔斯（Eric Rolls）的《百万英亩野地》（*A Million Wild Acres*）就是这样一本书。它是关于新南威尔士北部利物浦平原以远皮利加森林的生态史，初版于 1981 年，作者是一位诗人、农夫和博物学家，其广采博闻、叙事简洁，唯澳大利亚人能之。其核心故事，说的是白人定居者的到来，及其如何改变一座森林乃至一个大陆的整个自然面貌。

"皮利加"源自原住民卡米拉罗语（Kamilaroi）里的 peelaka 一词，意思是矛头，或许是形容麻黄属的一种即细枝木麻黄或本土白羽松

Callitris 之优雅外形。皮利加森林位于新南威尔士大分水岭以外，北起那拉布里（Narrabri），南至库纳巴拉班（Koonabaraban）。它跨越平原，向内陆绵延，从班巴村（Baan Baa）开始，向西延伸至乡间小镇巴拉丁（Baradine）。森林里主要混生着桉树、金合欢树和各种柏松。

埃里克·罗尔斯认为，在欧洲定居者到来之前，整个澳大利亚在外貌上，与其说是人们乐于想象的茂密森林，不如说更像一片辽阔的英国稀树草原。除了降水量丰沛的地区和沿东部山谷及分水岭沟壑呈狭长条分布的热带雨林，原住民通过定期火烧，让土地保持空阔、长满青草。每公顷土地上的乔木寥寥无几，尽管有的树非常古老、高大。欧洲定居者的到来，结束了原住民的火耕，今日所见的澳大利亚森林，开始延伸至低地灌木带。罗尔斯对澳洲森林及其历史的解释颇有争议，它表明，绝大部分澳洲森林的历史，不过在 100 年到 140 年之间。所到之处，同时代人都在谈论"澳大利亚的原始大森林"，然而他发现，历史记录说的却是另一个故事：

"我们到处看到开阔的树林"，查尔斯·达尔文在其 1836 之行中写道。"在那儿找不到像北美那样茂密的森林"，《钱伯斯人民信息大全》（Chambers Information for the People）在 1841 年一篇关于移民澳大利亚的文章中这样写道。早期写作中，此类陈述俯拾皆是。德·博泽维尔（De Beuzeville）对此心知肚明。他在《澳洲乔木与澳洲园圃》（Australian Trees for Australian Planting）一书中重申了这一观点。"即使在冲沟和连续溪流沿岸"，他引述道，"地貌也更接近'英国鹿苑林木稍多之处'"。在 1879 年公布的新南威尔士 72 座森林中，每公顷森林的成熟林木评估值，从 2.5 棵到台地与沿海的 80 棵不等。森林委员会在皮利加森林耶里南（Yerrinan）部分的试验性地块上发现，将 60 年树龄的白羽松疏减到每公顷 200 棵，接下来的 30 年所出产的木材质量最佳，但如果疏减到每公顷 600 棵，则出产的木材数量最多。在持续数月的搜寻中，我从未见过任何此前的木材林，其密度有现代疏减后的木材林那么高。

焚烧提高了土壤的肥力，新鲜的青草和药草滋长，吸引了袋鼠和其他游牧民猎取的食草动物。它们常常用火驱赶到开阔地带，落入陷阱或被猎杀。茂密的森林能给它们提供掩护，任何情况下都不利于使用长矛，因为可能被乔木和灌木阻挡或折断。飞旋镖也很容易丢失。当第一位白人探险家约翰·奥克斯雷（John Oxley）1818 年来到皮利加，他看到"非常茂密的柏树丛和小灌木丛"，但大部分是巨大的铁皮木和柏松"森林"，每公顷只有三棵到四棵。

定居者到来以后的生态史颇为复杂。甚至在人定居以前，其家畜就已捷足先登，踩碎了娇嫩稀薄的土层并加以践踏。澳大利亚脆弱的土壤，不是为偶蹄类动物设计的。袋鼠将其体重延展到长而柔软的臀部和强大的尾巴上，当它们在乡间穿越，基本上是御风而行。牛羊将良田践踏为尘土，雨水又将其冲刷入河流中。最初是牧民，接着是小农场主，在他们的配给牧场和农地上来来去去，常常由于耕作不善、运气不佳、干旱、疾病或欺诈弃地而去。到 1870 年，破产遭弃的农地和畜牧场，已长满了成千上万桉树和柏松的幼苗。原住民及其火焚周期已完全消失。啃食幼苗的小巧的鼠袋鼠，已被引进的狐狸消灭干净，本地草类也被农民们随身携带的强大新品种彻底击败。柏松接管了这块土地。

兔子来到皮利加森林比较晚，直到 1890 年之前，都没有繁殖出足够多的数量，像鼠袋鼠一样压制住树木幼苗的生长。直到 1951 年以前，新长出来的松树和矮树都很少，那一年的一场大火，让被 1950 年一场豪雨浸透的种子再度萌发。与此同时，多发黏液瘤病给兔子带来灭顶之灾，于是，如罗尔斯所写的，"今天你所看到的可爱的森林慢慢形成了"。

隔一段时间，我就要读一遍《百万英亩野地》，这本书难以归类，这是我对它的最高赞美。在写于 1985 年的《埃里克·罗尔斯与金子般的反抗》（"*Eric Rtolls and the Golden Disobedience*"）一文中，莱斯·穆雷称它为"一本深刻反抗之书"。由于该书叙事范围很广，行文又极为简洁，穆雷将其比拟为冰岛萨迦[1]。他指出，罗尔斯的"金子般的反抗"，针对的是文学常规，他具有天生的才能，可以随心所欲地跨越虚构与非虚构、"人类的"与"自然的"之间的常规界限。穆雷说，该书试图对自己的宏大主题进行彻头彻尾、事无巨细的完整叙述，以此观之，它的雄心是"普鲁斯特式的"（Proustian）。罗尔斯向我们呈现了数量浩大的各色人物，有伐木工人、枕木切割者（sleeper-cutter）、猎兔者、追踪者、流氓、法外之徒、烧炭人、猎猪人、农民和牲畜贩子。正如莱斯·穆雷指出的："他们就像火边闲谈中出现的老朋友一样，自然而然出现，毫无违和之感"，但他们与对相互关联的自然世界的描述水乳交融，丝毫不显山露水，包括跑龙套的在内，人人都有名字，绝非可有可无。这是一本天生焕发着民主色彩的书，埃里克·罗尔斯本人现身之时，也是场景的一部分，正挣扎于照料农场和写书这两种互为矛盾的活动之间。作家本人似乎成了这百万英亩的野地，为这一充斥着人类史和自然史的森林代言。罗尔斯的杰作，充满了不断累积的惊人细节、肖像和奇闻逸事，于是，皮利加森林像一幅原住民点彩画一样在想象中生长：莱斯·穆雷称罗尔斯写作历史的方式"几乎像点彩画家"。伊塔洛·卡尔维诺将经典定义为一部没有说完必须要说的内容的书，以此观之，很多人目此书为澳大利亚经典作品，绝非过誉。这一定是吸引我一遍一遍阅读它并最终驱使我前往拜见作者、亲身探索部分皮利加森林的原因吧。与埃里克及其妻子伊琳·范·肯彭初次相见，我们花了几天时间，乘着"寄居者"号（Sojourner）在大河上垂钓。"寄居者"是一艘木船，放在他们位于新南威尔士卡姆登·黑文（Camden Haven）卡姆登河（Camden River）边的房子里，我们一起漫游了巨大桉树组成的海岸原始森林。两年后的这一次，我回来和他一起登上内陆之旅，探访他在皮利加森林的故地。

多年来最严重的一次旱灾正值高峰，我坐火车离开悉尼，前去与埃里克碰头。《悉尼先驱晨报》（*Sydney Morning Herald*）报道说，那天有超过100处丛林火灾，天气预报称未来天气将更加炎热干旱。丛林火灾是澳大利

---

1 Saga, 指古代冰岛讲述冒险经历和英雄业绩的长篇故事——译者注。

亚司空见惯的天气现象。我们穿过悉尼郊区：斯坦摩尔、彼得沙姆、阿什菲尔德、斯特拉斯菲尔德、麦都班克。每座花园里的蓝花楹都盛开着：淡紫色的花朵与深蓝色的鳄梨树、盛开的白千层、枣椰树、猩红色的木槿以及四处攀缘的鲜蓝色的牵牛花交相辉映。

报纸上说，一名悉尼男子被一棵委员会禁止砍伐的桉树压死在自家花园里。接近霍克斯伯里砂岩的海岸群山时，我们开始在绵延不绝的桉树林中爬升，丛林大火的蓝灰色烟雾，萦回在桉树林上方，让桉树叶子的蓝色越发显眼。山谷在烟雾中消失不见，地平线看起来愈加平坦。火车蛇形于炎热的、鲜花盛开的树林中，在突然而至的黑暗中怪异地鸣起了喇叭。我们进入隧道，现身于阳光中，接着钻入另一个烟的隧道。更多的隧道，更多长满蕨类植物和松树、金合欢树和桉树的秘密山谷，接着，我们在灿烂的阳光中穿行于陡峭、林木葱茏、气势恢宏的皮特沃特湾（Pittwater）。在遥远的海岸那边，木质船库、栈桥和棚屋高高地架在波光粼粼的峡湾里，一半隐藏在树林中，一排排齐膝深的析满海盐的木棍，把牡蛎养殖场点缀得跟自留小菜地一样。

六个小时的行程中，丛林大火处处延烧，或表现为火车通道内和远方山谷中弥漫的烟雾，或体现于桉树黑乎乎冒烟的树干。卡姆登·黑文的气温高达 43℃ 尽管热浪持续不退，两天后，埃里克和我从沿海穿过肯普西镇（Kempsey）和布罗肯·巴戈（Broken Bago State Forest）州立森林驱车西行，大火所经之处，满目皆是裸露、烤熟的土地和烧焦的桉树树干。由于叶子会在高温下释放挥发性油脂，桉树容易引火烧身，如今，它们可以通过内皮下面隐藏的表生芽的立即萌发生长而保护自己。这就是 eucalyptus（桉树）一词在希腊语中的含义：藏得很好。你可以叫它们"隐芽"。埃里克说，在一场森林大火中，只有 5% 的桉树被烧焦，而在一场草原大火中，所有的草都会被烧焦。1830 年，布罗肯·巴戈依然是一片起伏的草原，河的两岸则是茂密的热带雨林。如今，除了在最深的沟壑仍有残余，遮天蔽日的热带雨林绝大部分已经消失，取而代之的，是高大的桉树森林。从沿海到肯普西，矗立在田野里的巨大的莫顿湾无花果树（Moreton Bay

Fig）、正在飞翔的鹦鹉和木头平房从我们眼前掠过。在伐木小镇窝求佩
（Wauchope），我们停车驻留，考察一棵脂木的树干，这棵硕大无朋的
脂木，像搁浅在海滩上的鲸鱼一样，孤立无援站在路边。据说它树龄长达千
年，可出产 1842 立方米木材，公告上不无自豪地宣布，是窝求佩的巴特莱
特公司把它拖出森林的。

　　我们在分水岭山脉的群山中蜿蜒向上，浓烟遮天蔽日，温度跌到了
11°C。最靠近眼前的空气间或变得澄澈，我们看见山谷沟壑都沐浴在蓝色
烟雾的湖中。时常可以看到袋鼠或小袋鼠的尸体，被老鹰和乌鸦啄得面目全
非。我们跟着一辆装满活绵羊的卡车，沿着无穷无尽的之字形弯道攀升。一
只绵羊无助地掉到地上，一条腿仍卡在板条里。"所有这些动物以前都是沿
着畜道赶到悉尼市场去的"，埃里克说。"房地产经纪人或拍卖商吹嘘起他
们出售的大分水岭及远至纳莫伊河（Namoi River）的农场来，会说'离悉
尼只有 400 英里'或'三个礼拜就可以轻松把畜群赶到悉尼'。他们以为这
些地方像股票市场一样四通八达"。

　　从西坡下山，我们进入秀美开阔、起伏不平的稀树草原，牲畜在零零星
星的蓝桉树荫下吃草。旱情十分严重：所有的东西都枯萎成袋鼠般了无生气
的褐色。瘦骨嶙峋、无精打采的褐色畜群在路边吃草，照看它们的饲养员穿
着短裤

　　我们跨过皮尔河（Peel River）桥时，塔姆沃斯（Tamworth）的气温
超过了 40°C。埃里克在一次大洪水袭来逃离自己农场时，差点连汽车一起
被冲入奔腾的河水中。一些房子像渔人小屋一样建在高跷上。在定居早期，
议会法案规定，为了"耕作和改善新南威尔士殖民地的荒地"，澳大利亚
畜牧公司（Australian Stock Company）将其总部选址于此。汽车驶入镇
区，看着一望无际的利物浦平原，埃里克谈起了卡米拉罗（Kamilaroi）原
住民。他们一度漫游于从塔姆沃斯到纳莫伊河以南的皮利加地区。卡米拉罗
语曾经是分布很广的土著语，现在已经消亡。他说，原住民都是很棒的语言
学家，经常能说五六种与本部落语差异很大的相邻部落的语言。卡米拉罗语
是一种极其精细、微妙、复杂的语言，光表示"看见"的词汇就有十几个之

多。接近故土时看见东西是一个词，看见远方的东西是另一个词，看见帐篷里的东西又是一个词。埃里克说，这种语言的格和时态比英语多。它甚至有三种形式的祈使句：正常祈使句、强调祈使句和嘲弄祈使句。

在《危险中的语言》（*Language in Danger*）一书中，安德鲁·道比（Andrew Dalby）记述了迪克森（R. M. W. Dixon）的故事。迪克森可称之为语言考古学家，曾经记录了许多处于消亡过程中的语言。1972年左右，他设法找到了两个仍然记得大约 100 个卡米拉罗语词汇的人。汤姆·宾奇和查理·怀特当时住在昆士兰南部的一个原住民定居点里。道比描述了其他人撰写的更多语言学著作，并与 1886 年出版了《卡米拉罗语》（*The Kamilaroi Language*）一书的李德利牧师（Reverend W. Ridley）等传教士在 19 世纪所做的笔记互为校勘。最后，卡米拉罗语词典大功告成，作为第一部关于该语言的词典上传到互联网上，而具有辛辣讽刺意味的是，此时，该语言行将彻底消亡。在卡米拉罗语中，当两个元音同时出现时，为了加以区分，一个发成吸入式送气音，另一个发成呼出式送气音，埃里克进行了演示。他还记得皮利加周围那些未受过教育的老一代白人男子，能像卡米拉罗人一样原汁原味地念出那些地名。他说，大部分英国人语言能力很蹩脚，说不定听错了库纳巴拉班（Koonabarabran）之类的地名，从而以讹传讹。

进镇的路上有一个路标上写着"欢迎来到塔姆沃斯，卡米拉罗人的传统家园"。埃里克对此投以挖苦的一瞥，他聊起了定居早期，擅自占据他人土地的白人放牧者是如何对付在平原上骚扰他们的卡米拉罗原住民的。他在《百万英亩野地》中是这样描述的：

这件事发生在 1827 或 1828 年一个叫作布拉姆比尔（Boorambil）的畜牧站附近。原住民按照以往解决纠纷的惯例，向白人放牧者发出挑战，约他们某日某时前往某地一决雌雄。白人们压根儿不想露面。当他们看到涂满油彩的武士浩浩荡荡迫近，聚集起来的所有牧民（有的说 7 人，有的说 16 人）都躲藏在结实的棚屋内，棚屋的围墙上挖了可以放置来复枪的射击孔。原住民向墙上扔长矛和回旋镖，以示嘲弄，但白人还是不肯露面，于是，他们向棚屋发起进攻，想把屋顶掀翻。他们连续进攻了数小时。或许有200人被射杀，大部分都是部落里的年轻男子。

埃里克说，武士们甚至企图从棚屋的烟囱里往下爬，但所有人都被一一射杀。

当我们准备穿越4000[1]平方英里的利物浦平原时，一群蓑颈白环（Straw-necked ibis）从头上飞过。这块辽阔的土地，曾是世上最肥沃的冲积土。如今，由于过度开发，它已经严重盐碱化。在蜂巢饲养场（Beehive Feed Lot），牛群正在长膘，牛肉将出口到日本。它们头顶炎热，踏起阵阵尘土，丧气地摇着尾巴，四周没有一丝绿荫可供躲避。埃里克说，这种牛肉也没什么好的。圆锥形的小山到处矗立着，它们是老火山的核心。在它们身后，遥远的西面，我们依稀看到沃伦邦格尔山脉（Warrumbungle Mountains）那令人震惊的颠倒轮廓，像葛饰北斋画笔下汹涌大海中的波浪。我总认为，这样的山脉只有童话里才有，它们看上去乱七八糟、形态不拘一格，像醉鬼画的线，半土著的名称带着点象声词的意味。树和汽车的残骸遍布于农场500英亩大的牲口围场中。我们涉过不时泛滥淹没平原的考克斯溪（Cox's Creek）和纳莫伊河，进入南欧黑松之地。一辆装载着一捆捆绿色紫花苜蓿的公路列车从另一条路上驶过。农场主、牛群和羊群都处于干旱导致的危机中，传言说要进行大规模的屠宰。收音机里连篇累牍报道的都是这方面的消息。

靠近库纳巴拉班时，埃里克把车停在路边，进入林地，我们走向一丛此地特有的本地白皮桉。树和不错，有60英尺高，白色的树干和树枝笔直而光滑。我们靠近其中的一棵，看到了最精巧的黑墨水涂鸦，这是一种叫红口桉蛾（Ogmograptis scribula）的小飞蛾幼虫在薄树皮底下的柔软组织中一路吃过去留下的杰作。幼虫蜿蜒漫步，在它自己的美食之旅中蚀刻下一

1　原文为40，显然当不起"一望无际""辽阔"这样的形容，应为4000之误，据维基百科，该平原面积为4600平方英里——译者注。

张小小的地图。但它的路线并不像看上去的那样随机，因为在其幼虫生涯的半路，它转了个圈，原路返回，消耗着一路排泄的荷尔蒙，以完成生命循环。接着，它化成蛹并羽化成蛾飞走，留下埃里克和我正打量着的神秘的昆虫笔记本。树皮上的之字形图案，像高低变化的气压在气压计坐标纸上留下的急促而不连贯的线条。人们把红口桉（*Eucalyptus rossii*）叫作涂鸦桉（scribbly gum），毫不足怪。它的近亲签字桉（*Eucalyptus signata*）也会自己签名，生长于新南威尔士沿海的狭长地带。

我们驶过皮利加森林自身的白羽松和铁皮木，到达埃里克农耕时代的故乡巴拉丁（Baradine）。小镇有种狂野西部的感觉：陶立克柱式、古典风格的市政厅，矗立于宽阔的、在下午的热浪中空无一人的大街上；唯一的小酒馆，楼上有带阳台的雅间；加油站；咖啡馆；理发店；农具店；一堆尾部相接停着的多用途运载卡车。在镇外几英里的坎伯丁（Cumberdeen），埃里克干了 22 年农活，在那以前，他已经在纳莫伊河皮利加以东的博加波利（Bogabri）干了另一个 22 年。坎伯丁农场铭刻了他太多的记忆，使他不忍现在回去故地重游。

巴拉丁以西，是一块曾被唤作漂亮平原（Pretty Plains）的牧场。这是一片 10 英里的狭长地带，拥有特殊的土壤：石灰质土壤的底土上，覆盖着一层深红色和灰色沙壤土，埃里克说，非常适合牧牛和种植异叶瓶木，他在自己的坎伯丁岁月里，既养牛又栽种异叶瓶木。这块小牧场散布着各种各样的树，埃里克把它们的名字记在笔记本上，粘起来像某种咒语：

异叶瓶木，盖节拉木，澳洲蔷薇木，

白木树，金鸡纳丛林，山核桃木，桉树，

铁皮木，熊柳，铁叶木，杯果木，

皮利加黄杨，菱苞澳洲柏，白木麻黄

野柠檬木，野酸橙木，红醋栗丛林，澳洲红色硬木，

迪恩金合欢，木贼页木麻黄，山地苦槛蓝。

　　我们决定继续向前，径直奔向森林里一个叫作 Merriwendi 的地区，它沿着一条宽阔的沙地路延伸十几英里长，接着，我们转到一条通往陷阱院大坝（Trap Yard Dam）的路。修筑这些大坝为的是蓄水。但这不是你想象中的苍翠绿洲。它们块状、泥泞的堤岸斜斜地通往被野马、野猪和牛群搅浑的一潭褐水。走进大坝，你第一眼看到的是树顶上的风车和木塔上曾用来为消防车加水的波状钢蓄水池。风力泵和蓄水池如今都已废弃，但大坝仍是一个观看动物和鸟类的好地方，特别是干旱季节的黄昏时分。它们的名字都很有趣：星期五溪坝、埃托奥钻孔、塔拉那水潭、车站溪坝、原木路坝、伍利巴钻孔、卵石风坝、黄泉溪坝、锯木坑路坝、死小母马池塘、野狗洞坝、笨冲沟钻孔。它们连接着复杂的溪流系统，这些溪流像充血的眼睛里的血管一样布满了皮利加地图。

　　次日，我们驱车到卡特雷夫（Cartref）锯木厂探访埃里克的朋友杰拉德·哈德。锯木厂就建在森林外的开阔地上，地里有一棵铁皮木，旁逸出一根强有力的树枝：任何人用锯子锯掉它都得费一番工夫。杰拉德三十多岁，穿着蓝色短裤和白色帆船 T 恤，一头金发，身形健美。他和巴里看到农活已经赚不了钱，于是自建了这家锯木厂并肩劳作。一系列平顶、开边的白铁皮小屋，用木柱和带螺栓的雪松支柱支撑，屋里放着锯台和刨子。一对大型的约翰·迪尔牌（John Deere）拖拉机为所有机械设备提供动力。他们一有钱就购买或用实物交换组件和材料，分阶段亲自建造了锯木厂。锯木机的刹车和滚轴花了杰拉德两箱啤酒，其中一箱他沾光一起喝了，锯片是攒了钱一片一片买的。白铁皮是一家老医院屋顶上买来的二手货。

　　他们正在把坚硬、致密的雪松锯成宽 4 英寸厚 2 英寸的木材。这些树是伐木工人送过来的，一卡车 15 立方米，售价 1000 澳元。经过机器加工的木材，可以卖到每立方米 500 澳元，但雪松的树干相对细长，因而会造成许多浪费。把它们切割成方块木料时，边上的条带、亦即树皮下面树干的圆形部分就浪费掉了。而且，圆形的锯片本身就有一平方英寸厚，因此，每切割四次，就会损失一英寸木料，并产生小山一样的木屑，但木屑量又不足以引起发电站采集其作为燃料的兴趣。皮利加太偏远，锯木厂规模又太小，木屑最后还是一烧了事，好像这个地方还不够热似的。雪松的强烈香气弥漫了整个锯木厂。杰拉德养的几只柯利牧羊狗，在空气里嗅着。他的木材供不应求，特别是日本的建筑行业，用它们来建造牢固的木结构房屋。雪松含有天然杀虫剂松节油，因此不会遭到白蚁的啃噬。

我们和巴里、杰拉德及其妻子在上头农舍的厨房里用了茶和茶点，算是迟到的早餐。农舍是一座木质老宅，现在已经以危险的角度向一端倾斜。它的木头墩子高低不平地陷在泥土里。巴里说，不时会听到类似枪响的声音，其实是屋顶圆材或结构梁从固定处脱落，像骨折的锁骨一样戳到墙外。然后，他们就只能每次将房子顶高四英寸，把它正过来，安放回支撑木垫上。这个小小的木头宅子，正一寸一寸在皮利加地面上横移。这也算是活动房子的一种吧。澳大利亚人是讲究实际的人，由于住所主要是木结构的，所以搬家时经常会连房子一起带上。杰拉德以合约方式搬过很多次家。"我只用拿着链锯，爬上屋顶，把它锯成两半"，他说。他甚至把房子像畜体一样切成一块块，用起重机装上低货架挂车，到了另一个地方再重新组装起来。埃里克和伊琳在卡姆登·黑文卡姆登河边的木头房子，就是用同样的方式处理的。他们先找到这个地点，然后在别的地方买了一座喜欢的房子，用卡车运到河边，用高跷撑起来，这样就可以多一层、一个阳台和一座船库，船库里就放着埃里克心爱的木船"寄居者号"。

杰拉德和巴里说，锯木是艰辛的劳动，但比干农活好，因为它时间安排更自由，能时不时地放一天假。他们跨越平原，到一些内陆湖泊中驾着小艇扬帆航行，或驾着自己的多用途运载卡车，以 50 英里的时速追逐野马。"它们是危险的牲畜，特别是公野马"，杰拉德说。"它们奔跑时，会抬腿向侧方踢车子或者咬你"。

可爱的深绿色的异叶瓶木，像高大的白杨树一样，在杰拉德的土地上投下绿荫。其叶子是上好的牲畜饲料，心皮的咖啡因含量极高，探险家莱卡特（Leichardt）在探险活动期间用它们制作咖啡：*Brachychiton populneum* 与可可树属于同一家族。卡米拉罗原住民会把异叶瓶木幼树甘薯似的主根挖出来，当蔬菜一样煮了吃。其木材也是制作独木舟和盾牌的上好材料。

太阳渐渐升起，我们驱车离开，经过树枝掉落一旁的高大铁皮木时，杰拉德农舍的白铁皮屋顶，似乎在热浪中晃动着。我们的车扬起一路尘土，穿过森林，来到地处巴拉丁边缘的加拉格尔绝缘木材合伙公司（Gallagher Insultimber Partnership）旗下的罗伊·马修锯木厂。*Eucalyptus leucoxylon*，即铁皮木，在皮利加森林多个地方长得郁郁葱葱，而且不导电。它强韧、坚硬，不负其名，因此，罗伊·马修锯木厂最繁忙的机器就是电磨机。一排又大又圆的圆盘锯挂在它旁边的墙上：每把锯子每天必须磨快三次。这个活以前是手工用锉刀完成的，埃里克在《百万英亩荒地》中记录了为杰克·安德伍德公司（Jack Underwood）石溪锯木厂（Rocky Creek Mill）工作了三十年的博特·鲁特利（Bert Ruttley），每个周末要用坏四把锉刀，为圆盘锯开槽，将钝化的锯齿重新磨快。

铁皮木通常是由雇用的枕木切割者砍伐的，他们居住或露营在森林里。罗伊以经营带电篱笆桩起家，这些篱笆桩横截面较小，来自枕木切割者认为太小、太弯曲而看不上的那些树。如今，最后一批枕木切割者也离开了森林。罗伊的铁皮木用卡车运到锯木厂时，是整树尺寸的原木。一辆大铲车开过来，把几根新原木运到传送带上。传送带将它们送到剥皮机的钢下巴内，剥下树皮，准备锯切。利用复杂的电脑控制，锯床操作工把铁木切割成一英寸半见方、适当长度的厚片，卖到世界各地以供制作各种特殊规格的电篱笆。浪费很少。树皮都被削成碎片并装袋，卖给园艺商店，木屑卖到发电厂焚烧，充当澳大利亚法律规定必须与煤混合在一起的那5%的可再生燃料。边角料落到传送带上，直接送到碎片加工厂，然后用卡车运走，再几经辗转来到日本，在那儿制成最上好的纸张。

铁皮木篱笆桩贮存在分类架上，根据间距桩、亦即隔开电线的"落地桩"的尺寸加以命名分类。桩的长短和间距根据特定动物或鸟类加以定制，从日本和韩国流行的七英尺长的防鹿桩，到国内市场需要的所谓"系紧式防兔桩"，不一而足。"墨尔本"是一种防袋鼠用的八英尺长斜落地桩。我认出几种让人迷惑不解的名称，比如"青蛙"和"企鹅"，以及六英尺规格的"鸸鹋"。一排排走过去，我还发现了让人浮想联翩的"六英尺特殊野生桩"，澳大利亚狗篱笆，据罗伊说，对防袋熊很有用，还有一系列用在太阳能驱动防野狗电篱笆上的落地桩和篱笆桩。从丹麦到新西兰，不管是哪里，也不管气候是干燥还是湿润，甚至在雪下一埋就是几个月的地方，铁皮木篱笆桩都能延续使用至少 23 年。

篱笆在澳大利亚历史上具有特殊重要性，那里的人们，在长达 40000 年时间里，没有篱笆也过得很好。它们突然降临，在神圣的土地上一路直线延伸，以带倒刺的铁丝网为威胁，凸显对土地的征用，这一定让土著居民疑惑不解，并深深冒犯了他们，这种疑惑和冒犯或许至今犹存。

当罗伊于 1979 年开始锯切铁皮木时，皮利加森林里还有 40 名枕木切割者在劳作。早年间，更有数百名之多。皮利加森林给身无资本的人带来工作机会，通过担当伐木工人和枕木切割者而获得独立生活的收入。随着铁路系统在澳大利亚的拓展，需要越来越多的枕木，而铁皮木坚硬、耐久，适合做枕木。男人们在便于取水的溪流边设立营地，接着常常建造房屋，抚养家庭，当家附近的树林砍伐完以后，他们就把斧子绑在门闩上，骑着自行车前往新的树丛。埃里克指给我看一些 2 英尺 6 英寸高的铁皮木底段，它们树龄很老，已经裂口，最初是枕木切割者用斧子砍伐的。他们在舒适的高度挥动斧子，避免弯下腰去砍树的底部，也不管因此浪费了多少好木材。

在修剪好砍下的大树后，枕木切割者把它们锯成规定的八英尺长段。他们具有超强的独立精神，会用一条坚韧的内胎，系在像"假人"一样敲进地里的一根弹性十足的曲棍上，拉动双人横截锯的另一端，一个人就把两个人的活儿干了。一旦树木被锯成枕木长度，就必须用斧头背不停敲打给树剥皮。埃里克难忘地描述起了这一结果："一根刚刚剥去树皮的原木，看上去就像一个从热水浴中起身步入冷空气中的女子，赤条条的，浑身鸡皮疙瘩，还有点惊讶。"接着，原木被劈或锯成 9 英寸宽 5 英寸厚的枕木。铁皮木很容易开裂，因此，经常会用一种罕见、坚韧、极其珍贵的叫作冈尼达铁皮木制成的木槌把楔子敲进去。

埃里克·罗尔斯在《百万英亩野地》中记录的皮利加枕木切割者的生活，促成了某种森林神话。莱斯·穆雷自己的父亲在结婚并成为牛奶场场主之前，也曾是新南威尔士森林地区一位赶牛人和伐木工人。他把此书比作冰岛萨迦，因为它"展现了一种比它内部任何动因都更大的复杂系统"，穆雷称之为"某种动态活动场景，勾勒出了一块数千平方英里的土地 160 年来的变迁"。但他在两者之间也发现了某种有趣的差别："在罗尔斯的叙述中，人与非人事物全都相互联系地发生，人只不过略显突出而已。"让莱斯·穆雷感兴趣的是，"萨迦只是偶尔为之，而他却让人和非人动因等量齐观。这一等量齐观，我们可以称之为生态意识，并把它看作万事万物相互联系这一古老意识的新的形式"。

东游伊甸园

巴里·朱尼珀（Barrie Juniper）给我讲了一个关于苹果起源的故事，该故事亦庄亦谐，介乎圣经的《创世纪》和吉普林的《如此故事》（*Just So Stories*）之间。受其吸引，我此次要前往哈萨克斯坦。在牛津大学圣凯瑟琳学院门房间外一棵黑桑葚树旁边，我见到了巴里，那棵树就是他三十年前种下的，树上掉下来的桑葚果把行道石染上了斑斑点点的深红。巴里时任该学院学监，是牛津植物科学系的权威和苹果研究的泰斗。非野生苹果可以溯源到哈萨克斯坦的天山山脉，我得知朱尼珀在这方面做了开创性的工作，所以特来拜访请教。午餐时，朱尼珀大略讲述了天山的野生苹果是如何经由漫漫丝绸之路传到了西方，其间得以栽种成功。他发现，天山的野生苹果即塞威氏苹果（*Malus sieversus*）在丝绸之路上演进成了现代人工品种即栽培苹果（*Malus domesticus*），并最终随着罗马人来到了英国。

巴里·朱尼珀研究人工栽种苹果的祖先已有多年。他估计全世界现有大约两万种的苹果，其中英国记载有六千余种。他意识到，很多尚未灭绝的古老品种已经难得一见，因此亟须通过 DNA 样本来绘制它们的基因图谱。1998 年，他曾和一些牛津的同事前往中亚去搜寻乌尔苹果（ur-apple）。他们去了哈萨克斯坦的阿尔玛塔（Alma-Ata），即今天的阿拉木图。阿尔玛塔通常意译为"苹果之祖"，但哈萨克斯坦有学者认为更确切的说法应为"苹果之地"。朱尼珀和哈萨克斯坦官方折腾了一年多才获准进入偏远的天山山脉寻找野生苹果；最终，在 1998 年夏天，他们一行在军队护送下从阿拉木图出发，来到了被称为准格尔阿拉套（Djunguarian Alatau）的偏远的山坡地带。在这里他们发现了各种野果林：梅子、杏子、山楂、花楸和苹果。这些苹果都属于塞威氏苹果，形状、大小、口味则迥异，有的偏硬，有的发酸，有的样子和吃口与我们如今经常栽种的苹果相差无几。

他们把采集到的苹果样本带回牛津大学进行了 DNA 分析，发现塞威氏苹果比任何其他的野生种都更接近现代栽培苹果。那么，现代栽培苹果有数千种之多，它们怎么可能会都源自天山的野生苹果林呢？何况塞威氏苹果还很难和其他苹果种杂交？可食苹果是怎么开始发生变异的呢？苹果何以能做到如此变化多端？一言以蔽之，这是因为苹果树是杂合体。把同一棵苹果树结的一百个苹果的籽种下去，长出来的苹果树都往往会两两不同，与父代也有所差异。几百年来，人们如果相中了某种新苹果，就截取其枝条移植到其他苹果树上，于是乎偶然之间又一种苹果就诞生了。因此，所有的"绿色大苹果"（Bramley）种苗都是来自北安普顿某户人家后院的一棵苹果树上。以此类推，今天人们吃的任何种类的苹果都是由几千年前天山的苹果老林进化而来的。

午饭后，巴里·朱尼珀和我在教员休息室坐着喝咖啡，翻看《时代地图册》的中亚部分。他给我讲起了他对苹果进化的看法：这一进化始于长江流域，绵延到新石器时代的美索不达米亚，再延伸到牛津的果园。在朱尼珀看来，所有苹果共科的蔷薇大约从一千二百万年前开始进化。根据中国华中和华南尚存的二十多种野生蔷薇种来判断，古蔷薇可能长有可食用的硬种子，和其近亲花楸树的果实差别不大。这种种子可能是通过飞鸟传播的，其中一小部分经过如今中国甘肃省所在的沃土地带，渗透到了喜马拉雅造山运动中正在形成的天山区域。朱尼珀认为，候鸟嗉囊或粪便所带的"鸟苹果"籽可能只有一两颗翻山越岭来到了天山和伊犁河谷。荒凉广袤的戈壁沙漠则阻断了新的苹果籽再回东家；西边虽有冰川侵围，但冰线始终够不到这些高山。

在天山脚下和山谷中，这种新苹果算是找到了真正的乐园。大片林地中生活着的熊、鹿和野猪在秋天吃野果时爱挑这种味更甜、汁更多的苹果，蜜蜂则在此项进化工程中专司授粉一职。天山山洞众多，洞中的熊对野果情有独钟，野果的籽有可能经熊的肠道完好无损地随熊粪排出、萌发。朱尼珀指出，熊那垒球手套般的爪子极其适合抓苹果。他见识过熊会如何疯狂地破坏长着大爱甜苹果的果树，揪扯之下会连枝掰断。而在草原之上，苹果熟了也有大群的野马和野驴来嚼食，使得苹果一路向西、向南扩展到了今天阿拉木图所在的地区。和熊一样，野马、野驴也爱吃个大、汁多、味甜的苹果，因而越往西苹果就变得越大。与此同时，进化的压力迫使苹果从籽粒可吃的"鸟用果"变成了籽粒有毒的"哺乳动物用果"。苹果籽因含氰化物而发苦难吃，又进化出了光滑、坚硬、泪状的种皮，所以能毫发无损地通过动物的肠道排出。

朱尼珀认为，等到这种"新"苹果在天山东麓北坡安营扎寨时，它的大小和吃口已经进化得和今天的苹果差不多了。后来，人们沿着古老的动物迁徙路线向着东西方来来往往，也推动了苹果的传播。人们把这些路线称为"丝绸之路"，其实这些路早在发现丝绸之前的五六千年就已经人来人往了，只是因为丝绸之故才在公元元年到公元 400 年期间得名。朱尼珀说，在早期，骆驼是"丝绸之路"上的主要交通工具，它们也像其他食草动物一样爱吃苹果，但是骆驼消化系统强大，苹果籽也无法幸免。接着，大约七千年前哈萨克斯坦平原上发生了一件大事：马得以驯养成功，很快走上了商道。北线的路更直接，从上海经西安和中国西北的乌鲁木齐到阿拉木图、塔什干和布哈拉，再经安纳托利亚直到地中海沿岸。冬天天山大雪封山后，商人则要绕远取道南线。从七月雪化到十一月降雪，商队可以走北线穿过伊犁河谷，经阿拉木图穿过天山山脉，沿途要经过那些野苹果林。

多亏了马相对低效的消化系统，苹果籽才可以安然穿肠过肚，所以马又是高效的播种者，使得不同的苹果种子可以随机成苗变树、开花受粉，进而基因衍生壮大、果性丰富多姿。对驮马和商人来说，苹果都是相当便携的食物来源，肯定塞在鞍囊中跋涉了千百英里。待到罗马人把非野生苹果引进到英国时，他们已经学会了嫁接的技巧了。

巴里一天下午骑车穿过牛津时偶然发现了嫁接的早期起源。当时他遇到了东方学家斯蒂芬妮·达理（Stephanie Dalley）博士，达理正在翻译一些楔形文字木牌，她告诉巴里她在上面看到了一些东西。这些木牌来自 3800 年前，是在叙利亚境内幼发拉底河畔的马里（Mari）发现的。有些木牌上描绘了在底格里斯河和幼发拉底河河谷的葡萄嫁接场景，当时，由于引河灌溉，巴比伦人已经遇到了土壤盐化的问题。这些木牌揭示出，当时的园艺工和果农已经会把葡萄藤嫁接到耐盐的砧木上。他们既然会嫁接葡萄，想必也会嫁接苹果。

要想让某棵中意的苹果树繁衍新树，只有截枝嫁接的方法比较可靠，把接穗的根部塞进榅桲等硬水果里面就可以保存、携带了。如此，心仪的果种就能一路西行，在巴比伦的果园里开花结果，继而在希腊和罗马落户，最终来到英国。

罗宾·兰恩－福克斯（Robin Lane-Fox）在亚历山大大帝传记中写到，这位胆魄过人的将军把底格里斯盆地的嫁接能手带回了希腊，而且有书记载，他还曾训练士兵在海战中把苹果作为"空包弹"在舷侧发射。罗马人从希腊人那里学会了种苹果，最后又把这手艺传到了英国。在法国南部的加勒地区圣罗曼（St Romain en Gal），一幅罗马镶嵌画描绘了苹果从嫁接到采收这一整个周期的历程。罗马人把塞威氏苹果的接穗嫁接到欧洲野苹果（*Malus sylvestris*）株上，这样下半截树干最终还可以做成水车或者风车上的凸榫。巴里相信，撒克逊人一定是接手了罗马甜苹果的残存果园，才会拿它们给许多地方命名。他已发现至少四十七处地名带有苹果字样：比如有的村镇叫苹果倍（译注：原文 Appleby 中的 Apple 即苹果之意）和苹果多（译注：原文 Appledore 中的 Apple 即苹果之意）。凯尔特语的前缀 af 或 av 也意味着"苹果"，比如 Avalon（译注：阿瓦隆，凯尔特神话中的圣地，其意之一为苹果岛）和 Avignon（阿维尼翁）。

听说我不经数月准备就要前往哈萨克斯坦和吉尔吉斯斯坦境内的天山山脉，巴里认为我简直是疯了。面对申请签证和进山许可所涉及的繁文缛节，他直言我多半会放弃计划。他和牛津大学的同事们最初为了寻找天山的果树林可是写了不下两百封电子邮件和信件。巴里险些言中。当我骑车一次次地穿越伦敦前往肯辛顿维多利亚与艾尔伯特博物馆对面的哈萨克领事馆，或者在地下室楼梯尽头的一间憋闷的办公室里排队坐等莫须有的签证时，我有几次真要放弃了。

然而我终究还是在凌晨两点飞抵阿拉木图，见到了巴里·朱尼珀的朋友，也即我的翻译路易莎。路易莎正在学驾驶，来机场的路上顺便跟教练约翰尼学了一课。约翰尼载我们返城，把拉达在宽阔、空荡的林荫道上开得飞一样快。路两旁的椴树树干都刷了白灰，葡萄酒厂外面的椴树被修剪成了酒瓶形状。我后来才发现，哈萨克人钟爱修剪树木，不管遇到什么树，能挥舞剪刀的话就绝不会错过。在共和国广场那里，老政府楼外面的一排中亚榆树树冠给修成了完美的穹顶形，俨然一排戴着墨绿高帽的士兵。阿拉木图到处是树和树状喷泉。

约翰尼的拉达在阿拉木图酒店那宽阔的前庭面前相形见绌，我那异常邋遢的背包也是自惭形秽，倒是行李工神态自然地非要把它搬进去。阿拉木图酒店在歌剧院对面，是苏联风格造就的一间硕大的酒店，一层层的阳台仿佛海轮上的一层层甲板。路易莎不知对不苟言笑的接待员们施加了什么魔法，我有幸得到了三楼的一间客房，里面乱得妙不可言，浴室不带塞子，阳台落地窗卡住了推不开，外加电视、破冰箱、大桌子。我们定好了早晨再见，我就马上睡着了。

阳光、车流把我唤醒，城南天山山脉的座座雪峰如同背景布一样让我大为惊喜。太阳从岭上照过来，在顶峰的积雪上泻下了一袭淡鸭蛋青。背光之下，一切都成了戏剧般的剪影，路上行人恍若牵线木偶般在移动。空气清新又凉爽。这座城市是苏联直线网格式布局的产物，在两三千英尺的高度沿着山坡拔地而起，背依一万五千英尺的高山。此城给我的第一印象是森林之中的浪漫之都：树木遍布城区，浑然天成，外形粗犷，汲取穿城而过的冰河山溪，在路旁和公园里遮阳蔽日。

俄国人在 1870 年和 1880 年规划了阿拉木图，那时它在俄语中还叫阿尔玛塔。德国设计师鲍姆（Baum）规定，每个公民必须在自家门前种植五棵树。这一规划大获成功，如今阿拉木图的树木多达 138 种。鲍姆在德语中的意思即是"树"。这位树先生尤其偏爱枝繁叶茂的贡布（Kompot）区，kompot 意为"水果色拉"；每条街道都要以树命名的规定也有可能是他的主意。梅子街、樱桃巷、杏子园直追我国不同凡响的鸟笼道、裙子巷之类的名字。阿拉木图的许多街道都有正当盛年的郁郁葱葱的高大橡树遮蔽成荫，它们起先无非是鲍姆先生口袋里的橡子罢了，真是沧海一瞬。好的苹果园子到处都是，野苹果林则在城后的阿拉套山坡上形成了一道屏障。显然，冬天上山的话，有时还能在雪下扒出秋叶下面保存完好的苹果。

外面艳阳高照，在宽阔的共和广场（Republiky Alangy）那里，一群人正在独立纪念碑的台阶上庆祝婚礼。由一只手风琴、一只两弦冬不拉、一只颇像爱尔兰宝思兰的鼓组成的民间小乐队奏起了哈萨克歌曲。一些宾客翩翩起舞，其他人则做姿照相，大家都盛装西服领带或艳丽裙裾。路易莎拦下了又一辆拉达，我们驱车去见阿拉木图植物园园长、哈萨克斯坦科学院的杰出院士伊萨·奥玛洛维奇·白图林（Isa Omarovich Baitulin）教授。午饭时，我们一边喝着罗宋汤和茶，一边商定第二天前往城东三十英里塔尔加尔山谷里的野苹果林。我的准备工作备尝艰辛，一时竟然难以相信计划成真了。伊萨长着鹅蛋脸、高颧骨，有着蒙古哈萨克人的细眼睛和橄榄色皮肤，看上去真是英俊潇洒。难以置信的是，这位身材匀称、行动敏捷的男子已经八十开外了。他大部分时间都是在户外度过，潜心研究依树根而生的菌类。

伊萨不大能讲英语，很惭愧我也只懂一点俄语，哈萨克语则不会说，好在通过路易莎的翻译，或者是树木与植物的拉丁文名字，我们还是谈得很开心。伊萨说收获季节还没结束，大部分果子还在树上，明天正好可以在野果林里散散步；到五月末，白花漫山遍野，简直像下雪一样。果林里还有野杏子、黑加仑、覆盆子和桑葚，哈萨克斯坦南方的野果林里则到处是胡桃和开心果。野苹果长在海拔三四千英尺的山谷里。他说，阿拉木图城区海拔两千八百英尺，后面的准格尔阿拉套山则有一万六千英尺。伊萨谈起了伟大的苏联科学家尼可莱·瓦维洛夫（Nikolay Vavilov），说他率先提出所有现代栽培苹果的始祖可能就长在天山山脉上，并于 1936 年和 1937 年亲自率领第一支植物考察队深入野苹果林中进行了科考。瓦维洛夫确信现代栽培苹果纯粹是从天山野苹果进化而来，但是苦于没有现代 DNA 技术他无法证实这一假设，这要待到六十年后由巴里来完成了。一顿午饭消除了我们刚见面时的拘谨，大家都放松起来，约好了明天一早伊萨乘俄式吉普车来，大家一起前往野果林。

我们一行五人挤进阿里·汗的红色吉普车中，在壮丽的朝阳下朝着塔尔加尔山谷的野苹果林进发，中途路过了阿拉木图东南约四十英里处的塔尔加尔村。菲茨罗伊·麦克里恩（Fitzroy Maclean）的《走入东方》（*Eastern Approaches*）触动了我此次旅行，他本人在 1936 年第一次在阿拉木图出城游玩时，就是挤在卡车里走了这条一模一样的路线。到了塔尔加尔之后，麦克里恩便徒步进了山，苏联内务人民委员会的特工如影随形地跟着他，但是他们到底是东道主，结果反倒在山上一间农舍里请他吃了午饭。

司机阿里·汗是伊萨的儿子，是位法官，不过他眼下显然没什么案子审，反而忙着成立旅行社以便接待到访的科学家。伊萨·白图林此行邀请了库拉来·卡里巴雅（Kuralay Karibaia）博士，这是位棕发女性，穿着牛仔裤和红黑色垒球衫。库拉来管理着联合国全球生态基金下的一个项目，以便保存这些野果林子。

前面就是外伊犁阿拉套的雪峰和一万六千五百英尺高的塔尔加尔山。我们的吉普车是一辆帆布顶的瓦兹，弹簧硬得很。车里没有安全带，只有仪表盘上有个拉手。大家都坚持让我坐前座，但老实说我宁可坐在稍微安全一点的后排，现在反而是伊萨、路易莎和库拉来挤在那里。一两英里之后我们已经满身灰尘了。宽阔的大路上尘土飞扬，路边是刷着白树干的白杨树或者橡树，我们一路颠簸，要扭来拐去以避开路上的坑坑洞洞。

不久我们就进入了郊区，开过了一间间平房，这些平房有着明亮的木框窗户，松木板或者土做墙，屋顶是薄沥青白铁皮或者毛毡，还带有吊脚小阳台或者门廊。墙壁大多涂成了赭色，门窗是亮蓝色，家家都有果园，里面枝繁叶茂，果子喜人，大多数是苹果和梨树，也有杏子和胡桃。在果园边上我们看到有小餐桌和椅子，上面的罐子里装着野菌菇、牛奶或者蜂蜜出售。有些人家则把一盒香烟、一两只瓜和一瓶柠檬水摆成了有趣的组合；或者汽油、机油和一提土豆也成了搭配。有个姑娘蹲在白杨树荫里守着旁边的一堆瓜，另有一个人卖的是树皮绑的柴枝扫把。每个刷了白灰的树干旁边都有满桶的苹果和一篮篮的番茄、洋葱、葫芦和南瓜。

我们现在开上了大草原，沿着1936年苏联帝国时期菲茨罗伊·麦克里恩首次秘密前往阿拉木图的原路奔驰。路旁的林荫之外，哈萨克骑手正在放牛，褐色的草原和土地一望无际，平原远处的人则变成了一个个小点。狗儿和马驹在大草原上奔跑撒欢。路两边溪流潺潺，前方是商用苹果园，那里果树平时经常有人修剪，现在则没人得空。伊萨称这些果园已相当于人到中年了。牛群在苹果树下吃草，牧牛工则在阴凉地里四仰八叉地睡觉。我们经过了一个人，他晃晃荡荡地推着一个底下带轮子的搅乳器。我们还看到一辆赶花期的养蜂篷车满载着蜂巢停在一座仓房旁边，等着拖拉机往林子里拉。

塔尔加尔在麦克里恩时代就是个大村子，如今则几乎成了个小镇。我们在干泥巴巷子里穿行，四周全是赭色墙壁和蓝色窗户，一群猎犬和杂种狗围着吉普车前呼后拥。接着我们拐进了林业局总部的大门，发现满院都是伐木的大卡车，车下钻出来更多的狗欢迎我们的到来。其中的五辆牛鼻头俄制军用旧卡车配备着绞盘、起重机、牵引器等应有尽有的设施，光车轮就有一人多高。两位林务主管西装革履地从办公室出来和我们正式见面，这一切被在门房间里的一位老奶奶尽收眼底，而她的床也在门里边依稀可见。经介绍，我认识了首席林务官麦迪奥（Medeo）。

这两位林务官登上了他们的吉普车，带我们离开了塔尔加尔，大油门爬坡经过了一个露天巴扎，那里有更多的卡车在卸土豆和洋葱。通往山脚的土路上，沿途每个垃圾堆上都长着淡蓝色的菊苣。人之历事，有时会因目不暇接而眼花缭乱，却也因而耽于其中，我恰恰就处在这样懵懵懂懂的状态：哈萨克语和俄语你来我往、山头玫瑰如火如荼、村庄集市喧闹非凡、白杨影子摇曳生姿，一切的一切恍如梦中。我们蹚过了一条河床，又经过了一座可爱的、木质的乡村旧清真寺，该寺貌似一座村公所，银色尖顶熠熠生辉。开过农家院子时，我们看到了烟熏火燎的黑色土灶，上面支着白铁皮顶子来遮阳避雨，还闻到了烧木头烤面包的阵阵醇香。汽车在山脚的果园间穿行，园子里是苏联人种的苹果，成熟的粉色苹果硕果累累。我们颠簸着转过圆圆的山脚，下到了山溪流过的小河谷，摇摇晃晃地涉过了浅滩，绕过弯再直奔下一个山坡往上开。这辆瓦兹漆工精良，我注意到我所抓着的仪表盘上的扶手是车里因为手到"漆"除而原"钢"毕露的唯一部件。

我们停下车来欣赏一个果园，库拉来跳起来拽弯了一根树枝，我们趁机偷了一两个苹果，和三十年代麦克里恩路过此地时的做法如出一辙。我们吃力地爬着坡，东拐西拐穿过了一个个村庄和农场，其中有个果园棚屋好像一个小清真寺，上面盖着似乎是油桶打的白铁皮顶子；每家农舍园子里都开着万寿菊；土制的面包炉挺胸腆肚，外皮焦黄开裂，顶上凉着刚出炉的面包，好像一只只猫在打瞌睡；农家院子四周高耸着吓人的栅栏，狗拴在院子里的旧车壳子上，这些车壳既做凉棚又当狗窝。此情此景不由得让我想起了人们时不时提起的关于山匪的刺激的传说。我们还路过了一辆拖拉机，小小的驾驶室里面挤着满满一家人，方向盘上面歪歪斜斜地坐着个小男孩，后面开车的是个喜气洋洋的农夫。

再往高处开，我的耳朵开始因气压而发胀，空气也凉得多了。爬过一道岭后，我们突然眼前一亮：野苹果林到了。我们要去的山坡上全是野苹果树，这片林子开头还是一片树木稀疏的牧草地，慢慢就成了沿坡而上的密林。妙的是，此处乡野我似曾相识。兴奋自不待言，但我完全宾至如归，在此地人景合一。说也奇怪，我感觉仿佛一直就是在这里生活一样。我们先穿过了一片野草地，上面稀稀落落地长着单棵或丛生的高高的苹果树，其复杂的主干如同筋腱一般盘枝错节。这些树高达三五十英尺，旁逸斜出，不修边幅，只有个别地方有动物啃咬过，由于年成不错，枝条上还是果实累累，艳

阳之下，阴影在眩目的黄色秋草上历历在目。有一棵树大得出奇，一望之下
苹果满树，我走近细瞧才发现我看到的不是苹果，而是阳光里的片片黄树
叶。这棵树的树皮给马和牛蹭得很光滑，一丝丝马毛和牛毛不像沾在上面，
倒像长在上面。数百条山溪顺山而下浇灌着草地，野苹果林就扎堆长在这些
小河谷周围。我们现在在高高的山坡上，天空湛蓝，空气清新、稀薄。南面
横亘着天山山脉，北望则只见几百英里乃至几千英里的淡褐色草原，近景是
多石的低矮山丘。

　　吉普车在这高原草地上突突突地开了几英里后，在一堆木头蜂箱前停
了下来，蜂箱旁边还有一辆旧奔驰卡车，以及一辆线条优美的木框钢板大篷
车，这车仿佛直接从意大利电影《大路》（*La Strada*）里开出来的一样，
以至于我还期待着男演员安东尼·奎恩一夜操劳后穿着衬衣衬裤打着哈欠就
从里面懒洋洋地出来的场景。现实没让我失望：出来的是外形毫不逊色的瓦
勒里。草原和沙漠的经年日晒造就了他的眯眯眼，他长着高高的颧骨，古铜
色的脸颊，看上去很慷慨和善。他可能才三十多岁，可是我感觉他这种饱经
风霜、身材瘦削、为人坚强的样子是不会变了。瓦勒里脚蹬骑手们常穿的黑
色小山羊软皮靴，靴子由整张皮精心缝制，靴筒高过小腿肚，裤腿在里面潇
洒地一塞，上身则穿着黑色的鸡心领 T 恤衫。他养的十多只大兔子正在兔草
栏里吃草，他还养着几只山羊和一小群绵羊。说话间，一群鸡从大篷车下现
身，又继续到处啄食去了。瓦勒里指给我们看了草地上他放蜂用的野花。春
天时山头上到处绽放着野郁金香，但是秋天的地里则只有淡蓝色的菊苣。瓦
勒里养了六十七箱蜂，每箱年产蜜大约十到十二加仑。他说大约五十箱蜂能
产一吨蜜。每年一箱蜂自用蜜大约 265 磅，十到十二加仑是剩下的。要是给
蜜蜂喂糖的话蜂蜜就能剩得多，但瓦勒里一般不会那么干。到了盛夏，这些
山坡会散布着一千多个蜂箱，蜜蜂则到野药草上和果树林里采粉觅食。

　　不知道瓦勒里是否单身，平时又是怎么消遣。不用他开口，一看就知道
他显然很喜欢这种生活。他说塔尔加尔群山的气候是完全独立的。冬天大雪
能连下几周，积雪厚达三英尺。阿拉木图零下五度的话这里可能还是温暖的
二十度。我们看上去像个考察团，似乎不宜问他太多个人问题：我们触及的

是一种在一处地球最美的地方平和得近乎修道般的生活。瓦勒里说，一到春天漫山遍野一下子都是蜜蜂和鲜花，片片橙黄色的草地上郁金香如火如荼，苹果花、杏花、山楂花会把群山罩上皑皑白雪。

我对瓦勒里本能地生出好感，分手时依依不舍。我和他四手紧握，四目相望，仿佛在对他说："虽然山水迢遥，但我对你油然而生敬意。两类人天各一方却能一见如故，而没有丝毫芥蒂仇视，我十分感动。"这番心里话差点脱口而出，还好我及时咽了下去。瓦勒里有最好的苹果花蜜，路易莎和我合买了一升装的一罐。他递过来时，我感觉这是上苍的祝福，是此地和野苹果的善意和美好的明证。同行的新朋友们的脸庞也让我有同样的感觉：我首先看到的就是他们的善良美丽，诚如不同的花粉基因彼此结合酿造了蜂蜜，真高兴丰富多彩的人类基因造就了他们。

再往林子里走了一阵，我们在一小块林间空地停了下来，采了些指头大小的山楂果。英国的山楂科里也有这样的果树，但这里的果子是甜的，虽然还是要吐出硬籽。伊萨和库拉来转而打量起来残存的一丛植株很密的黑加仑，这是从中国传来的巨大变种，不像英国本地的黑加仑那么酸牙，倒是给我们的野林探秘之旅增加了一道美食。

我们的嘴和手黏黏糊糊地又橙又紫，在果树间钻来钻去觅路，经过了在密林里一块空地见缝插针搭起来的一个孤零零的毡房，也看到了两三个营帐居所和农家小院。有一家人住在一所只有四五个装货箱那么大的简易木屋子里，旁边拴着他们的马和牛。两个小姑娘正在给妈妈辫齐腰的长发，美滋滋地梳理着阳光下那闪闪发亮的头发。在一条很陡的凹道两边露着榆树、苹果树和杏树的树根，车爬上去后，我们就来到了林中的一户农家。伊萨微微一躬身，说林务官就请我们在这里吃午饭。

这户农家坐落在果林深处，上面枝叶交错，下面凉爽宜人，树影斑驳。我们要沿户外的松木台阶拾级而上，再穿过吊脚门廊进到房间里。在台阶下面，我们都停下来洗手，那里地上立着个桩子，桩子上面支着个装置当小水桶，下面是个洗手盆。在中亚，不管到哪旅行我可要熟悉这些优雅的节水装置。这个钢桶像个小茶壶，能装两三升水；拿手背往上顶一个活塞插头，水就能流出来洗手了，就像挤牛奶一样。桩子上还搭着一个肥皂碟和手巾。

　　我们都在门廊里脱了鞋，把它们和主人家的几十只鞋放在了一起。这一风俗使我想起了自己上小学时每个同学都有自己的鞋袋子，要装好鞋挂在衣帽间的挂钩上，换上上课穿的"居家鞋"。穿着袜子在铺着精美地毯的木地板上走来走去一下子就感觉到亲切随和了。一个穿着红裙子、戴着绿丝巾的妇女不苟言笑地把我们带进了角落里的一个房间。这间房最里面贴墙放着一张床，松木板做的墙壁，地板上铺着一块块小毯子，其中有些带着毡毛织就的醒目的、弯弯曲曲的哈萨克图案。一张大矮桌占了房间大部分，此外还有好些个垫子以及壁炉旁的一个茶壶。这就是林务官麦迪奥的家，他妻子和女儿蹲在那里照管着这个茶壶，一边不停地给我们续着奶茶。

　　桌子上摆的各色菜肴蔚为壮观：一碗碗的 kymys 即发酵马奶、酸牛奶、什锦野蘑菇、番茄片、黄瓜片。我们贴墙盘腿席地而坐，身边塞着垫子。伊萨作为长者坐在首座，我作为主客坐在他左边，麦迪奥坐在他右侧，路易莎坐在我旁边，接下来是库拉来，然后就是家里的女眷以及另外两位林务官。我们得知这个农舍有个名号，叫 Saimasai，意思是"幽谷清溪"。

　　午饭开始前，伊萨先做祷告。他的祷告又长又投入，似乎不只是简单的感恩。我们坐着空捧着两手，做出接受上天赐食的样子。接下来是上奶茶、加酸奶，依次传递。伊萨建议大家喝伏特加、葡萄酒或者白兰地。路易莎和我都选择了葡萄酒，要尝尝果香附齿、酒体醇厚的哈萨克斯坦红葡萄酒。我们先吃的是炭烤小羊肉串，配干硬牛奶酪和面包，以及美味的甜甜圈泡酸奶。

　　祝酒时间到了，不出游牧民族口述文化传统的特色，大家依次进行了长篇祝酒演说，路易莎豪爽地做了翻译和删节，把情感表达得淋漓尽致。伊萨先开口，振奋人心地称颂了大自然的荣耀，结尾深情地说道："为自然效命是在所不辞的高贵使命，有所辞则于理不当，因为我们的共同目标是为世界生态而工作"，博得举座赞同。大家酒杯再次斟满后，库拉来起立，又对大自然进行了热情洋溢的长篇赞美，在高潮时铿锵有力地说："大自然的馈赠如此丰厚，为着这样多姿多彩、为着它在自然界的万千化身，我们责无旁贷要工作一生。"我感觉，我们大家倒都像是在达汀顿（Dartington）或者芬德霍恩（Findhorn）参加地球会议一样。

　　轮到我了。我斟满酒杯以壮胆量，说哈萨克斯坦对世界有两大贡献：苹果种植成功、野马驯成家马。不过，我手一挥说，今天我又发现了第三大贡献：好客天下无双。就这样，祝酒越多，祝酒词就越长、越诚挚，个个都像吟游诗人在慷慨激昂地讲述史诗。哈萨克人因其伟大的口述诗篇的传统而自豪，这些诗篇通过吟游诗人（或曰阿肯，*akyns*）在所谓阿伊特斯（*aiytis*）的对唱比赛上表演而口口相传，所以在座诸位都能说会道就不足为奇了。

　　这激动人心的场景之后，伊萨宣布中场休息，等待接下来的一两道菜，趁此空当，大家好呼吸一些午后室外的空气，增加点食欲，多酝酿些祝酒词。库拉来策马进了林子，返回时径直奔驰而来，鞍囊里都是野苹果。我则爬上了一条陡峭的小径尝尝一些甜甜的野苹果，把苹果籽塞到裤袋里准备带回萨福克种。秃鹰在树林上方叫着，马匹则拴在树荫下吃草。

　　回到农舍以后，我给这个夏季露天伙房勾勒了一幅画，这种伙房设施我以后在中亚到处都碰得到。这样的所在总是能勾起我这个自封的建筑师的内心情怀，我不禁想有朝一日自己也改改样造一座。让我在像莱奇沃斯（Letchworth）、韦林（Welwyn）、或汉普斯特德花园郊区（Hampstead Garden Suburb）这样的自己喜欢的花园城市中自由发挥的话，我会选择在棚户区和自耕田中间动工。这样的场景应该不错：四无遮挡的伙房建在花园里供露天做饭，紧邻菜圃和堆肥，伙房自带烧木柴的灶头、炭烤架，台盆下水直排灌溉系统，就近还种着甜瓜、小胡瓜和葫芦。这样的夏季伙房和主屋隔开，烟火味和菜肉香就不会飘进主屋，而且还有地方既利于通风又能在热腾腾的明火上叉烤全羊，另外还有宽敞的土烤炉能烤很多面包。现在主人家的女眷们就在忙着烤全羊，她们戴着头巾、穿着花裙，孩子们戴着绣花药盒帽（译注：样子像药盒盖子的一种平顶无边圆帽），大家一起忙着准备接下来的菜。

　　这个夏季伙房上面是波纹白铁皮顶子，罩着下面连片的土灶台、土烤炉、土烤台，而且往前伸到了一个木质的工作台上面，与削矮的榛子树形成的三个拱顶一起构成了一个游廊，这三个拱顶一定是在榛子树还青绿柔嫩时掰弯了绑在一起形成的。伙房正面还有榛子枝做的栅栏，入口处有木头台阶，装着柳枝门防止狗跑进去。我看到伙房前面还有个花圃，蜂鸟在万寿菊上盘旋着捉蛾子。除了波纹白铁皮顶子，这座小小的宫殿所有的用料都是就地取材，只需在灌木林里挖些树或砍些树干，砍后还能很快再长出来。

隔着花园，这个夏季伙房的对面就是桑拿房，也是半土半木的棚屋，靠烧木柴来加热上面的水箱。桑拿房里面清爽阴凉，刷着白灰，有个条凳在脱光了熏热蒸汽时正好可以坐，还有一个塑料盆，一个塑料杯子，一个大罐子，一束供传统抽打用的带叶子的橡树枝。这里的废水也是直接经排灌沟流到花园里浇菜的。

大约一小时以后，烤全羊好了。依照当地风俗，这是我们来才专门杀的羊。伊萨在桌子上首负责剔羊头，灵巧地割好再分发各种象征性的器官。首先，羊耳朵给了孩子们，"这样能在林子里听得仔细，听得真切"。接着，嫩羊脸给了女眷们，羊眼睛给了两位最年长的林务官，好能有危险时随时提防。我正猜着自己能分到什么，结果是前额上方的一片粉色皮肉，大家都跟我说这里司职想象力。伊萨作为尊长，也可能因为是教授，给自己舀了一勺羊脑子，接着就把这只羊切成大块肉分给我们，包括羊尾巴周围美味的肥肉。哈萨克人喜欢大尾肥羊，养它们就是为了吃尾巴两侧的肥臀。

接下来我们在盘子里加了一种面食来做别什巴尔马克（beshbarmak），大意为"五个指头"，因为这道菜传统上是用手抓着吃的。伊萨执意要我吃点肥羊臀四周的上好的肥膘粒子。酒越喝越多，配着丰盛的野果色拉、蜂蜜、新鲜绿胡桃、甜瓜、糕饼、奶茶，众人又不断祝酒，抒发谢忱。忽而伊萨谢恩祷告，于是盛宴到此为止，大家出去排队合影。人们彼此四手紧握，主人盛邀客人再来，然后我们重新登上吉普车，一路颠簸下山，扬尘而去。

南下胡桃林

我和路易莎、约翰尼早早地出发了，乘着驾校的拉达前往巴拉克霍尔卡

（Barakholka），那是一个地盘颇大的跳蚤市场，过了市场就来到了阿拉木图城西的汽车站，那里有出租车前往吉尔吉斯斯坦。一群司机从出租车队列那里拥上来，争先恐后地大声拉客，要载我去吉尔吉斯斯坦和其首都比什凯克。这段路长150英里，坐汽车要五小时，车票1.5镑。出租车贵一些，可是也更快，还不那么挤，也不容易耽搁或者抛锚。约翰尼说他最擅长看出租车司机是好是坏，好心地提出要帮我找辆好车，议个好价。在一堆破敝的出租车中间，约翰尼选了一辆方方正正的黄色大梅赛德斯，风挡玻璃上都是裂纹，副驾一侧还有两个鹅卵石大小的洞。司机努尔哈孜是个混市面的25岁精明小伙，黑色平头，一副潇洒的贴面太阳镜后面是苹果般的圆脸。约翰尼似乎觉得这个人值得一赌。车里已经坐了一个老头，努尔哈孜说要是我愿意等第三个乘客，他两千坚戈（tenge[1]）就把我送到比什凯克，要是马上走就要付三千。后者算下来不到十五镑，我就同意了，和约翰尼和路易莎告别后，我就上了车。

要是在没人管的世界里，努尔哈孜倒确实是个了不起的司机。这辆梅赛德斯一度也是豪车，我坐的是后排的人造革大座。是我自己选的这个座，也庆幸选了这个座。刚一出城，种着榆树和刺槐行道树的宽阔公路就变得坑坑洼洼、颠颠簸簸。努尔哈孜以始终不下六十英里的速度见啥超啥，仗着梅赛德斯个大车快挤得其他司机纷纷让路。他跳舞一般优雅灵活地在一个个坑坑洞洞间穿插前进，同时不停地跳台，只要不是豪斯或手风琴音乐就立马没耐心听，还把音量开到最大。我们一路飞驰，左边是天山山脉，右边是没有树的无垠的平坦草原，"我是豪斯之神"很显然占了哈萨克豪斯音乐排行榜榜首，一路在大草原上飘荡。

很快路上只剩我们一辆车了。一群群马和牛在褐色的干草原上吃草，不时能看到孤零零的牧羊人骑在马上放牧着一大群大尾羊。焦渴的大地裂了长长的口子。远处山边能看到毡房，偶尔也有小矮棚或干草堆，只有这些能看出还有人迹。不久这些景物也被甩在了车后，在古老游牧民族广袤的地盘

1　哈萨克斯坦货币单位——译者注。

上我们仿佛成了汪洋中的一条船。前排的同车乘客脸庞干瘦，橄榄色皮肤，戴着乌兹别克风格的药盒帽，牙齿已经所剩无几，总是回头用吉尔吉斯语和我说话。一番周折后，我得知他是个烟草商，现在要返回比什凯克有名的奥什巴扎，他在那有个货摊。他名叫阿比特，我本以为他已经七十出头，但给我看护照时我惊讶地发现他不过五十岁。阿比特一边知己般地盯着我的眼睛看，一边从袋子里摸出一个盛了些黑种子的梨形木头容器，上面塞着一束棉花裹紧的小棍。他比画说这些种子能让我神清气爽。我虽然对这个梨形盒子和这些种子很好奇，但还是婉拒了他的好意。

一进吉尔吉斯斯坦国境，道路立即改观。路变得只有一半宽，在一个个低矮的草坡间蜿蜒穿行。我们看到路上方的一片野苹果林里有个毡房，俄式塌鼻子拉草卡车也出现了。我们离满是褶皱的山脉越来越近了，要在陡峭的崖壁间爬上爬下。远处的草原上升起了一缕缕烟雾，那是在点草烧荒以增强肥力。

将近比什凯克时，空旷的道路突然热闹起来，大草原变成了满是蔬菜、甜瓜和小果园的一小块一小块田地。一个个小围场里站着马和牛。郊区的棚户区里挤着农房、帐篷、棚屋和毡房。男人们一伙伙地蹲在路边聊天，或干脆只是呆呆地立在那看。热乎乎的尘土从风挡玻璃的窟窿直往里钻。路糟糕得很，以至于我都习惯了努尔哈孜猛打方向盘来避开上面张着大嘴的人孔。行人个个像神风特工队般无畏，大模大样地在我们的前后左右想走就走。我们的车在庞大的奥什巴扎外面的街上慢慢停了下来，这与其说是车流所致，倒不如说是人流之功。阿比特在这里下了车，以无牙之口和我们笑说再见，手拎麻绳扎着嘴的烟口袋，身藏装着黑种子的木头盒，片刻之间就消失在了人群和货摊之间。

努尔哈孜言而有信，把我送到了比什凯克市中心的通古路克·默尔多（Togolok Moldo）大街，该大街得名于一位吟游诗人。我要在这里和翻译兼导游扎米拉（Zamira）见面。离开英国前我和她通过几十封电子邮件，所以真正见面时感觉几乎一见如故。再说，她的笑容也让我顿生好感。扎米拉总是面带微笑。她从没有抱怨路上的任何不便或困难。虽然二十刚出头，可是她异常泰然自若，而且即便从未迈出国门，一口英语却讲得非常好。扎米拉一家都是语言学家，阖家能说十多种不同的语言。

我此次旅行是要去吉尔吉斯斯坦南部，经费尔干纳盆地里的吉尔吉斯斯坦第二大城市奥什前往贾拉拉巴德（Jalal-Abad）。古时奥什是丝绸之路的要冲，现在它还有一个巨大的市场，也是去帕米尔地区的登山者们的大本营。要是有时间我本想全程乘汽车走完这段 435 英里的壮观路线，可是陆路要十二到十九小时，而我要趁着采收旺季赶往贾拉拉巴德和胡桃林，所以我决定乘小飞机飞越耸立在比什凯克身后的一万六千英尺高的吉尔吉斯阿拉套山脉。这些小飞机航线经由冰川和深谷前往费尔干纳盆地，胡桃和野果林就在那里。到底飞不飞有时要取决于燃料够不够，不过机场保证当晚六点有航班前往奥什。

这架小飞机居然挤下了三十六个人。随着人越上越多，机舱里也越来越热，人们把肩背手提的纸箱子、购物袋等淡定地堆在紧急出口，那里堆满了就放在了狭小的过道上。没有工作人员费心去检查行李，我甚至开始琢磨是不是也有站票卖。起飞后飞机朝着大山急剧爬升，下边的田野和山脚里飘起了农民烧荒的一道道浓烟。接下来我们掠过了高达 23000 英尺的雪峰，紫色山谷里的湖泊和山潭不时闪现，明亮的冰川脉络和山溪直奔峡谷而下。峰峦四周山岚环绕，随着暮色降临，暗黑的山影一座座扑面而来。阿克－布拉（Ak-Buura）河从帕米尔·阿拉依山脉（Pamir Alay）蜿蜒而来，我们沿着镜子一样的河面飞到奥什时天几乎已经黑了。

第二天群鸡报晓，于是我早早就醒了。夜里下过大雨，我现在在床上听得见刚上路的车辆在坑坑洞洞的街上开过一个个水洼的声音。不知什么鸟在叫，窗台那蒙了一层水汽。我发现我住的是个旧的双卧旅馆套房，带个卫生间，超大的客厅里全是蒙着小毯子的陈年旧沙发。我感觉相当自在；旅馆老板端来新鲜热面包、蜂蜜、黄油和奶茶时我就更快活了。甚至，当看到卫生间里蠹虫四散奔逃、淋浴起来一身锈水我还有点享受呢。我知道，我这注定是要爱上吉尔吉斯斯坦了。

扎米拉已经起床了，正忙着找出租车去贾拉拉巴德。旅馆里几乎倾巢而出，人人都是又热心、又淡定。我们很快出了奥什城，慢慢穿过小块的玉米田、棉花田和稻田，有惊无险地经过牧人在路上放牧的大尾羊群或者牛群。一群群妇女在摘棉桃，她们戴着头巾、穿着鲜艳的连衣裙，颇像早前"理查德和琳达·汤普森夫妇"（Richard and Linda Thompson）或者"难以置信的弦乐队"（Incredible String Band）专辑封面上的那些妇女，也像1970 年在萨福克的巴舍姆（Barsham）集市上、或者同时期德文郡的胡德（Hood）集市上能遇到的漂亮妇女。不管走到哪，这里的妇女都在卖力地干活，晒衣物、收庄稼、剥胡桃、堆草垛，甚至是脱土坯在太阳底下晒，男人们则在村子里撮着闲聊，或者在路边闲蹲，头上戴着吉尔吉斯传统的绣花高毡帽 ak kalpak（阿克卡尔帕克），或者是华美的乌兹别克药盒帽。此时阳光强烈，天气暖和，所以我只能推断这些厚 kalpaks 的作用就是既不散热也不吸热，和撒哈拉地区柏柏尔人穿的厚羊毛袍子 Djeleba（哲勒巴）有得一比。一群戴着白帽边 kalpaks 的男人站着聊天，其效果不啻具体而微的连绵雪山。

家家农舍园子四周都围着柳枝编的栅栏，瓜农在路边卖瓜。村村都是白杨绿洲。白杨可是通用的建材，树干又高又直，木材易于加工，只要不受潮可以用好几年。甚至萨福克那些包白铁皮的房子或仓房也用到了白杨树，通常用作屋顶。在这里整个仓房框架都是白杨做的：整根树干做的地板托梁、椽子、立柱以及墙壁斜撑。墙壁里砌着土坯。把湿黏土、秸秆与牛粪和在一起，照着面包的大小和样子揉成型，就得到了胚子。现在太阳底下就晒着一堆堆的土坯。费尔干纳盆地里的大多数乌兹别克村子用的灰浆也是黏土，土墙最后需要抹上这种黏土灰浆，掺进去大量的牛粪以达到防水效果。只抹牛粪也能给土墙防水。

我们在乌兹根（Ozgon）停下来去探访那座古老的尖塔和陵墓，那里面埋葬着久已灭绝的好战的突厥喀喇汗国（Qarakanids）的首领们。这与1936 年罗伯特·拜伦（Robert Byron）在其波斯 - 阿富汗纪行《奥克夏纳之旅》（*Road to Oxiana*）一书中精心挑选出的地方何其相似乃尔！此处和书中所描绘的那个伟大的陵墓，即波斯的贡巴德·卡武斯（Gumbad-

I-Kabus）高塔，有诸多共鸣之处，该塔也是砖石谱就的交响乐，卡武斯在 1007 年死后，他的遗体就存放在从房顶悬吊着的一口玻璃棺材里，据说像灯塔一样照耀着整个中亚大草原。乌兹根陵墓的大门硕大，系由悬铃木精雕细雕而成，雪松过梁已有九百年之久。砖柱上方撑起了三个巨大的红砖圆顶，加以细密的树叶和水果装饰，越发像是一棵棵大树。尖塔上也是土雕叶子绘就的森林。在远处，乌兹根市下边广阔肥沃的的稻米平原上点缀着片片白杨林，但见条条溪流曲折汇入壮观的锡尔河（Surdarya），这条大河向西流经乌兹别克斯坦和哈萨克斯坦，再注入咸海那干裂萎缩的河床。

我们顶着烈日爬出了乌兹根，开进了一片荒芜的旱地，这里有座座黄色的山包、红土和岩石。下面的山谷里，马和牛在稻田边摇曳的竹荫下乘凉。路上我们经过了川流不息的人群，他们冒着灰尘走啊，走啊，走个不停。牲口贩子骑着马，漫不经心地看着我们的车经过他们那暗棕色毛茸茸的大狗和一群又一群的牛羊。路旁一个侧立着的巨大的钢油桶已经被改造成了门、窗、烟囱管一应俱全的住家。一位吉尔吉斯版的第欧根尼（Diogenes[1]）坐在外面，照看着油桶后面玉米地里的一群火鸡。"这里人太多，地和水却太少，"扎米拉说。奥什地区四分之三的村庄还没有自来水，伤寒呈上升态势。城区人口密度达到了每平方公里 400 人，住房极其紧张。然而，不管哪里人们都在努力工作，半土泥半白杨的仓房里满是玉米。穿着惹眼的红色、黄色、绿色和蓝色镶拼裙子的妇女们领着男孩子们在摘棉花，在村边小河去了头的柳树树荫里，一个小小的女孩正牵着一头大大的奶牛在放牧。柳枝轻拂，小河阴凉，一时间我恍如在家里、在多塞特。惜乎接着我们又要上路，像进行障碍滑雪一般规避着路上的坑坑洞洞，慢腾腾地朝贾拉拉巴德爬去，留下一路尘雾。

贾拉拉巴德林业局在斯普特尼克（Sputnik）区，用这颗苏联人造卫星命名可真古怪。我们前往这里寻找扎基尔·扎里姆萨科夫（Zakir

---

1　古希腊哲学家，犬儒学派代表人物，据传在一只桶内生活，此处套用其名，盖与油桶呼应也——译者注。

Zarimsakov），我是从牛津大学巴里·朱尼珀那里听说这个名字的。"简而言之，他是你能遇到的最棒的植物学家，他认识吉尔吉斯斯坦每一种花草树木。要是他在城里而且还愿意帮你的忙，那就算你走运了。"简直像有神助，他收到了我的一条信息。林业局倒是有电话，也通电子邮件，但是总有人偷电话线缆卖里面的铜线，所以过几天音信皆无的日子对他们来说已经习以为常了。在贾拉拉巴德，电话机得一直拿布罩着，既不是出于低调，也不是为了安全，而是用于防尘。

扎基尔来了，把我们领进了他的办公室。他看上去四十多岁，身材健美结实，风吹雨打的脸上每条皱纹都含着笑意。他只穿着衬衫，没扣领口，看上去沉稳大气，对下属想必亲切随和。一幅上费尔干纳盆地的地图钉在墙上，胡桃林所在区域给涂成了绿色：这可是世界上最大的、可能也是最古老的野胡桃林了。这片绿林往上一直延伸到了阿克铁列克（Ark-Terek）一带的山谷，等高线在九千英尺左右。各种形状大小的胡桃摆在扎基尔的台子上，好像绿草地上放了一只只碗。一个橱子顶上摆着几排带着手写标签的胡桃果酱罐子。扎基尔说，这些胡桃林和野果林的神奇之处，在于它们是上帝而不是凡人种的。在吉尔吉斯斯坦南部，这些林子多达一百五十万英亩。我们聚在地图前开始规划穿过山林的大致路线。扎基尔很愿意晚几天加入我们到林中考察，沿路我们要乘俄式吉普以及步行，在农家、林舍或者木屋里过夜。与此同时，大家约定，扎米拉和我负责雇吉普车和司机，第二天早上去海拔六千英尺的奥托克（Ortok），这个村在贾拉拉巴德以东的果林里。

我们安排好了由盖纳（Gena）开他的拉达吉普载我们去奥托克和胡桃林。嘟的一声喇叭响，我们一看，他就在下面的街上。盖纳上身穿着 T 恤衫，下身是深蓝色运动长裤，脚上是几乎人人都穿的中国造跑鞋，身材瘦削匀称，三十出头。在高颧骨、细眼睛的吉尔吉斯人中他算是长得英俊的。不过，他面无表情，略带肿眼泡，有些像巴斯特·基顿（Buster Keaton），后来我们才发现他的搞笑本事。他在俄军里当了六年坦克驾驶员，目睹的军事行动可不算少，当然知道怎么摆布吉普车了。

　　盖纳的全名是额金伯尔弟·奥尔卓巴耶布（Egdenberdi Oljobaebb），此行不光给我们当司机，还会兼职做厨师。他在城里开着一家小咖啡馆兼饭店和一个台球厅，和搭档热阿布江（Rafjan）攒钱买了一辆俄制吉普车以便拉人越野或探险出租之用。我们一路颠簸朝奥托克和大山进发，路旁褐色干燥的山坡上满是开心果和扁桃树林。每个村子里都是男人们戴着 kalpaks 站在那里无事可做，而女人们在棉花地里忙活。盖纳开着他的二型（Mark Two）拉达，很快情绪高涨，唱起了歌曲片段，一有机会就拐来拐去专门吓唬路上的火鸡群。我们溯廓尔喀阿特（Kork-Art）河谷而上，路边种着白杨树和去梢的柳树，河水在宽阔的石头河床里和它浇灌着的稻田里闪闪烁烁。

　　接下来一段路是在一片干燥缺水、美不胜收的黄色山丘间行进，山势绵延起伏，直达湛蓝天际。农妇们领着孩子坐着做土坯，晒干了就能给新仓房垒墙用了。麻雀在榆树篱笆上成群地乍起乍落，这样的篱笆装点萨默塞特平地那边的乡道倒也不错。云雀飞上了风筝线，好像一个个留言帖。在我们的脚下，银色的河水流速比刚才加快了，在茂盛的绿色稻田间逶迤而过。一个个干草垛嗖嗖地掠过，山坡上暗褐色的牛背上有八哥在闲庭信步。再往上开，山上出现了一丛丛的野苹果树和山楂树，我们还在巴扎上买过汁多味美的山楂果呢。在一片林间空地，我看到了一个毡房，一匹马，一头拴着的牛犊，还有两个妇女在生火烤面包。

　　这里也有野苹果：和其哈萨克斯坦的同类一样，这些树优美粗犷，红扑扑的苹果压弯了枝条。此时盖纳驾吉普车往满是石头的道上猛冲，扎米拉和我紧紧地拿脚抵住了车厢。车子仰着爬陡坡，我们抓牢了钢扶手，接着车子就爬到了较平缓的山脊上。

　　这就是我的胡桃林之初见：在野苹果树、野蜀葵、黄花蝴蝶草和松萝丛之间偶尔有几棵高大、粗糙的胡桃树聚在一起长着。又转过一个山鼻子后，山麓上一团团活泼的胡桃绿好像袅袅升腾的浓浓篝火烟柱跃入眼帘。在海拔三千英尺到六千英尺之间，胡桃林笼盖四野，所在皆是，为雄峻的山脉增加了几分柔美。再往上望，才有一些伐过桧树的山坡从这一片蓊郁碧海中脱颖而出，迤逦东去朝拜中国境内的皑皑雪峰。

我们现在所在的这片胡桃林长在一条灰尘覆盖的低洼带上，这条低洼带沿着陡峭的峡谷蜿蜒十多英里，峡谷深深，山溪潺潺。盖纳说，冬天一有雨雪，这些小道就成了危险的泥路或者冰路。一旦道上处处都是黏糊糊的红泥，那就啥也动不了。现在路上是一层至孅至悉的微尘积淀成的厚土。这些胡桃树让我见过的所有的胡桃树都相形见绌，法国的也好，意大利的也罢。它们有的高达九十甚至一百英尺，大多数则六十英尺高，棵棵树干粗大，树皮饱经霜剑风刀。树盖下面，林子里透气宽敞，好像林地牧场，还有透光的小块空地和小径。银灰色的树干拔地而起，足有十五、二十英尺高，然后树才开始分叉。有几头牛在林中的光影间出来进去，它们的淡色胁腹也不时地闪来闪去。一个男孩子在树顶上朝我们叫喊挥手，一个妇女和两个女儿牵着一头满载着几袋子鲜胡桃的驴走下了一条布满岩石的小路。这片森林既有英国奇尔特恩（Chiltern）那种陡坡榉树林的峻峭和雄伟，又有英国果园采摘季节的丰收和忙碌。一只小公鸡站在路上，盖纳故意贴着它开过去。"要是撞了它呢？"我问。"赔农民钱呗。大约只要五十索姆（som）。"待到我们拐了个急弯下到奥托克村时，已经快到午饭时间了。我们到林务所前发现，它是这个只有一条路的村子里打头的一幢木头建筑，这条土路很宽，车辙很深，两旁是高高的白杨树和单层的木头别墅。

林务所也即村邮政所，只靠着一个短波电台和外界联络，门前的园子里种满了蔬菜、桂竹香和万寿菊。在这我们遇到了瑞士林学家卡斯帕·施密特（Kaspar Schmidt），我在英国时通过牛津的巴里·朱尼珀和彼得·萨维尔和他提前有过联系。他们两位前一年都见过卡斯帕。卡斯帕在与扎基尔和林务部合作，对胡桃林及其文化进行博士课题研究，现在上来住在奥托克是要研究胡桃林对当地农民的生活和生计有什么影响。他已经给我们一行三人找好了住的地方，现在就带我们去见布鲁玛（Buruma），她的农舍在村里的一个山坡上。

布鲁玛长着圆脸蛋和橄榄色皮肤，在院子里坐着剥一大堆胡桃。她穿着红色长连衣裙和灰色毡子马甲，戴着粉色头巾，她那又瘦又聋的九十岁高龄的老母亲也在帮忙。老人家坐在一棵山楂树的荫凉地里似乎从没挪过窝，这棵树比她还要老，树皮比她还要皱。满院子的麻袋布上都晒着胡桃，连吊脚门廊上和房子旁边山坡上的蜂箱上也是。奥托克村家家都有蜂箱，都刷成了白色好让里边凉爽些，也可以帮蜜蜂指路回家。这所农房和院子就建在陡坡上的一小块平台上，俯瞰是一个峡谷和山溪，对面是一片茂密的胡桃林，浓浓树盖遮蔽了整个山坡，爬满了山头，直到山谷的源头才看不见。每当看到这样高峻繁茂的树林，我就想起了在弗朗索瓦·特吕弗的电影《野孩子》的开头，伴随着维瓦尔第（Vivaldi）的曼陀林协奏曲，纳斯托·艾尔孟德罗斯（Nestor Almendros）对着法国栗子林所摇摄的壮美的画面。

趁着布鲁玛做饭，我出去转一转。她的家是单层木结构的，从几级宽宽的木头台阶进到门廊里，里面榻床上铺着彩色编织地毯和靠垫。门里面的鞋及套鞋提供了里面居民的线索：男孩、女孩、妈妈和祖母。爸爸去林子里收胡桃了。这些带毡子衬里的漂亮套鞋是绝佳的防泥鞋子，在门口穿脱非常容易；进门脱鞋是这里的风俗。每次穿脱我的步行靴我都要紧鞋带、松鞋带的，总是落在别人后面。

穿过院子，平台的边正好可以观赏胡桃林，这里有个非常经济的洗漱间：一根桩子立着，顶上是带白铁皮盖子的肥皂盒，桩子上有个拴钩，吊着个靠活塞取水的两升装水槽。在我看来，如此节约的洗漱系统所显现出的对水的重视乃是文明的顶点。早上我们需要热水剃须，布鲁玛就在水槽里加了温水。手巾搭在了附近一棵从一个卡车轮胎中间长出来的苹果树上，天旱时轮胎灌满水就能慢慢渗到树根里去了。这家农户里的每样东西，包括远处角落里用以积肥的木板搭的旱厕，都在不知不觉之中完全顺应了节约之道。除了胡桃叶，布鲁玛或许从没听说过"绿色"还有其他指代，然而奥托克的生活和耕作特色本质上就是有机绿色的。蜜蜂在野果林子里采蜜，居民们到林子里采收胡桃、苹果、其他各种野果以及菌菇，养的牛、马、驴、火鸡在林子里觅食，果园和菜园就施用农家肥。人们灵巧地把白杨木杆子绑扎起来做成带白铁皮屋顶的双层狗窝，用枝条编成狗窝墙壁再抹上灰泥。灰泥用黏土、秸秆与牛粪加水和成，墙两面都抹到。我很佩服这种简洁的建筑，只有我在波兰南部所见到的空心树干做的狗窝才可以与之相媲美。

午饭布鲁玛端出了一碗碗新鲜的绿胡桃、蜂蜜、酸奶、烤馕、奶茶，以及最佳美味——糖浆胡桃。尚未熟透的软胡桃浸在糖浆和胡桃那深色的汁水中，和西班牙加泰罗尼亚的墨汁炖墨鱼（calamares en su tinta）异曲同工，该道菜的墨鱼也是在自己的墨汁里炖熟的。我们此行享用了很多汁多味美的奥托克胡桃，而这些只是开始而已。

午饭后，扎米拉和我从村子里下来，走了条陡峭的小路上山进入胡桃林。盖纳溜达着去喂火鸡，给他家里采些胡桃，再在草坡上睡个下午觉。一进林子我就发现到处都是人。这条小路几乎直上直下地穿过高大的胡桃树林，灰色开裂的树皮鼓胀起来，形成了一个个树瘤。这些英武的大树不修边幅，上面果实累累。从九月末到十月，费尔干纳居民成千上万地来到这片胡桃林安营扎寨，耗时六周采收胡桃果。我俩进入了托马斯·哈代及其《林地居民》的世界。到处都是林地做工的声音。山谷两边或者是树叶间隙都有人大声说话。一个男孩子从高高的树上跟我们打招呼，给我们扔下来一堆胡桃。在前边一棵古树杈上，甚至有扎米拉的一个从比什凯克来的同学。他是来帮林地帐篷里的亲戚采收胡桃的，扎米拉就这样仰脸朝天三十英尺和他说话。他骑在一根大树枝上低头跟我们聊着，一点也不怕高。有人爬上树去把胡桃摇下来，其中很多胡桃还裹在亮绿色的果肉皮里，家人和亲戚则在林地里仔细地搜捡。每个人都拿着个肩包或者袋子；我们边走边像他们一样剥胡桃吃。

在林子里走了一段路之后，眼见得这个坡最陡的一段就要到头了，我们看到在一个平坡的一小块林间空地里搭着一个帐篷，我们的路正好分岔可以通向那里。我们路过时，两位坐在外面剥胡桃的妇女中年长的一位邀请我们进去歇歇脚，一起喝杯茶。我们欣然从命，进了她们井井有条的帐篷。这是个大号脊形帐篷，入口外铺着鲜艳的小地毯，正中间可以直起腰站着，看上去足够四五个人睡。我们坐在几段躺着的原木上，旁边摊着上午采收的胡桃，正在午后太阳底下晒。我们做了自我介绍，艾特布（Aitbu）打发她十几岁的女儿古尔巴琴（Gulbarchyn）去捡木柴生火。母女俩都穿着长及脚踝的镶拼长裙，母亲的是有醒目大花图案的深蓝色和紫色，女儿的是深红色，衬着她长长的黑色大辫子。艾特布一家来自奥托克，从孩提时代起每年就在这块林子里采收胡桃。

古尔巴琴拿了一捆树枝回来，在黏土和石头搭的熏黑了的露天炉灶里生起了火，灶坑上边一英尺处的圆形壁架上安放着 kazan（喀山），即重重的钢锅，样子像个大炒锅，吉尔吉斯人几乎家家、顿顿做饭都用这种锅。灶坑周围用弯铁条精巧地做了烤架，以便在上面吊东西烤。古尔巴琴从一个水桶里舀水灌了一大壶水，艾特布在地上铺了一块布，摆了一碗蜂蜜，一碗刚剥的胡桃，还有几个馕。我看鲜核桃配山蜂蜜简直是唯一的绝顶美味。此外，能在当季当地品尝原汁原味也是一大赏心乐事，这在英国可是求之不得的。

剥了不少胡桃吃后，我和扎米拉的手几乎与母女俩的一样黑了。在奥托克，每个人的手都给胡桃果里的色素染得黑黑的，裹着硬胡桃核的绿色多汁外皮染起来尤其厉害。坐下来剥胡桃的话，几小时后手就会像皮革染了深色，一看就是奥托克林地居民。古尔巴琴倒奶茶时，他哥哥阿斯白克（Asylbek）又拿着一袋胡桃回来了。这一家人都爱音乐，一起又弹又唱。吉尔吉斯人喜爱民歌和马匹，骨子里爱戴诗人，这一点让我想起了爱尔兰人。我们要起身离开之前，古尔巴琴羞涩地给了我一根她在烧火时削的野李子手杖，这一家三口还邀请我第二天来帐篷里吃晚饭。

到了山顶，我们走上了岭头一条忽高忽低的路，这条路满是灰土，已经给过往的马匹、马车、拖拉机和皮卡踩压坏了。高大威武的胡桃林下面还有野苹果树、樱桃李树和甜山楂树，即庞帝古斯山楂属 Crataegus ponticus，几棵挤在一起或者在林间空地里见缝插针地生长。大多数野苹果和我在哈萨克斯坦遇到的塞威氏苹果是一个种，但也有不少个小、味冲、玫瑰红色的苹果要归于吉尔吉斯苹果属（Malus Kyrgyzorum）。我们边走边摘了些野苹果品尝，我把苹果籽都装进了口袋，准备带回萨福克试种。大多数苹果都很甜，也有足够的酸涩来调和。我们不时遇到这家那家在这里扎营，他们总是邀请我们喝喝茶，吃点面包、蜂蜜和鲜胡桃。这饮食配上苹果足够健康，无须玛氏巧克力条来维持体力。话题一成不变的是胡桃，其大小形状和蜂蜜风味一样大有不同。我们遇到的所有人都一定要把得意宝贝送给我们；有一种超大的叫邦巴（Bomba，"炸弹"），可是抢手得很。

　　男人们差不多都戴着 kalpaks，爬大树摇胡桃的高科技装备顶多就是一双长筒雨靴了。他们瞧不起绳子、带子、登山用具等任何工具，完全徒手攀爬。林子里到处是脚踩干树叶的沙沙声和胡桃接连坠地的砰砰声。要是听到头上一声呼哨，往上一瞧，准是有人在树冠的枝叶里呼啦啦地晃悠树枝，要把执拗的胡桃摇下来，连带着整棵树也颤动起来。或者，要是一曲歌声在林子上空飘荡，可别以为是天使在唱，一会就又会降下一阵胡桃雨，眼尖的孩子们忙从小灌木丛后面跑出来扒拉着找翠绿的果子。当然也会有事故，有时还会有死亡。每年都有人掉下树来摔断骨头，甚至还有更糟的。胡桃树不是爬起来最安全的，因为其树枝容易腐烂，经常会断掉。有些树干要到二三十英尺高才开始分叉，所以不容易爬。其他的就算离地就分叉了，皴裂的树皮也会疙疙瘩瘩，鼓出一个个手可以抓的树节、树瘤，那样子就像是不规则的梯凳，仿佛睥睨任何不敢来爬的人。唯一的安慰是，林地厚厚松软的腐殖土能缓冲这从天而降的一摔。

　　看着胡桃林里的苔藓、地衣和扭曲的古树，很奇怪我有到了家的感觉，可能是因为我萨福克的卧室窗外就有一棵胡桃树，或者这片胡桃林和英国的橡树林有相似的特点和氛围。奥托克和《林地居民》中的小村辛托克（Hintock）听上去甚至都有遥相呼应之感。林子里的小径好像绿色的乡道或牲口通道，而在一片长了草的牲口通道那宽宽的边上又有人家扎营，俨然就是一个英国吉卜赛营地。卡其色的主帐篷前拴着四匹马在吃草，这帐篷简直就是个小号的军用营帐，可能当过俄军野外行动时的军官食堂吧。我从没见过这么多上好的帐篷聚在一起，不得不说每一款都让我心动。

　　扎米拉和我一定像是一对不般配的夫妇在林子里东游西逛，不管到哪都遭到了直白、好奇的询问。我是谁？我多大？我有多少个孩子？当我告诉他们是"一个"，他们都不相信。在这里孩子没有单个存在的：不可能有人只有一个孩子。养独生子好比只养一只鸡，或者只种一个土豆。仿佛为了强调这一点，库尔曼别克的一大家子在帐子口坐了个半圆形，还给我们拿

了垫子，以及茶和胡桃。他的几个小孩子提米尔兰（Timirlan）、江古尔
（Jangyl）和迪拉热姆（Dilaram）领我们俩到一小块空地里去看他们家三
岁不到的驴驹子。孩子们对这头驴驹和温驯的母驴似乎能说一不二。库尔曼
别克的妻子说，他们已经扎营十天了，还要待一个月。今年胡桃收成好，往
年没有这么好，要是开花坐果后还有倒春寒就更不好了。他们举家都来了：
连同狗啊、牛啊、马啊所有的牲口都带来了，甚至还带来了他们的因杜克
（induk）——火鸡。这些羽毛顺滑、美观靓丽的鸟在林子里成群地跑来跑
去，要是在英国就几乎只能有集中营般的待遇了。但是费事扎营就为了收几
颗胡桃值得吗？"当然值得，"他们一致高度同意。每年秋天，搁置日常事
务来到林中别业不光是家庭传统，也是盛大的集体活动，这时家家户户之间
晚上就可以围着火堆共进晚餐，或者共享伏特加了。而且，不管怎么说，这
是令人愉悦的社交工作，何况回报也很丰盛。

　　像他家整个收获季节能收一两吨胡桃，赶上大年能收五吨。有些林地居
民甚至要待到十一月末。

　　我们兜了个圈子，在山顶上一个几条绿色小道交叉的路口往回走，这里
有一棵醒目的老胡桃树指引着过往行人。在威尔士或者英格兰的某些地方，
也有类似的所在，会有一棵老橡树做旅人的路标。在那条直冲下山的低洼带
上，驮篮满满的骑手经过时会勒马和我们说几句。我们路过的每个营帐前都
有人拎着袋子往白天采收的一堆堆绿油油的胡桃上面倒，脱了外皮就可以在
地上摊成淡褐色的一片片来晒了。弥漫在林子里的真诚的氛围让我既感动又
欢欣：每个人遇见我们都握手，以至于胡桃汁染的黑斑成了此地友情和好客
的标志。谁看到我们都给我们一些胡桃，而且往往挑最好的。我们的口袋鼓
鼓的，两手黑黑的。我们的脚下是厚厚的、干爽的、深浅不一的腐殖土，秋
叶落下来或者脚踩上去林子里就响起了唰唰啦啦的声音。

　　林业局在奥托克村的一头设有一个乡村别墅作为招待所，以便接待来访
的林学工作者和学生。卡斯帕和他的几个同行在那里请我们吃饭。我们吃了
野开心果，继以 plov（抓饭），这是用 kazan 煮的肉菜烩饭。入乡随俗，

我们都是在同一口锅里吃大锅饭。卡斯帕当天下午骑马进了林子再次去对山民们做人种学调查。我很惊诧竟然看到有那么多人在胡桃林里生活劳作。这就好像走进了中世纪，或者到了《林地居民》的字里行间。卡斯帕说，在费尔干纳盆地现在有一万人在露营收胡桃。从经济上和文化上来讲，胡桃采收都是当地人生活的一个基本特征。除了胡桃，他们还采摘野苹果和樱桃李做果酱，以及各种各样的浆果和草药。

卡斯帕解释了这里事情是怎么运转的。奥托克村周围大约有 12,500 英亩胡桃林，大多数年头年产至少 350 吨胡桃。不过胡桃容易遭受倒春寒，导致芽、花受损，大年大约五年才出现一次。胡桃林里面的野苹果、樱桃李和浆果一般每三年丰产一次。卡斯帕对林子周边的村民访谈，就是要看如何能免除人类带来的压力，这一压力已经破坏了胡桃林，减小了胡桃林面积，而且最终可能把它侵蚀殆尽。他说，主要问题是放牛和打草，这都是政府明令禁止的，但是自从 1990 年初苏联解体、吉尔吉斯斯坦独立，相对的混乱和贫穷随之而来，放牛和打草也愈演愈烈。牲口对小胡桃树啃食会阻止胡桃林自然新陈代谢，镰刀割草也有同样的后果。放牧和打草都会妨碍植物保持。

而采收胡桃和野果也因为带走了种子而干扰了胡桃林自然更新换代的过程。狩猎活动增加了，使得林子里的野生动物大为减少。所有这一切问题都归因于过去二十年间费尔干纳盆地人口的大幅增加。胡桃林四周的小村子激增，有密密麻麻的五千到八千人在此定居，他们中大多数人养着牲口，有百分之六七十没有工作。人人都需要烧火木柴、要采野果胡桃，而胡桃木不菲的身价也诱使一些人去盗伐林木。

胡桃木一直价格居高，有充分的证据表面过去有人疯狂盗伐费尔干纳盆地的胡桃林。仅仅在 1882 这一年，记录显示在有名的乌兹别克马尔吉兰（Margilan）巴扎就卖掉了三万牛车胡桃木。在过去的八十年，吉尔吉斯斯坦南部森林的范围没有多大变化，但是从 1894 年最初的森林普查到 1926 年，大片森林被皆伐取木或毁林造田，面积减少了一半。法国和英国的木材商也来这里收购胡桃树瘤，这些树瘤极其昂贵，当时一磅树瘤等值于一磅白银。在有些老树上还能看到一些疤痕，那是那些欧洲木材商砍完树瘤留下来

的，至于剩下的树就随它们自生自灭了。从 1896 年到 1926 年，有大约 500
吨胡桃树瘤和树节从这片吉尔吉斯森林出口到了英国和法国。"二战"期
间，胡桃林再次遭到了砍伐以便给俄军做枪托：事实上，从 1938 年到 1942
年用掉了 140,000 立方。苏联人倒是保留着精确的记录。

苏联人对这些森林的价值和利益也是殷殷关切，曾两度派来了科学考察
团。1935 年的第一次由尼古拉·伊万诺维奇·瓦维洛夫（N. I. Vavilov）
带队，他认为世界上所有的胡桃都源于此处、阿富汗和中国的高山胡桃林。
他说对了。他断定，由于中亚野果林的基因储备具有国际意义，积极保留这
些森林所带来的长远价值将远远大于任何经济开发所带来的短期效益。1945
年的苏联科学院考察团则由杰出的科学家弗拉基米尔·尼古拉耶维奇·苏卡
乔夫（Fladimir Nikolaevitch Sukachev）带领，阵容含三位院士、十二位
博士和教授、二十四位专职科研助理以及 152 位其他科研人员。考察的结果
是创立了南吉尔吉斯水果保留地，该保留地涵盖了费尔干纳盆地中的所有森
林。森林里禁止放牧、割草、砍树、狩猎，采收胡桃要按规定进行。在苏联
时期这些保留措施似乎起了很好的作用，但是自从 1991 年独立以来林务官
实施这些措施则愈加困难了。

自从两万五千年或三万年前这片森林萌芽以来，它也许从未经受过这样
的压力。当晚我们所探讨的问题似乎也是世界各地自然保留工作所面临的共
同两难问题。毕竟，胡桃林是一种口粮资源，当地老百姓要拿一份也是合情
合理的。他们的需要也是直接现实的：食物、采收及其适度的薪水、牲口饲
养，以及我们在英国所说的"空气与锻炼" —— 我们英国人称之为度假、
野营、自耕田（allotment）的需要，无非在这里这种需要更迫切而已。几
代以前，一直到 1920 年，吉尔吉斯当地人还是游牧民族或者从事季节性放
牧，习惯于夏季上山放牧，幕天席地。乌兹别克人则是小农经济，总要到野
林子里觅食、放牧以贴补有限的收入。

然而，这些野胡桃林和野果林中的树和灌木不下于 183 种，其中 34 种
仅存于中亚，16 种为南吉尔吉斯特有。与此相呼应，这里有极多种类的有
花植物和药草，动物群落则包括棕熊、雪豹、野猪、狍、獾、旱獭、豪猪、

金雕以及多种鸟类。据信森林里的有些物种正面临灭绝的危险。有四种美丽优雅的野玫瑰可能已经灭绝了，它们那带有异域风情的名字也不复叙用了：藏边蔷薇（Rosa webbinana），疏花蔷薇（Rosa laxa），瓦西里琴科蔷薇（Rosa wasilczenkoi），以及弯刺蔷薇（Rosa beggeriana）。森林里还有些物种也少得可怜了：七种林间蔓生的忍冬、两种野梨、五种柳树。这样的故事我似乎已不是第一次听说了。

这片森林除了无可置疑的保留功能外，还有一个重要的地理功能，即像一块巨大的海绵吸收雨水乃至诸多山溪的流水。假如没有森林的根系来保持土壤、树木来吸水储水，在冬天滑坡、泥石流和洪水就会增加。没有了森林中蓄积的湿气和胡桃叶子产生的雨露，整个盆地的气候也将随之改变。

睡觉时，我像松鼠一样把所有衣袋里的胡桃都掏出来藏在了床边。接着我把裤袋里的野苹果籽装进了一个贴着标签的塑料袋。我想，不如在我萨福克菜园的一角种下这些种子，起个果园。盖纳和我同住一室，拿一袋子胡桃给我看，那是他一下午的劳动成果，不过他说他吃的比剩的还多。我们晚上走上山谷回家时，经过了在板结的路中间睡觉的牛。经过布鲁玛家院子时，一只小狗过来了，吃不准对我们该嘴巴咬还是该尾巴摇。月光照出了睡在房子旁边的大胡桃树上的火鸡的剪影。在村子上头的什么地方，一头驴忧伤地嗯昂嗯昂起来。布鲁玛拿来了热水，我在木桩水槽那里洗去了一天的尘土，然后钻进了硬床垫子上漂亮的花被下面。山谷对面一只小狗在叫，家里的小公鸡也号啕大哭般叫了起来。清爽的山间空气从开着的卧室窗户飘了进来，提醒我这里海拔是六千英尺。百万桃叶芬芳袭人，我美美地睡着了。

要离开奥托克和它的林地居民了，我有些依依不舍。布鲁玛给了我一罐她最好的糖浆胡桃。这些胡桃果又软又绿，硬皮还没有长成的时候她就摘了下来，在糖浆里煮过再装罐的。我们每天早饭都有这些糖浆胡桃吃，要是没有了难说我还过得下去。盖纳喂了火鸡几块面包皮作别，我们都和苹果树下面的椅子上坐着的九十岁的聋奶奶握手告辞。上到村子里，我们遇到了卡斯帕，大家结队绕过林业局前面的羽扇豆园子，进了林业局屋子里。里面的无线电操作员戴着椰子那么大的耳机，正在一排复杂的放大器和调谐钮之类控制键的前边调来调去。他说有干扰，我疑心是外面天线上的椋鸟干的。他说不，是美国飞行部队的飞机从比什凯克去喀布尔造成的。我们给在贾拉拉巴德的扎基尔发了个无线电信息，告诉他我们晚上到。

盖纳开着吉普车上了路，我们转而向东道主挥手告别，却发现他们已经埋没在一团灰尘之中。我们似乎转瞬间就弹跳着下了山，经过了胡桃树，经过了野苹果和黑加仑树，经过了土仓子和干草垛，经过了林子里半掩着的毡房，经过了惊惶逃跑的火鸡，经过了头戴 kalpaks 向我们招手的男人，经过了剥白杨杆子皮做仓房椽子的男人，经过了身着白衣的小学生们，一直下到了闪闪发光的廓尔喀阿特河谷，河水腾着细浪冲过了下面宽阔的鹅卵石河床。艳阳之下，我们在圆圆的黄色小山包间穿行，山上没长草木以及牲口通行的地方露出了粉红色的土壤。我们所经过的苏联人建的旧养鸡场只剩下了一排排破败的棚子，我们还经过了苏联人建的做野苹果酱和野樱桃李酱的旧工厂。河谷里种着稻子，我明白了为什么米饭有时候会硌牙。还有些农民忙着在路上扬稻子，怕车轧稻子就在路的一边相隔五十码立起了两个安全锥，旁边各有一个娃娃坐在那守着，也许是算准了车就算要轧安全锥也不会去轧孩子。

在贾拉拉巴德的胡桃市场，男孩子们在四面露天、白铁皮做顶的棚子里的几十个台球桌边打台球，大人们则往混凝土院子的地上一袋袋地倒胡桃。一个男人用一台硕大的磅秤给袋子过磅，交易在暗中达成。盖纳说，最好的胡桃是 27 索姆一磅，一般的则只有 20 索姆到 23 索姆一磅。也有买卖更贵的胡桃仁的，还有批发庞帝古斯属这种野甜山楂的。每一堆胡桃刚倒出来，就有行家拥上来讨价还价，目光所及，只见染了胡桃汁的黑手比比画画。

沙伊丹和阿尔斯兰博布

去沙伊丹（Shaydan）的路比去奥托克的路还要崎岖。这一次我们偕同扎基尔前往狂野的卡拉温库尔（Kara Unkur）河的河谷。路边的棉田里到处是戴着鲜艳头巾的妇女在摘毛茸茸的熟棉桃。棉花从播种到采收要浇五遍水，而乌兹别克斯坦年产四百万吨棉花要用大量的水。伟大的锡尔河就发源于这里的山上，所以这四百万吨对于锡尔河末端咸海的干涸可是功劳不小。吉尔吉斯斯坦国土不大，却也年产七万六千吨棉花，相比向日葵等用水少的作物，棉花用水量大，所以农民们常常在棉田里就会起争执。再往上开，我们在长着茂密的野开心果林的山间穿行，雄树已经光秃秃了，雌树还是枝繁叶茂。路过一个村子时我们停了下来，从路边的妇女手里买了馕饼，又在一个巴扎买了洋葱、土豆、卷心菜、大蒜和大米，准备稍后用盖纳的 kazan 做 plov。

最后，我们来到了一个高高的满是岩石的山谷，里面长满了野苹果和扁桃仁树，还有犬蔷薇和小檗树，山谷后面是巍峨的巴巴什阿塔（Balbash-Ata）雪峰和它周围的群山。无数条溪流顺山而下。我们过了其中的卡拉古勒（Karangul）河，然后离开道路，穿过了一个高山草场，涉过了湍急的沙伊丹赛（Shaydansay）河，河边一个男孩在草地上刷毯子，一桶桶地往上面浇山溪水。我们在山谷间寻路行进，总能看到一条条山溪，或嘶嘶淌过，或滚滚向前。一路上得知它们的名字我也很开心：亚西（Yassy）河，卡拉阿玛（Kara-Alma）河，吉斯勒温古尔（Kyzl-Ungur）河，阿尔斯兰博布亚罗达尔（Arslanbob-Yarodar）河，喀山马扎尔（Kazan-Mazar）河，阿拉什赛（Alash-Sai）河以及迈利赛（Maili-Suu）河。

有一条小路穿过座座苹果园和胡桃园，小路尽头处是一家农户，后边的山丘上堆着蜂箱。过了这家我们来到了一座长长的面朝山谷的木头别墅，从主河道引过来的水车水渠欢快地流过了别墅后面的果园。别墅外面停着两辆 Uyzes，这是贝德福德房车的俄仿老式吉普版，车子配着装甲和高大的车轮，仿佛一度要当登陆艇用。从贾拉拉巴德来的一群大学师生在这里进行野外考察。这座木头房子建在海拔近四千英尺的山里，用于进行林学实验调查研究工作（主要是胡桃和苹果栽培）的基地，由林业部运营管理。

这几位大学老师是扎基尔的老朋友，他们热情地欢迎我们的到来。我们听到阵阵叫喊还有拍拍打打的声音，原来这一行人里有几个小伙子脱光了上衣正在别墅前的草地上进行非正式摔跤锦标赛，周围一圈钦慕的姑娘们充当观众。这几个小伙子体格魁梧，身手敏捷，摔起跤来虎虎生风，煞是好看。看到他们凶巴巴地眯着眼，我不由得想象成吉思汗的大军夏天经过此地宿营时一定也是这么自娱自乐的。我们晚上就住在别墅的寝室里，方圆几里前不着村、后不着店，可是竟有灵巧的水车发电照明。这个水车是利用旧卡车的两个后轮毂、车轴和传动轴改造而成。每个车轮毂上都焊了三十二个叶片，正对着两根二十英尺长的大倾角放着的钢管的喷嘴，山溪水经上面十英尺高处的混凝土水槽一分为二注入钢管。两股水流激射，带动轮毂高速旋转。通过皮带滑轮组，呼呼转的传动轴再带动装在横跨溪水上的保护箱里的发电机，两个电极上连着的电线把电引进别墅里。我研究得太过专注，结果墨镜掉进了水槽，霎时间被冲到水轮叶片上打了个粉碎，就像沙丁鱼入了海豚口。在别墅里，通过观察电灯明暗可以知道山里是否下了雨。夏末枯水期时灯光暗淡，不过反正大家到时候都在室外吃饭，上床也早。

扎基尔带我们去果园里转转，果园里到处是夏季放养用的蜂箱。随着春季里冰雪消融、高山草甸上野花竞放，养蜂人就会带着蜂箱沿山谷而上了。扎基尔对这些山头和草甸如数家珍，他发现多达一百五十多种有花植物的花蜜才酿成了沙伊丹蜂蜜，那是公认的吉尔吉斯斯坦最好的蜂蜜。这使我想起了瓦拉几族（Vlach）萨玛瑞纳（Samarina）村出产的上好的菲达奶酪，村里的羊享受的可是希腊海拔最高、野花种类最多的牧场。菲达奶酪品质极佳，以至于纽约的瓦拉几人都大老远地跑来购买。

暂时抛开蜂巢都是君主制这一事实，共产主义者一定很青睐蜜蜂的勤快高效。养蜂一直是俄国农民的一个老本行，对于吉尔吉斯斯坦的游牧民族和季节性牧人来说，养蜂则很可能是苏联 1920 年发动的去游牧计划的一部分。就整个苏联而言，养蜂是农业的重要组成部分。例如，记录显示 1986 年苏联的各主要共和国一共产蜜四万吨，此外波兰、捷克斯洛伐克、罗马尼亚、匈牙利和保加利亚共产蜜二万一千吨。

我们经过了一个种着新红星和 Janatan 苹果的果园，后者是美国红玉苹果的一种。其他果园在试种像 Reinette Simerenko 和 Kandil Almatinsky 之类的苹果，看看它们在这个海拔高度长势如何。扎基尔他们在这里种了 89 种苹果，结果发现只有 17 种长势良好。我们在杏树林、扁桃仁林、梨树林和白杨林中走来走去，来到了种着一排排胡桃树苗的一块田里，树苗已从种子长到了三英尺高，都有标签写着扎基尔和同事们所确定的 288 个变种的名字。基因差异巨大。我们看到有矮矮的早熟胡桃树——他们称为"快果"——才三岁龄就已经结了发育完全的胡桃了。其他的要十七年才开始坐果，这一点和英国的胡桃差不多。扎基尔自豪地给我看他的一项发明，可以不伤根就移植胡桃树苗。胡桃发芽时主根扎得相当长，所以移植时容易受伤。扎基尔的创意是把胡桃种在一个四英尺深的混凝土槽中，盖着厚厚的肥土。一旦小苗生根可以移植了就用水泡槽子，把肥土泡成稀泥，就可以完好无损地轻轻移出小苗了。

我们查看胡桃树苗圃时，盖纳在附近的一片地里偷菜正欢，回来时抱着一抱玉米穗要做饭。我帮他捡了烧柴，在 kazan 下面点着了火，kazan 就放在专门在土堤上挖成的座架上。我们在锅下面烧火，盖纳切洋葱、大蒜、土豆和卷心菜炖汤。天色向晚，我们在水车水渠旁的果园里铺了几块毯子、放了几个垫子看星星出来，它们在山区的空中显得那么亮、那么近。我们躺下来，听着旁边的水流声和 kazan 里的炖菜声。暗夜里，火苗分开来蹿上去，又聚拢起来。"明天是'聚啦'（Jura），乌兹别克斯坦语的'友谊日'，"扎基尔说。"到了星期天，人们会一起去乡村，点篝火做饭，整天谈谈天喝喝茶。大家说说国内的问题，聊聊政治，嘴里整顿整顿世界，接着再做些吃吃喝喝。然后就各自回家啦。"我想起了英国类似的活动：去钓鱼，或者侍弄园子。盖纳端来了沸腾的 kazan，我们都往盘子里盛了点炖菜。在园子的另一处，学生们围火坐成了一圈，就着冬不拉唱歌。"这是我们这些树的新时代，"扎基尔说。"老一些的林务工作者都是在俄国学的种杉树、种松树，所以习惯了把树种得密密麻麻的。回到吉尔吉斯斯坦后他们也这么种胡桃树，所以他们种的树长得又高又直，却不结几个果。这肯定得砍稀些，胡桃树最受不了的就是挨得过紧。它们喜光得很。"我们像罗马人一样懒洋洋地靠在垫子上，边啃盖纳的烤玉米边嚼新鲜的新红星苹果。我们看着一颗流星划过天空；吉尔吉斯斯坦还很贫穷，可是却又坐拥世人最梦寐以求的东西：干净的空气、清澈的山泉、野生有机的水果，这真是个讽刺。连澳大利亚人也注意到了这里的水果格外美味，特意把吉尔吉斯斯坦苹果接穗带回国繁殖，和本国苹果嫁接。盖纳觉得到这买胡桃的土耳其商人对费尔干纳盆地的居民剥削太甚，开付给妇女的剥胡桃工钱少得可怜。扎基尔抱怨说，林子里牲口太多，到处吃草妨碍了胡桃的自然新老更替。扎米拉已经困得迷迷糊糊了。猫头鹰叫着在山谷里飞上飞下。我们倒是十分清醒，分外满足，于是摸索着回去上床睡觉了。

　　第二天早晨洗了木头火桑拿浴后，我们早饭吃了 Kasha（荞麦粥）、大米布丁、酸奶、面包和从隔壁农夫那买的蜂蜜。这蜂蜜相当好，有柠檬、坚果、百里香、野玫瑰和枫树的回味。我们又舒舒服服地靠在了果树荫下的垫子上。几十只蜜蜂落到了我们野餐布上的蜂蜜碗边，在碗沿上爬来爬去大快朵颐。这岂不理所当然？这可是它们自己的劳动成果，它们无非是在索回被盗的财产而已。大家仿佛也认同这一点，对此毫不在意，于是很快我们周围就都是这些闯入我们"草地上的午餐"（petit dejeuner sur l'herbe[1]）的可爱的不速之客了：个子大、身量粗、带条纹的蜂房蜜蜂，它们可是知道劳作的艰辛呢。这里的蜜蜂极其勤快，养蜂人一年能收三次蜜，分别在五月、七月、八月末或九月。吉尔吉斯语称之为艾丽（ary）。酒足饭饱之后，这些蜜蜂就开始在我们的早餐物什上步履蹒跚地爬来爬去，滑行起飞时偶尔还滚到边上去。盖纳在土灶上煮好了茶，我们也准备出发了。

　　我们再次涉水而过沙伊丹赛河，顺着山谷颠颠荡荡、摇摇晃晃地爬到了六千多英尺地高度，然后沿着河步行走到了一片天山古桦树和土耳其枫树林，通过这片林子可前往一个高山草甸子，草甸子中央是一个圣泉。圣泉旁边是一棵许愿树——一棵古老的山楂树，*新疆山楂*（Crataegus turkestanica）种，树上系着几百条彩带、白布条、花布条，仿佛鹑衣百

<hr>
1　法国画家马奈所作名画——译者注。

结，甚至一根树枝上还用棉条吊着一张卷得紧紧的小小的祈祷文。在吉尔吉斯斯坦山楂是重要的药用树，山楂果或山楂花能制茶用以缓解心脏病。在水眼旁边，有一大截掏空了的胡桃树干做饮水槽。这里远离人烟，能有人来真是让人吃惊，何况是这么多人。

我又一次有了到家一样的奇怪的感觉，可是这里满是各种各样的树和植物，和我所认识的英国的同类都略有不同。这里也有桦树，可是不高、不细也没有银色树皮。这里长在河边的古老桦树又粗又矮，树干上的节瘤洞鼓鼓的。扎基尔说，这是土耳其斯坦桦树（Betula turkestanica），很多都可能有一百多岁了。我们经常用拉丁语交谈：花草树木和林奈分类的学名就是我们的共同语言。在这一海拔高度，一切生物都生长缓慢，所以即使十分不起眼的灌木和乔木实际都可能老得多。山谷的两壁上以及我们走过的林地草场上长满了野樱桃树、犬蔷薇树、吉尔吉斯野苹果树、车轮棠树丛、野樱桃李树和小檗树，小檗树在这里有七八种，其野果子是重要的出产，传统上吉尔吉斯人食用这些果子以摄取其中富含的维生素 C。这些酸酸的黑色莓果能做出美味的果酱，乌兹别克人喜欢将其用于烹调。扎基尔推算，那些顺着粗大虬结的树干攀缘的忍冬，即天山忍冬（Lonicera tianschanica），很可能也有一百多岁了；而山谷两壁突出部分处那些虽饱经风霜却仍然不懈向上的山楂和桧树，则可能咬定青山不放松有四百年了。

两只黑鹰从我们头顶上飞上了山谷，朝着费尔干纳山脉的皑皑雪峰方向巡航而去，那里巴巴什阿塔、阿鲁什套（Alyysh-Tau）和奇切克图套（Chichekty-Tau）诸峰像屏障一般阻止了北方的冷气流进入盆地。阿拉伊峡谷和帕米尔山脉在南方防止了从阿富汗来的热气流进入费尔干纳盆地，阿来伊库（Alaykuu）山脉则拦住了从蒙古沙漠来的干燥风。加之高耸的恰克台（Chaktal）和阿托伊诺克（Atoinok）山脉，马蹄形得以完成，中间形成了一个良性的小气候，夏季温度适中，冬天天气温和，春天降雨充沛，初夏阵雨短暂。这种气候给胡桃树和与其相关的多样植物种群提供了理想的生活条件。这个异常丰富的植被里包含不下 183 种大树和灌木，单是野玫瑰就有 51 种。

　　我们往山谷更高处爬去，上了陡峭的谷壁。扎基尔指给我们看随着海拔变化树木所呈现出的明显的自然分布带：胡桃树在山谷偏下方，土耳其桦树和枫树在偏上方的河岸旁，野玫瑰、忍冬和小檗树在谷底，长到谷壁为止。我们从山楂树和野苹果树交错的林子里钻出去，看到在这个高程的又一片桧树，山麓上一共长着三种。在一棵古桧粗大、皱裂的树杈以及浓荫遮盖之下的树根里我们碰到了一个儿童游戏窝：系在树枝上的一嘟噜马蹄铁、一双褴褛的成年女鞋、一个盖子开着的小木盒子、两个锈迹斑斑的搪瓷碗，还有当墙用的一小块白铁皮。扎基尔觉得这棵土耳其桧树应该至少有四百年了。即使是桧树到了 8500 英尺也会停止生长，不过在略有遮盖的地方它们的生长线甚至可达一万英尺。

　　这里太阳毒辣辣的，我们绕过一块大石头后，看到两条黄褐色的蛇从我们的路上爬走了。"Kulvar，"扎基尔看着蛇游走了，小声用乌兹别克语说。我们之所以往上爬是要看看在一个山泉两边挺立的两棵巨大的老胡桃树。扎基尔说，人们把胡桃树叫作"占水师"，因为它们总表示下面有水，尤其是在干旱地区。一小群 keklik（鹧鸪）冲天而起，惊叫着飞到山谷对面去了。

　　午饭就在果园里野餐，又吃了蜂蜜，又来了蜜蜂，然后我们乘吉普车沿着一条土路穿过胡桃林去往阿尔斯兰博布。胡桃林里到处都是各种声音：人们唱歌的声音，你呼我唤的声音，摇晃树枝唰拉唰啦的声音，还有胡桃落地噼里啪啦的声音。我们时不时能看到树林里露出一个小营帐，或者是营火上升起的印度通天绳一般的烟柱。在树林深处我们碰到一辆破旧的俄式军用卡车一身灰尘地停在一片空地上，后面的车厢上摆着一系列日用品。这简直就是个流动的林地商店，售卖食品饮料、肥皂、伏特加、五金、地毯和织物。付索姆或胡桃都行，而且我发现在林子里胡桃是通行的法定货币。这样的大卡车不时沿着土路风尘仆仆地穿林而来，装得满满当当的，只有驾驶室后面才有立足之地，车上的人见缝插针地拿手扒在那里，恍若大风中一片树叶上的蚂蚁。

　　乌孜别克族的戛瓦村（Gava）是一个安静的小村，村里到处是茂盛的苹果园和红扑扑的成熟的苹果。在这里这条橙色的土路给碾得深度沉降，连路两边高大的胡桃树的虬结的树根都露了出来，好像动物寓言集里面古怪生物的内脏。胡桃树的根系也像其枝条一样繁复庞杂，必定也给林中地下生物提供了各种土窖、地下室和地下迷宫。等到下一个村子，沙拉坡村（Sharap），海拔则有 5600 英尺。有人在崖壁上挖红土做土坯，一块块的土坯在太阳底下晒着，旁边是在建的仓房或房子的白杨木框架。

我们在一个草甸子那里停了下来，草甸子再上去一点长着纯吉尔吉斯苹果属的苹果林，我们采了些苹果，获得了一些苹果籽。到现在盖纳和扎米拉吃苹果不吐籽已经驾轻就熟了，时不时庄重地献给我一把亲口加工的珍品，我再写好标签装进纸袋子或信封里。在这片多土的山区，这些吉尔吉斯野苹果有一些单棵长在路边的草甸子上，是二三十英尺高的优良品种，还坠着不少喜庆的、红艳的苹果，吃上去酸甜可口，满嘴流汁。盖纳还是用老办法拿下了最上面的苹果：扔棍子。扎基尔负责管理南吉尔吉斯斯坦这些森林，他只做没看见。

阿尔斯兰博布位于巍峨的巴巴什阿塔群峰之下，我们就住在萨弗拉（Safora）和她女儿艾丽丝妲（Erissida）那偏远的农宅里。她们打开吊桥般的大门把我们迎进了带院墙的院子里，拿现在我已经十分熟悉的吉尔吉斯版茶点招待我们：鲜胡桃、airan（艾然）或 kefir（开菲尔）、自产酸奶、馕饼、糖浆胡桃、苹果、小圆面包、鲜奶油、奶茶。母女俩让我们立刻感觉宾至如归。茶点间谈的是胡桃补脑这一话题。我们一致同意，鉴于同理心作祟，胡桃仁既然长得像脑子则必定有益于脑子。至少，林地居民们都这么认为。扎基尔说，罗马人不让他们的奴隶吃核桃，就怕他们变聪明了。盖纳说："我要是吃得够多，也许能像你一样成个科学博士呢。"扎基尔讲了胡桃叶子落下来变成腐殖质后是怎样促进其他植物生长的。活叶子经光合作用产生一种醌即胡桃醌，天热时会挥发到空气中从而影响大脑，所以白天不该在胡桃树下睡觉。胡桃醌是温和的有机杀虫剂，所以很多昆虫是不碰胡桃的。扎基尔说这也是农院里种胡桃的原因之一：马可以在树下遮阳，蚊蝇也少。盖纳也说人们有时候往脸上擦胡桃叶子以驱赶苍蝇，我吃不准他是认真的，还是想看我们擦得黑头黑脸。

接下来，吃过鸡汤面后艾丽丝姐给了我一条大毛巾，我穿过院子去洗桑拿。家家户户似乎都有一个烧木柴的桑拿房，在洗澡这桩事上面可是一点也不含糊。我沿着园中小径过了牛棚，朝冒着一缕木柴烟的方向走；一个带白铁皮顶的隔热厚土墙厦子上伸着一节烟囱，烟就从烟囱帽下面冒出来。进去以后，先是一个窄窄的前厅，里面只有一个长凳，地上铺着木板道，墙上一排木挂钩。我脱下灰腾腾的衣服，开了严严实实的第二道门，进了热烘烘的昏暗的私密内室，这里大约十乘七八英尺见方，头差点能碰到封板屋顶。更衣室里吊着的一个电灯泡从一条蒙了水汽的玻璃那照了进来，光线投到了刷着白灰的土墙上，室内朦朦胧胧，反而越显圣洁。在一个墙角那里放着一个盛满冷水的搅奶桶，桶右边是个烧木柴的锅炉，木柴就从更衣室的一个钢门塞进去，现在刚加了劈柴，火呼呼啦啦烧得正旺。锅炉正上方是个像我一样毫无遮掩的热腾腾的水箱，旁边的钢盆里都是热石头。炉子是个长长的带两根烟囱管的装置，一根通过石头盆，一根通过热水箱，然后再焊成一根，穿过屋顶奔向臭氧层。我感觉像在机房里一样。靠着后墙那里放着一张长条矮木桌，上面有个大搪瓷碗，碗旁边是当舀勺用的两个大搪瓷缸子，以及一根带龙头的软水管。还有一碗淡绿色的水，里边浸着几把薄荷，我把它都淋到了嘶嘶作响的石头上了。清新的薄荷茶的辛辣味在房间里弥漫开来。我很快就一身汗，部分由于屋里太热，部分因为要向碗里加水、从搅奶桶里舀水、往我身上淋冷水以免融化掉。我忙活得像个蒸汽机车上一直脚踩踏板的司炉工，决定有朝一日自己也建个烧木柴的桑拿房，为此还在里边画了几张湿漉漉的草图和正面图。

阿尔斯兰博布群驴齐鸣，院子里小公鸡又独唱几曲，我就此醒来了。又是风和日丽的一天。宴罢煎饼和蜂蜜，大家在大胡桃树影着的前门廊下坐着，此时萨弗拉给了我糖浆胡桃配方。趁胡桃又绿又软还没长硬皮时摘下来后，首先是用叉子戳好洞，再在浓盐水里浸十二小时。然后是洗几道水把盐分去掉。最后，加足量的糖用水煮来做糖浆。煮得越长，黑黑的糖浆就越浓越可口。

院子的另一边停着两辆旧俄式卡车，其中一辆侧面用大字画着传奇的Animal Wild，散热器上贴着一只剪下来的老虎。艾丽丝妲说那辆卡车是邻居曼苏尔的，他是个鞑靼族木工，也是个养蜂人。他在春天开卡车拉着蜂箱在全国各地赶花期。我想象曼苏尔是与爱蜂息息相通的当代贾尔斯·温特本（Giles Winterbourne[1]），就像温顿鲍在林中如鱼得水一样，曼苏尔会坐在 Animal Wild 的方向盘后面，漫游林地牧场和高山草甸去寻找初绽的郁金香、野玫瑰花和苹果花。

扎基尔、扎米拉和我从山麓小丘往巴巴什阿塔山上走，三四十只乌鸦也乘着热气流盘旋而上。盖纳去买吃的了，以便在我们回来之前准备好做饭。周围山溪纵横而下，浇灌着用石头垄就地分隔开的一块块土豆地、洋葱地和玉米地。再往上爬，空气变凉了，树林也像百货商店的商品一样，往上走一层层都不同。我们先经过了野樱桃林，然后是粗糙的榆树，即吉尔吉斯语中的 karagachi（卡拉加奇），或拉丁语中的 Ulmus ulmifolia（榆叶榆树）。再往上去，我们碰到了土耳其斯坦枫树（Acer turkestanica），这些古树像是小个头的英国悬铃木，几乎就长在裸露的岩石上。在半山腰 7500 英尺的高度我们突然看到了一片高原，走到了一块满是暗银色石头的荒地。这里肯定曾经是一个冰川所在，一棵雄伟的大树矗立在微微闪烁的荒地中央。这是我所见过的最好的胡桃树，树下的浓荫里躺着一群羊，大约有二百只。

我们正往胡桃树那里走，这时阴影下的羊群里出来了三个人，踩着不稳当的鹅卵石迎了过来。一时间仿佛《正午》（High Noon[2]）再现，好在我们互致问候、握手相见，就此相识了。他们提议到他们的祖父那里喝茶，示意祖父就在山坡上一些岩石阴影半掩着的那一顶帐篷里。为了不妨碍羊群歇凉，我从适可而止的距离打量着这棵胡桃树。它的根下一定有泉水，因为这片石头地一无所有，而它拔地而起五十英尺，巨大的树冠枝繁叶茂。它的粗大的树干围长至少有十二到十五英尺，经羊和羊毛脂又摩又擦变得十分光

---

1 哈代小说《林地居民》男主角——译者注。
2 美国1952年出品的著名西部片——译者注。

滑。扎基尔说，地下的和空气中的水分胡桃树都需要，所以它们才能在费尔干纳盆地这一独特的湿润微气候中兴旺了数百万年。我再次纳闷树木怎么会有本事趋水生长，尤其是有时候树根还要爬颇远的距离才能抵达水源。它们是怎么感知水的远近呢？起吸水作用的细细的根须恐怕也是一种天线吧。

在那顶帐篷营地，妇女们正在一个临时伙房里默默地忙活，几根杆子给伙房支起来一个带围帐的遮阳棚。一个灌木丛上吊着用塑料袋装的大米和胡桃。帐篷的入口是个波纹帆布做顶、边上围着毛毡的棚子，外边为我们铺着小地毯、被子和垫子，里边是柳条编的墙壁，这是个半毡房、半帐篷的营帐。家里的老人家在木柴火上放了个水壶，然后和我们一起坐了下来。他的白色山羊胡子和黝黑的满是皱纹的蒙古特征的脸形成了鲜明的对比。他穿着宽松的黑色马裤，戴着乌兹别克药盒帽，脚蹬软皮黑长靴。靴头又尖又长，使他看上去像个魔术师。家人聚了过来，在他旁边一字排开蹲了下来，一个很小的男孩爬上去偎到他怀中，怯生生地把头埋进他臂弯里。老人说，他们家有三百只山羊和六百只绵羊，还挤绵羊奶。我们喝着浓浓的绵羊奶，坐着讨论大山的历史和神话、山羊的入冬草料、绵羊的挤奶事宜。茶倒是始终没出现：老人似乎已经忘了水壶，水都烧干了，大家也就以他为榜样，礼貌地选择了视而不见。

我们再往上爬，走到了一个长势良好的高山草场里面，这里药草和牧草割得很低，处处能看到饱经风霜、弯腰驼背的土耳其枫树孤零零地长在巨石间，长了地衣的树林和石头境况也好不到哪里去。扎基尔说，这里春天来得晚，要等到六月甚至七月，到时就会是一片郁金香。在九千英尺的高度，我们看到前方山里一股 250 英尺高的瀑布翻腾而下，可是一条深沟和一条急流挡住了路，我们怎么也无法直接上去。我们过了河，发现这条深沟全是峭壁，决定不如往下走。结果，我们不得不又蹚过冰冷的河水，才来到这条瀑布一个水势稍缓的支流旁，岸边长着野草。盖纳已经豪爽地带着午饭上到这里来了，按照野餐风格摆放到了苹果树荫下。

第二天，阿尔斯兰博布村鸡群、驴群一起上演大合唱，我早早地就醒了。晚间下过小雨，两头奶牛带着一只牛犊老老实实地在牛棚里站着。狗群跑进了暗暗的胡桃林，胡桃林环绕着农家院子，又从院子后面径直长上山去。在院子远角的厕所里，我从门上粗门板的缝隙间瞄出去，看到鸡群、鸭群和其他牲口醒转来，感觉自己也有点像其中一员。艾丽丝妲和她妈妈把一层的卧室让给我们住了，现在还在屋顶的干草棚里睡着。昨晚我们在室外桩子那的小白铁皮水嘴处刷牙时，她们悄悄地消失了，就像鸟儿归巢一样顺着梯子上了房顶。现在，艾丽丝妲走出来，穿过院子把鸭子从棚里放出来，着手给两头奶牛挤奶。我分明听到了牛奶射在奶桶上琤琤淙淙地响，仿佛在跳华尔兹，此地此时此情此景，对艾丽丝妲不由得产生了羁旅之人那种明知不可而思之的爱意。她的精明强干和勇敢坚毅吸引了我。舍此，我们则只能以微笑和手势交流，或者由扎米拉做翻译。我也喜欢她常穿的宽松的嬉皮风的乔（Joe）牌套头衫。这种感情既无希望也不可能，何况她大约已婚了呢。我从没问过这个，因为我不想问。

在村子高头，我们接上了扎基尔的同事达夫列特·马马查诺夫（Davlet Mamachanov），他可能是世上最懂胡桃的人。达夫列特甄别出了费尔干纳盆地的森林里自然生长的286种各不相同的胡桃树，并花大量时间泡在林子里以便采集胡桃进行培育和研究。沿着伟大的银色卡拉温古尔河，我们赶早驱车出发，河里水势充沛，水体白色，向北再向西流向咸海。我们顺着灰土路和河谷开，路上涉水跨过了其他几条河，有时甚至直接在河里开，冲起一片片水幕，我想起来电视广告里是只有开吉普车的人才能做得到这样。我们颠颠簸簸轧过了很多岩石，冲过村子时还惊散了不少鸡、火鸡、狗、羊和牛。盖纳乐坏了，拿出了在白俄罗斯时当军队坦克驾驶员的本事。要不是他技术过人，我可要给吓坏了。

一些我乐意坐几小时来描画的东西纷纷向后闪去：各种仓房、棚子、厕所、夏季伙房、土炉子、游廊、路边亭子，都被太阳晒得漂白了、褪色了。这里已经有二十年没漆过任何东西了。白杨杆子做成框，围起柳条编再糊上土，或者拿土坯抹灰泥做成墙，就是取之不尽、用之不竭、用途广泛、式样自由的建筑材料。管他建筑设计的条条框框，这些当地自发的建筑师们可以随心所欲地表达自己。我看到有一座白铁皮屋顶的吊脚避暑房的窗户就大致按照六角形分布。我们停下来买羊肉做午餐的肉铺简直就是个墙洞，这是个很小的亭子，里面像个洞穴，还昏昏暗暗的。柜台上是一副蓝漆大秤，墙外一系列的肉钩子像一排挂衣钩，分割好的一两只羊的肉块在大热天吊在上面晃着、晒着，这可是当地苍蝇和黄蜂颇感兴趣的目标。

我们的车离阿尔斯兰博布、艾丽丝姐、挤奶桶和她家越来越远，同伴们的游牧民本性就越发活跃起来。盖纳带着一把漂亮的塔吉克刀，刀柄镶嵌着珍珠，刀子像弯弯的嘴唇一样波浪起伏。他让屠夫把一些羊肉切成炖肉的方块包进报纸里，打算拿 kazan 煮。在肉铺对面，人们在往一辆满身灰尘的巴士上装一袋袋的胡桃，要运到库尔干巴扎尔（Korgon Bazaar）集市上去。后车厢才有立足之地的巨大的卡车轰隆隆地滚过，把羊肉上蒙了一层灰。我们还让一个镶金牙的漂亮妇女搭了几英里便车。威严的火鸡在路上信步溜达。

我们所过之处，苏联时期遗留下来的旧巴士和篷车都被采收胡桃的人当成了住房或夏季小屋。在当时（现在也是），运输胡桃是个集体活，所以我们很少看到破旧的小汽车。有个地方有路障，拦路人认出了扎基尔和达夫列特，立刻挥手放行，但其他过路的则被拦下来检查胡桃。所有进出胡桃林的车辆必须出示有效的采收证，并且如同到了外国一般申报货物，这里的确倒也是外国。

萨里达什（Sary Dash）河遇到库尔斯朗古尔（Kurslangur）河之后汇流成了年轻的卡拉温古尔河，到这里后我们沿着充满活力的库尔斯朗古尔河旁的一条路行驶。湿润的河谷里，峭壁上覆盖着胡桃树。坐落在一个摇摇欲坠的砂岩崖壁下的库尔斯朗古尔村都是低矮的白铁皮屋顶的房子，铁丝网笼子里晒着胡桃。过了村子后我们下了吉普车，沿着从岩石和瀑布间奔腾而来的青绿色的河水朝河谷头走去。盖纳给他的 kazan 找到了一个火坑，开始精心准备午饭。

在河谷最陡峭的部分，胡桃树呈小矮丛样分布，扎基尔解释了其成因。他说冬天猛烈的雪崩和落石削平了老胡桃树，从其母株处又丛生了新芽。结果便长成了外貌迥异的树林，更像长着蓝铃草的英国白蜡木林：从老去母树的节瘤平顶上又长出了簇簇挺直、光滑的树苗。扎基尔砍了几根下来给我们当手杖用。我们发现了桦褐孔菌（chag），这是胡桃树的一种药用檐状菌，然后从一棵树摆到另一棵树，就这样又下到了河边。在费尔干纳盆地，草药还是生活的一个重要部分。所到之处，人人都给了扎基尔一些蜂胶或者蜂王浆，让他拿回家给患哮喘病的儿子穆罕默德恢复身体用。

再往峡谷上走，我们不得不对付一个崖壁下面一块突兀的冰碛石，在那里和一块钢匾撞了个正着，这块钢匾用以纪念一位就在此处遇难的 21 岁的俄国女登山家。因为她的坠落，我心惊胆战地爬到了上面的老林子里，老林子里四散长着一些高大的七扭八歪的胡桃树，好像达特穆尔高原那里长着的橡树。我们一路上往衣袋里装了各种坚果，达夫列特像个两腿松鼠一样在树下跑来跑去，往聚乙烯袋子里装坚果；他给袋子贴了标签，大多还塞进去写得详细的纸条。"完美的胡桃是什么样子的？"我问他。达夫列特一边思考着一边继续剥一颗浅色胡桃，取出胡桃肉。"嗯，个要大，像我们叫'邦巴'也就是'炮弹'的那么大，但是里边也要饱满，壳要容易敲开，中间起棱做支撑，里边的果仁要能轻轻晃动，拿出来时才不费事。必须得砸才能裂开、或者必须用针或刀尖才能剔出肉的胡桃不是好胡桃。"他顿了顿，在帆布背包里仔细翻了翻，拿出来一个壁球大小的邦巴，掰开了它。"这样的胡桃好看又好卖，但里面果仁瘪得很。小一点但果仁更饱满的薄壳胡桃，像我们叫维吾尔斯基（Ugyursky）的一种，要强得多。"他说得对：邦巴就像超市里见得到的一盒盒穆兹利，包装大大，内容小小，十足的样子货。达夫列特有着科学家那种对数据的渴求：英国胡桃总收成有多少吨？我可不知道。胡桃种植面积有多少公顷？我还是一无所知。我决定好好努力争口气，得把数据发给达夫列特。

我们爬到了六千英尺的高度，经过了一个多风的峡谷和一片树林，里面满是各种李子树。上边有个冰川，吸动了下面的热空气沿峡谷上升。扎基尔至少认得这里七种李子树：黄色的、金色的、粉色的、深红色的、偏紫色的、偏黑色的。最常见的是以此地最古老的居民粟特人命名的粟特李即新疆野生樱桃李（Prunus Sogdiana）。这是一个感觉奇特的带有异域风情的名字，这样的名字总在我脑中挥之不去，比如在山溪边生长的古老茁壮的桦树，土耳其斯坦桦，或者是美丽浓密的灌木天山白鹃梅（Exochorda tianschanica），其木质种子孩子们可以用来穿珠子。另一种是诸多种野玫瑰中叶片雅致、树干柔美的 Rosa kokaniko。妙的是，这些名字给这些植物锦上添花，恰如中世纪手稿里开篇字母的叶饰，或者盘旋绕树而生的忍冬。同样道理，像比班·基德龙（Beeban Kidron[1]）和阿托姆·伊格杨（Atom Egoyan[2]）之类的人名我也能牢牢地记着，仿佛记忆之司在脑袋里面做家务时不知把这些名字放哪里才好，于是乎就顺手随时带着了。

穿过一片树高六十英尺的胡桃林，我们来到了一个四方小木屋，一棵老树弯曲的树干正好给木屋前脸做了拱形框子，好像木头的杜德尔门（Durdle Dor[3]）。两个父亲带着他们十几岁的儿子住在这个有趣的庇护所里，干草盖的穹顶上边包着塑料布，塑料布给绳子系在夯在地里的八根粗桩子上。他们都穿着军靴、迷彩服和花毛衣，所以看似空降特勤队在训练，何况还给胡桃汁染得黑不溜秋。他们握着我们不放的手尤其黑得出奇。木屋旁边躺着导致他们暂时黑化的罪魁祸首：一大堆扔掉的空胡桃壳和一大摊晒着的亮晶晶的胡桃仁。趁着达夫列特、扎基尔和扎米拉又在忘我地品尝胡桃，我应邀来到了小屋的阴凉地里，看到屋主人们平时就盖着毯子睡，下边四个草窝已经被揉搓成了干草堆。生活很艰苦，但是他们看上去都很开心，而且显然采胡桃也很上心。往下走时，我们遇到了早前碰到的一个养蜂人，他给扎基尔送来了一个蜂巢和一些珍贵的蜂王浆。扎基尔就像个地方官，和蔼地收下了。毕竟，他掌管着各种许可证和执照的发放，以及胡桃林分配面积大小的界定。虽然他在这片森林里权力范围很大，可是对每个人都非常善良温和，总是谦虚友好，耐心倾听他的林地子民倒苦水、发牢骚。

再往峡谷下面走，我们看到盖纳烧火做饭的炊烟从林子上方袅袅升起，不由得食欲大开。Kazan 里咕嘟咕嘟炖着羊肉土豆，我们就在河边围成一圈狼吞虎咽起来。开饭前，扎基尔带我们对安拉行传统的感恩礼，要举手拂过

1　英国电影导演——译者注。
2　加拿大籍电影导演——译者注。
3　英国景点——译者注。

脸，好像默默地洗脸一样。一只河鸟来助兴，这是俊俏的 chulduk，像跳水上芭蕾一般轻快地从一块石头上跳到另一块石头上。不料这一和平的幕间节目突然被轰隆隆低掠过群山飞往阿富汗的三架美国运兵机打断了。盖纳说，它们应该是正在从比什凯克的机场兵营里往喀布尔运送援兵。等我们转头再看河里，我们的朋友 chulduk 已经踪影全无了。

午饭后，我们乘吉普车沿着一条弯弯曲曲的路往上开出了山谷，朝东南方的奥托克村方向行驶。开过山顶的一片野生矮苹果园后，我们遇到了一个急转弯，下到了河对岸一个漫水浅滩那里。这条土路最终把我们带到了一个只有故事书中才会出现的所在，仰望就是竖立的红赭相间的岩石层积而成的壮观的崖壁，我认为其颜色是铁质深深渗透进某种砂砾岩而造成的。南部天山山脉素以地质扭曲运动而闻名，其中一个剧烈的扭曲把这块岩层生生转了九十度直竖起来，造就了一个唯有徒步方可登临的空中城堡，上面的台地里环抱着一片胡桃林。这分明是希罗尼穆斯·博斯（Hieronymus Bosch）的笔下景象。人们沿着一条曲曲弯弯通往胡桃林的小道艰难地上上下下，下来的人还得拿着袋袋胡桃。那些拿到这片林子采收证的人当然是手气不佳，可是他们看上去蛮知足的。

盖纳来了一阵疯狂的野地驾驶，穿越野苹果林，过了附近的一个山坡，这种感觉真不错。视野豁然开朗：山坡上、山谷里到处都是黄绿色的胡桃树，除了从远远的一些白杨树尖看得出那是阿尔斯兰博布的白杨林，就只剩这些胡桃树密密麻麻直到天际了。盖纳和我看到，在一条小溪对岸的野果园旁边有一个迷人的小屋，茅草盖顶，柳条编抹泥做墙。我们跳过溪水，来到了一片上好的成熟的吉尔吉斯苹果种的红苹果地，摘了几个装进衣袋。再往胡桃林里边一点，有一家带着所有的牲口在此扎营。一匹前球节跛了的漂亮的公马在空地上吃草；在一棵高大的胡桃树又长又直的影子里二十多只番鸭有序地趴成了一排，打瞌睡消磨下午的时光，时不时地随着树影挪一挪。

还是在苏联时期的 1965 年，那时林业很受重视，俄国科学家维克多·舍甫琴科（Victor Schevchenko）在亚拉达尔建了个果园，亚拉达尔是在离阿尔斯兰博布不远的达什曼山丘里的一个林地村庄。他从野果林里挑选了最皮实、挂果最好的树，开始了长期实验以研究它们在人工培育下的表现。他种了胡桃、苹果、梨和欧洲榛子。他给这些苹果取名吉尔吉斯卡、齐姆尼亚、如西达、瓜尔迪斯基、多洛诺，等等。在舍甫琴科选育的九十六种苹果中，扎基尔和达夫列特确定有八种值得推荐食用，又从最初的十七种梨树中选出了六种。他们把从林子里精挑细选的胡桃接穗嫁接到茁壮的黑胡桃（Juglans nigra）砧木上，间距二十英尺、每行六七棵种了下去：第一行是阿克铁列克，然后是瓜尔迪斯基、潘菲洛夫斯基、罗迪娜、波茨坦迪克斯基，以及从林地村子戛瓦得来的最好的维吾尔斯基。以达夫列特行家之见，维吾尔斯基胡桃最接近完美。他曾经长期考量自己所甄别出来的 286 种胡桃，想必有这个眼光。那天上午我们在林子里转悠时，他掰开一个胡桃露出了里面淡奶油色的胡桃仁，在里面长得妥帖，拿出来则毫不费事。市场公认淡色胡桃仁要比褐色胡桃仁强得多，价钱也要高。相比之下，达夫列特摇了摇从一行邦巴树上摘下来的一个硕大的胡桃，里边果仁则晃得厉害。

费尔干纳盆地的春天经常或早或晚。胡桃树开花时没准天气会变冷，而一场霜冻就可以冻死树上的嫩胡桃。有些年胡桃几乎没有任何收成。胡桃属（Juglans regia）的晚花品种，比如维吾尔斯基，自然更可能避开倒春寒，所以达夫列特和同事们一直到处留意着这些树种，把更皮实的品种带回苗圃里培育以便再回种到树林里。看到果树之父达夫列特·马马查诺夫自豪地展示他的爱树，那种得心应手的样子真是赏心乐事。他办公室里的桌子像个拥挤的桌球台：凡是有空的地方都是胡桃，架子上是一排排带标签的塑料袋和玻璃盘，里面装着更多的样本：邦巴、维吾尔斯基、奥斯特洛维什尼、奥什斯基、皮厄尼尔、加文斯基、斯拉德·科伊德尼、阿拉尔－布卡、波茨坦迪克斯基、潘菲洛夫斯基、瓜尔迪斯基、哈萨克斯坦斯基、乌毕列伊尼夫、罗迪娜、基斯德维德尼夫。墙上一幅胡桃林的大比例地图标出了异常有价值或多产的胡桃树的位置。

第二天我们回到了贾拉拉巴德后，我们在晒得干巴巴的、扎基尔曾经的苗圃里走了走。直到近来，这还是个不错的果园，里面长着最早由扎基尔种的胡桃和其他果树。这里还有一行行的各种野生和种植的苹果树以及各样开心果树丛。自从 1990 年独立后，林业部和这片八十英亩的园子都面临着资金不足。扎基尔他们不得不靠培育胡桃和果树种树向大众出售来筹钱。这个日渐枯萎的苗圃越发像这个民族国家了：园中小径曾经卵石铺道、绿树成荫，而今荆棘横生、野草疯长，果树缺水灌溉，就在城市的热闹中硬挺着。果园成了无家可归的人的避难所，一些露营、狂欢的群落正在林间兴起。有些胆大的还在一些地块种上了洋葱，俨然那是分给他们的自耕田一般。在这样一个江河溪流所在皆是的国度，扎基尔工作的苗圃却没水浇灌，这真是讽刺至极。相比之下，扎基尔家的胡桃园倒是绿意葱茏，水多肥饱。

我们大家都去了贾拉拉巴德历史最久、人气最旺的马杜玛尔·阿塔（Madumar Ata）饭店，在一棵树冠硕大的东方悬铃木和一棵胡桃树下吃告别饭。饭店创始人马杜玛尔·尔萨列夫（Madumar Irsalev）生于 1900 年，九十岁时还在这里上灶。三十五年前这家不起眼的小餐馆焕发了活力，到现在规模庞大，生意兴隆，以至于前不久业主凭一家之力就在街对面建了一座富丽堂皇的清真寺。我们进去时经过了一个硕大的、一人多高的俄式茶炉，前往树荫下的餐桌之前在一个小盆里洗了手。盖纳已经电话预定了这家饭店的名菜：超大精选羊肉馅土豆饼和肥羊尾肉片，这个无肉不欢的民族的至爱。胡桃能够降低体内的胆固醇水平，正好可以缓解这样高脂的餐食。除了大众所相信的胡桃的保健作用，我的同伴们对降胆固醇这一说法倒不清楚。

扎基尔的儿子的婚礼就是在马杜玛尔·阿塔举行的。和绝大多数吉尔吉斯斯坦婚礼一样，他不得不邀请了一千多位姐姐妹妹、姑表堂兄弟姐妹、三姑六姨，礼物阵容豪华，包括足足二十三张地毯。我们一次又一次地用一杯杯奶茶向彼此祝酒，想到分别在即大家不由得神伤，不能再一起到喧闹的森林里漫游了，那里的人们住得无比开心，到处是浓浓的人情味和直性子。殷勤相待素不相识者的激情始终让我十分开怀。

两天后，我坐在一辆梅赛德斯出租车的后座上离开了比什凯克，离开友人甚是难过。我会想他们的。但我也很高兴又是一个人了。在开往边境的路上，我试图理顺和大家一起度过的日子，虽然这日子很短暂。我所遇到的吉尔吉斯人都很穷。他们生活困难，是中亚最穷的国家，政府也没什么自由可谈。可是他们看上去毫不可怜。我想起了穿着长长的套头衫的艾丽丝妲和她母亲在大门口挥手告别，想起了达夫列特骄傲地带着我们巡视他那漂亮的果园；想起了落日里光膀子的林学生们在沙伊丹河畔的草地上摔跤。在扎基尔家大家吃最后一顿饭时，我从扎基尔那里收到了一把威武的带鞘塔吉克刀，刀把上镶嵌着珍珠，而盖纳则送了我一顶漂亮的 kalpak 和一胡桃碗药草——金丝桃和牛至。第二天，他开车送我和扎米拉去贾拉拉巴德的小机场，那里虽不让牛进去，人却可以随便在长满草的停机坪里采摘草药。我们已经建立了牢固的友情，告别时都非常激动，确确实实来了个熊抱。我现在又有了满满的一袋胡桃，有我们在林子里采的，也有达夫列特送的，详细地标着品种和产地。不管到哪里，我们都保存了一些最好的胡桃做种：它们来自库尔斯朗古尔、阿尔斯兰博布、杰伊铁列克、戛瓦和奥托克的森林。我的帆布背包里有好几胶卷盒标记仔细的野苹果籽，以及一些小心收藏的胡桃。这些我要种到我萨福克的花园里，作为我旅途所遇到的野果林的鲜活纪念。

第四部

心材

萨福克群树

　　回到家里，我所遇到的第一棵苹果树差不多要算是挺拔庞大的德文郡夸兰顿（Quarrendon）种，它从泰德·休斯的果园里的一粒苹果籽长到了如今这么大。我住在米德尔顿（Middleton）的萨福克海滨附近，离约克斯福德（Yoxford）不远，诗人夫妇迈克尔·汉伯格（Michael Hamburger）和安妮·贝雷斯福德（Anne Beresford）在其近五十年的婚姻生活中，花了一半的光阴在那里精心打理着四五十棵苹果树、梨树和李子树。他们搬进来时也承继了老果园，从此事情接踵而至。自 1945 年以来，除了出版将近二十卷诗歌、评论和翻译以外，迈克尔·汉伯格也花了二十五年把果园侍弄得丰富多产，犹如创作一首长诗一般。他也通过纯粹种苹果籽而不是嫁接的方式培育出了几十棵新树，而且结的苹果很出色，震动了传统园艺学的常规做法。

　　沿着明斯米尔（Minsmere）河畔沼泽地旁的一条小路，我来到了一家杂乱的农户，这户人家似乎就要和周围大量的野生藤蔓植物融为一体了。里面有人在弹钢琴。迈克尔和安妮把我迎进了到处是书籍和苹果的房子里，带我到了书房，书架下面搁板上一排排整齐的新摘下来的苹果散发出阵阵芬芳。两位主人谈到，诗人席勒（Schiller）非要就着抽屉里苹果乍烂的幽香才写得出诗来，我疑心他们两位也不例外。

　　“这个是和詹姆斯·格里夫（James Grieve）杂交出来的 Berlepsch，但是能存放更久，”汉伯格边递给我一个德国种的苹果边说，这是他把种子带到萨福克后在外面的花盆里种出来的。紧挨着《托马斯·曼散论》（*Essays on Thomas Mann*）的是一排排可口的菠萝味小海内特（Ananas Reinette），再旁边，窗户下面是我最喜欢的带坚果味的奥尔良海内特（Orleans Reinette）。

　　书房的另一部分是专放英国经典苹果的：有立孛斯通·皮平（Ribston Pippins），每一个果的维生素 C 含量都比金蛇果（Golden Delicious）多出五倍，以及阿什米德果仁苹果（Ashmead's Kernel）。各式各样的苹果，从下面到上面，从卡其色到条纹红，一盘盘交错放在旧打字机上或者引火柴筐子上面的板条上，数量如此之多，以至于我们开门去果园时阵阵果香也跟了出来。去果园要经过一个长长的温室，里面长满了结着果子的橙子和葡萄柚，它们也是从种子长成这么大的。

　　在我探寻苹果之旅开始之前，巴里·朱尼珀跟我解释说，按理苹果籽是不会长成和父代一样的品种的，因为苹果必须异花授粉才能结果；确实，正是因为苹果有总想标新立异的天性，在此基础上几百年来英国才进化出了6000 多种人工培育的苹果。汉伯格的苹果籽种出的苹果能和母果样子、口感一样，或者说很接近，一定是运气使然。

　　苹果籽从种下到结果大约需要十二年。这是需要爱心的劳作。我们在逛果园时我很快就发现，汉伯格在选种方面的关键原则和伊甸乐园里的亚当一样：妻子的偏好。有时候装种子的盘子和标签遭到了老鼠的破坏，导致一些新树无从命名了，让人很想像梭罗命名他最爱的瓦尔登湖周围的野苹果树一样给它们取名：也许该叫作贝雷斯福德之最爱（Beresford's Favorite），或者，对那些偏偏不肯长成一样大小形状的可口的苹果，就叫作特斯科的绝望（Tesco's Despair）。

10 月 15 日

　　今天我把大胡桃树一个死掉的侧枝锯掉了，在树上留了三英尺的残枝以便用来倚靠梯子。锯下来的木头还是好的，我要用车床加工成床尾。原本长在树上它是树的一部分，现在锯下来了就成了独自存在的木材。

1 月 9 日

　　夜里狂风大作，白天日丽风不和。我沿着牛牧场道在外面走，上了山，来到了去梢的鹅耳枥那里。这棵树的大枝鼓鼓胀胀的，四处伸展，正是巴斯克人（Basques）所说的秃头树（trasmocho）。它已经长成了教堂钟的形状，人可以攀上去在树叶的怀抱里坐着看书。我在浅滩那里过了河，靠着一边的木桥，看着因刚刚下雨而汹涌上涨的河水出了神。路过道上那些枝干复杂的去梢老橡树时，我看到了三个松鼠窝。细到叶子和橡果，每棵树习性都不同。这些树是从原始野林一代代长到现在的，而不是来自人工种植的林地。松鼠窝上面巧妙地苦着淡黄色的干玉米叶和玉米秸，玉米就种在林子和牛牧场道边上的宽阔地带上，里面有野鸡出没。松鼠窝那浅色的玉米叶屋顶下面则是交错编织的深色的橡树枝叶。

　　我离开了牛牧场道，在风里好一阵跋涉后进了橡树林，来到獾洞前，看到泥土里到处爪印杂沓，可见獾还很活跃。整片林子吱吱嘎嘎地作响。妙的是，外面刮风时林子里倒可能相当安静平和。林子是自己的避风港。所听到的只是林子边缘和树梢的风声，像是不远处鹅卵石滩海浪的声音。在我身边的两棵桦树碰到一起时好像折页在吱吱扭扭地叫。这个獾洞不同寻常，是在一座不寻常的小土丘下面挖的，小土丘是数年前林子旁边挖诱捕野禽的水塘时用塘泥堆成的。獾常走的路向四面八方通到林子深处，穿过了一座木板桥后又没入了一大片草场，草场斜斜向下，一直通到铁路路基那里。冬末的太阳照下来，很容易分辨出獾的长长的身影。跟在一只獾后面走下草坡，就能来到铁路栅栏的一个缺口，下边的草上可见一缕缕像剃须刷的毛一般的獾毛，很显然这些动物喜欢在这里的铁丝上蹭痒痒。我在路基的影子里走回到了牛牧场道，急急忙忙往家赶，很庆幸道边的树篱能遮风挡雨。

　　我记得，一直到上个世纪七十年代中晚期，整个萨福克都是榆树的景观：四周地平线上榆树冠盖如云，树篱笆和田地边角里长着榆树，绿色的乡道里站着去梢的仿佛里程碑一样的榆树。可能榆树最古老的用途就是去梢掐尖做饲料。我也砍过榆树枝喂我养的山羊。比起草来山羊更喜欢富有营养的树叶。要是把它们撒到地里放牧，它们就会像马戏团动物一样立起后腿趾高气扬地去够美味的树枝。在我们的公共草地上，篱笆里所有低垂的榆树在其离地七八英尺高的地方都有一条看得见的啃食线，正好在牛够不到的位置。

从我家大门往西看，在豪尔农场外面有三棵大榆树犹如彼此拥抱一般近得不可思议地矗立在那里，就像托特纳姆（Tottenham）那里一度环抱一棵胡桃树的"七姐妹"榆树丛一样，从霍洛威（Holloway）往东北去的那条路不是也因之得名"七姐妹"吗。日落时，这三位乡村巨人在绿草上投下了长长的影子，一直延伸到了四分之一英里外的教堂。它们看似岿然不倒，可是和鲁克里农场（Rookery Farm）的那棵榆树一样，在同一个夏天都死了。由于欧洲榆小蠹在它们树皮下的坑道里动起了手脚，叶子先枯萎了。急不可待的链锯伐倒了死树，干枯的树枝摔到地上撞得四分五裂，碎裂的树桩给埋进了颤抖的泥土中。就像对鲸鱼剥皮取脂一样，拾柴人拿着链锯蜂拥而上，把雄伟的原木锯成了小块，以便再拿斧子劈或者用拖拉机带动液压劈木机劈。这三棵榆树未倒之时，就像高迪建在巴塞罗那的圣家族教堂三合一尖塔一样耸立。一旦其雄风不再，我们称之为公共草地的那长达一英里的茫茫草海未免物伤其类，黯然失色直到今日。我现在往那边望时还能看到那三棵榆树的魂魄，而牛群有时依旧聚拢在残树桩的沉坑周围，似乎仍在寻求荫庇。

1970 年，我树篱里的榆树一棵棵死去了，我就随它们立在那里，任由一层层常春藤风帆一般爬上去，最终风把它们刮倒了。这些常春藤能给昆虫和鸟儿遮风挡雨，在冬天还能提供浆果给林鸽吃。1987 年十月的大风暴刮倒了很多死树。我把它们锯成了四英尺长的一段段，挑最好的存在了工作间外边。大多数榆木段最终在夜里上了我的车床给车成了碗，偶尔有一些则受震颤派家具的启发变成了衣帽钩，其生命从而得以继续。就算要把一堆堆乱七八糟的木屑、裂木头送到木柴棚里，我也忍不住会选一些缓刑转而送上车床，而且经常是马上要投进火里时才解救出来。更有甚者，一些裂木头已经投进木柴炉子之后，它们那美丽纹理的余像还在我眼前挥之不去，我就会把烧焦的木头再拽出来，浇水熄灭，拿到工作间那边去。车榆木的话车刀和凿子都钝得快，所以几乎在磨刀机上花的时间要更多，但是，随着木碗渐渐成形、水波纹开始呈现、木头开始像马栗子刚刚脱壳一般闪闪发光时，那种欢愉是不可多得的。榆树倒而不死之道，舍此岂有他哉？

在公共草地的远端，或许是保镖般环绕的马栗子树那些大树叶遮挡住了榆小蠹的原因，一棵七十英尺高的成年榆树还是生意盎然。在我自己的树篱里，现在能数得出二十七棵高达三十英尺的生机勃勃的榆树，起风时则树枝摇摆、树叶翻飞，一片片银白闪闪烁烁。

新植的树篱

　　黎明时分天气晴冷，但没下多少霜：正是编树篱的完美天气。我穿过草地，动身前往位于我那片地的远角处的林子。要是放在 19 世纪，那个林子或许该取名"植物湾"（Botany Bay[1]）或者"范迪门斯地"（Van Diemen's Land[2]），以表明其在农场上何其偏远。当然了，它其实丝毫不远，只不过要是拿着各样工具的话步行不太方便罢了。所以我把铺着榆木板的拖车钩到了拖拉机上，装上了链锯、几罐油、三角弓锯、两把钩镰、一个修剪钩、一块磨刀石、一副结实的皮手套、皮护膝、护目镜和一个敲木桩用的大木槌。我的任务是在林子四周编植上枫树、榛子树、山茱萸树和山楂树的篱笆。我或许几年前就该这样做了：有些树长得又高又重，已经不方便动来动去了。

　　我从林子和树篱的外围开工，先从左手边开始，一边沿着篱笆往右干活，一边把伐下来的树和榛子树枝放在左边。我拿着钩镰尽量斜着贴地砍榛子杆，并不砍断，而是留下点树皮和足够的结缔组织好让树液能往上流。这样砍过后连着的树或者茎干就叫作编条。无疑，行家一搭眼树篱，几乎就可以本能地做出砍什么留什么的关键决定。我则花了相当长的时间来衡量树篱沿线的每棵树，想象着它在编好的篱笆里是合适还是不合适。去掉一些旁枝斜杈后，就能把编条在间距十八英寸或两英尺的捶下去的篱笆桩之间编进编

1　澳大利亚新南威尔士州小海湾，曾为罪犯流放地，此喻其远——译者注。
2　澳大利亚塔斯马尼亚岛，极言其远——译者注。

出了。树篱里榛子树多得很，林子里还长着平过茬的榛子树，所以篱笆桩是不缺的。榛子树或白蜡木最好，一两英寸粗细，我用钩镰把下边削尖，再拿大木槌夯下去，然后轻轻地把编条编进小细枝网里。每多编进来一个编条，树篱架子就又紧了一分，也更牢固一点。所编结树篱的弹力强度其实是来自植树篱者的力量和干劲。越是对着树木的纹理顺势而为，编篱笆就越容易。由于要在编条基部作业，沿着树纹用钩镰往上搂要远比朝下砍容易得多，

编树篱者总是担心霜冻，因为下霜能冻死树木截面露出来的活细胞。有些人甚至沿着篱笆生起一堆堆小火来给树篱保暖。但是编树篱又必须在冬天进行，因为冬天树篱才能显示出其枝杈结构来。由于修修剪剪会导致树的营养物质暂时减少，所以这是适合月亏时做的活，此时树汁处于低潮期。约翰·克莱尔在《牧羊人的日历》（*The Shepherd's Calendar*）中描述编树篱者的顽强与悲催的诗句，抑或就是他自己在雨中编树篱的经历的写照：

> 阴郁凄清编树篱
> 天寒镰冷莫停息
> 一刀方落万珠起
> 何如四月暴雨急

榛子树是最易于砍削编树篱的，这俨然是进化之功，习惯成自然了。山楂树和白蜡木也很好弯折。编好的编条必须始终向上倾斜，因为树液只会朝上流。现在是二月，枫树里已经是满满的早春树液了，我砍下去导致枫泪纷纷，树液顺着扭结的树皮往下淌，或者溅到了我的靴子上。我满怀希望地尝了尝，结果这枫树液虽然有点甜，却也像人的眼泪一样有点咸，使我不由得想起以往的那些伤心时刻，那时我曾经舔舐过自己或亲人们落到我脸颊上的眼泪。我也不禁想象枫树是在为自己的伤口难过吧：如此砍足断手，皆是任人宰割。

有些枫树长得太大不能用钩镰砍，于是我先用链锯在树干根部锯个楔口，再小心翼翼地把树干扳倒，扳倒的同时要擎着一点，以保护脆弱的液

材、形成层和树皮连接处。当我关掉引擎、又操起了钩镰时，一下子静了下来。我又能听到自己在思考了。哈代在《林地居民》中把这样的劳动称为"杂树活（copse-work），解释了其对辛托克村居民思想的影响：

人们把这叫"杂树活"，这类活计，手与胳膊的次等才智足以应付，无须至高无上的头脑去关注，如此一来，理智可游离于眼前事物之外；职是之故，此地流传的闲谭逸事、编年故事乃至家族史的枝枝叶叶，尤为翔实完备。

夜幕降临了，我在薄暮中斜倚着树篱，抓着一根绿色的榛子嫩枝，把它从边上向下插到了树篱最密实的地方，插之前把它的软梢打了个倒钩，这样就既能穿进去又不会弹回来。晴朗的天上是半个月亮，落日把浓浓的橙色余晖洒在草地尽头绿色乡道的那一排树上。巨大的萨福克夕阳从树后面沉下去，逆光看起来那些树是黑色的，而粗干和细枝组成的浮雕般的图案都染成了深红色。再看树篱，它显得黑黑的，但是背光照出了一个坏掉的、生了苔的乌鸫窝，里面的泥干得已经开裂了，于是我用榛子棍编了个支撑架，为了好看还加了点深红色的山茱萸。我决定要一直干到一棵野花楸树那里，那棵树我多年以前栽下的，现在已经长成了一棵二十英尺高的篱笆树。至少在比邻居扎根更深之前，这棵树在这些你争我抢、盘根错节的篱笆根系里生长势必受限，所以一年一英尺的生长速度着实让人佩服。

树篱编好后，再在上边编绑条真是让人极大地满足：八到十英尺长的细榛子枝条编的长辫子，既好看又实用。它们能压住弹性好的编条，显示出树篱优美的线条，并防止爱倚靠或蹭脖子的牛群造成破坏。最后，我着手把树篱桩的头砍成一样高，稍微高出绑条一点点。专业篱笆工们不是都对那些削好的一线白点引以为傲嘛。

篱笆工们通常用这些砍下来的柴枝烧篝火，我却经常自绝于此，反而遵循毫不浪费的老习俗，把柴枝堆到拖车上，上边用绳子一勒，运到了公共草地边上一棵去了梢、裂了皮的老柳树那里，和旁边一个我早前编的、而今已死的树篱放到了一起。那个树篱可以保护房子和花园免受西风的侵袭，西风向内陆横扫过茫茫的公共草地时势头之猛，可以直吹得草棵翻滚、银浪起伏。这些西风会吹干这些堆着的柴枝，柴枝堆有时会难以察觉地微微动弹——那是野鸡或小野兔受惊后偷偷钻到下面的缘故。一旦柴枝堆晒干变紧实了，我就把它劈成一片片面包一样的引火柴，于是一切再重新开始。树篱上砍下来的木柴棒往往都进了面包烤炉。

吉尔伯特·怀特在他的《塞尔彭自然史》（*National History of Selbourne*）一书中有过记述，揭示了人们所赋予"枝梢材"这种小小木头的价值，而如今这种小树枝或细枝末节一般都是进了碎木机或篝火堆：

是年（即 1784 年）春于霍尔特森林伐树甚多，计橡树千余株；据云其五分之一归于受让者斯托尔大人，彼亦称拥有全部枝梢之材。然宾斯特德、弗林山姆、本特利及金斯利四区之贫者则放言枝梢之主不容有他，乃汹汹麇集，一抢而空。

最早的树篱可能是在两排桩子中间插上密密的山楂栅栏，用以挡住牲口或作为防御屏障。有了外边的死树篱来挡住食草牲口的啃食，不需多久里面就会有种子长成小树苗，再形成活树篱，取代外边的死树篱。在诸如多塞特郡梅登城堡（Maiden Castle）那样的山丘堡垒周围，干涸的护城河可能一度也长满了去梢的黑刺李。在其以左近的多塞特为背景的《暴戾人》（*Rogue Male*）一书中，杰弗里·豪斯华德（Geoffrey Household）描述到，其主人公因"山楂哨兵"的保护而得以藏身于那偏远的河流故道之中。他也会用死山楂树来做防御："接着我拿出钩镰砍向了树篱里边的死树，在两壁之间十字交叉地塞住了自行车，又在车子上边摞了一堆山楂树篱笆，这下就连狮子也过不去了。"

在林子里，我用一把长柄镰刀修剪了黑刺李大军，它们的根出条是从周边的一个树篱里慢慢地冒出来的。大多数我还是保留了下来，因为当寒冷的东北风在三月下旬也就是"黑刺李之冬"吹来时，黑刺李会百花盛开，蔚为壮观。黑刺李还有醉人的黑刺李果子可以采摘，圣诞节时能酿黑刺李杜松子酒。首次霜降后的黑刺李果最为醇熟，那时就可以像多尔多涅人喂鹅以做鹅肝酱一样，把它们一颗颗顺着瓶颈塞到加了糖的超市买的便宜杜松子酒瓶里。黑刺李树可以做成乌梅色的漂亮手杖，还能当鸟儿的安乐窝。在我的林子里，由于黑刺李树丛枝杈密、棘刺多，除了斑叶阿若母、山靛和偶尔搭个边的报春花或白屈菜，树下面基本上寸草不生。兔子们喜欢黑刺李下面光光的地面，以及上面那令人生畏的重重乱刺的保护，所以挖了个兔子洞，里面忙忙碌碌的。林奈把黑刺李称为 Prunus spinosa，因为这种树刺又多、果又酸、性子又暴。他不如索性叫它 noli tangere——别碰。不过黑刺李的旧拉丁名叫作 *bellicum*[1]。黑刺李的木质又硬又密，据说最早的短棒——圆头棒、或曰大头棒——就是用它做的，虽则罗伯特·格雷夫斯在《白色女神》（*The White Goddess*）一书中称这种武器其实是橡木做的。不过他又接着说，黑刺李是爱尔兰流浪汉在集市上用来打架的传统木料，其盖尔语名字 straif 很可能经过了布列塔尼语和法国北部法语 estrif 的变化，于是有了"strife"（争斗）一词。格雷夫斯说道，黑刺李棍子是巫婆施行巫术的工具。我倒宁愿想象一下那些浪漫女主人公黑刺李果一样的眼睛，或是狄兰·托马斯（Dylan Thomas）所描述的"大海它色如黑刺李，暗夜微叹息；颜比乌鸦背，渔舟浪中栖"。

我已经学了乖，知道可得把黑刺李当回事。它时不时就像蛇咬一样刺穿我的编篱笆专用皮手套。黑刺李是树中的毒蛇。它的刺就是灌了不明毒药的注射器，扎的伤口又深又肿又痛，几天都不好。编树篱可比看上去要危险得多。这种活计总让我想起我的已故朋友、农场工人比利·巴特鲁姆，他的一只眼睛就是年轻时编树篱被黑刺李扎瞎的。我们最早拥有的树林在海德斯通道那里，为了比试谁更勇猛，或者作为游戏入伙仪式，我们曾在那里像野人一样吃下一颗满嘴酸涩的黑刺李果。安迪·高尔斯华绥（Andy Goldsworthy）会采来山楂刺或者黑刺李刺，以把他的带叶作品缝合起来。我的一个架子上现在还放着一个他用梧桐叶做的精致的盒子，叶子就用刺钉着。那个盒子很快就从绿色褪成了棕色，十六年过去了，还是安然无恙。

1　该词有"好斗"之意——译者注。

在当代，我们有很多自称是大自然管理者的人都误认为黑刺李一无是处，就因为它会像榆树一样通过长出根出条的方式来发展壮大自己。这简直是大错而特错。科贝特盛赞黑刺李是树篱中的第一猛士：它是寥寥几种牲口不敢吃过界的树种之一。我在林子里就是用黑刺李来保护刚去梢的榛子母株的。豪猪一般的树丛可以让新苗免遭鹿、免骚扰，安然长大。人们或许会想，黑刺李简直就是一种铁丝网，如果做烧柴太容易伤人。事实上，它是极佳的燃料，火势快、火力猛，非常适用于老式农家的"微波炉"：砖搭的或土砌的面包烤炉。在篝火堆里它能展示出相同的爆发力，火焰冲天，白热的焰心烧得呼呼啦啦作响。就算青皮时黑刺李也能烧着。在一月里，我就曾经四肢着地趴在一个林间空地里落了霜的草丛上，像龙一样往一个黑刺李木柴堆里面吹气，要把那小窝棚似的橘红色火苗吹旺些。我当时是在清除那些从树篱往林子里进军的排头兵。窍门是，以兔子那样的高度在鼹鼠丘间爬行前进，用三角弓锯离地一英寸锯掉坚韧的小树干。黑刺李树丛的内部似乎凭一句时髦的"次货"就足以盖棺定论，但这样的地方实则确有价值，那里是野生哺乳动物、昆虫和鸟类的绝佳庇护所。

白天里，我弄断了一个钩镰的白蜡木刀柄，原因是使用略有不当，即用钩镰的刀侧来往下捶榛子树桩，加之木蛀虫已然作祟，所以咔嚓就断了。当天晚上我把刀头扔进了火里，以便烧掉里面残留的镰刀把，心想第二天早晨要再做一个新的。我用来烧火的那些开裂了的的白蜡木段看着又干净又白皙，还有直直的纹理，所以第二天我拿出来一段，用斧子劈下来三角形的一块，大小正好和钩镰柄差不多。接着我用小刀粗粗地削了削，装到了钩镰槽口里，再用销子销住。我用台虎钳夹住了钩镰，握着刀柄，把它削磨成了称手的形状。这些编树篱用的工具既能做刀剑也能当犁头。它们和古代战场上的大刀和长矛相去不远，所以显而易见，组建一支农民军队是轻而易举的事。

我虽然只有四块草地和一片树林，树篱却有近一英里长。1970年我来到村里时这里还大多是小块田地和树篱形成的迷宫。我门前半英里的纵深范围内树篱总长就有四英里。现在，除了我自己的古怪的绿洲、附近的林子和绿色的乡道，那些树篱几乎都没有了。全国地形测量局 1936 年版地图上的本区树篱到 1960 年时绝大多数还存在着，根据地图计算，那些树篱总长约有三十七英里。今天仅存不到八英里，其中有三英里还是在公共草地周围的。还有三英里是沿着乡道和几条侧道编植的。就我的农场而言，则仅存一点五英里长的树篱了。看人们谈论打理树篱的样子，俨然非得像给福斯桥（Forth Bridge）刷漆一样要一直干个不停。[1] 要想拦得住牲口，最好每二十年搭一次、每年修一回，但如果主要目的不是防牲口，或者另有栅栏起着同样作用，那听之任之通常是上策。我的树篱大多是各种树的丛林，覆盖着黑莓、犬蔷薇、泻根、忍冬和野啤酒花藤，都抢着往树枝上爬。这样的遮蔽所在顶吸引各种鸟儿，所以树篱里满是鸟窝和鸟叫。

每个树篱都个性分明。有一个树篱里榆树占了上风，后来榆树生了病，一棵接一棵死掉了。它们像桅杆一样站了好多年，常春藤像自己扯索升帆一样往上爬，终于在某个十一月招来了大风狂吹猛刮，摔倒在地。山楂、山茱萸、黑刺李、枫树、沙果、玫瑰和刺藤乘虚而入，取而代之，不过如今榆树暂时又缓过气来，从老根上发出新苗，已经高过了刺藤，刺藤现在倒没准可以挡住携带着荷兰榆树病真菌孢子的甲虫。这些甲虫大多数飞不过十二英尺高，它们要是在刺藤这里碰了壁，自然会另寻他处。其他树篱大多混有榛子树、枫树和白蜡木，这里那里也会有一棵冬青树、沙果树、布拉斯李子树或者橡树，再下边的矮灌木里则有山茱萸果、野蔷薇果或者纺锤树那漂亮的小粉果。

编植好的树篱当然防牲口作用更强，里边的树可以长得千姿百态。年代久远的树篱有可能成为编植树篱者的艺术作品：一曲一代代人即兴发挥的树的爵士乐。编植好的树篱也更结实、更稳固。关于树篱，一定要抵制现代农夫或自然资源保护论者们那以整齐有序为重的天生冲动。除非会自己亲手编植树篱，否则最好任由树篱野生野长，随其变化成型。我看再丑陋不过、再

<hr>

1　福斯桥是爱丁堡福斯河上的铁路桥，世界遗产。该桥体量甚大，传说中等到把桥梁全部油漆一遍之后，前面的已经褪色，就又得开始重新油漆了，故"给福斯桥刷漆"成为英国俗语，形容一件永远都做不完的工作——译者注。

伤心不过的就是靠机器修理的树篱。那种做法是对自然和手艺的藐视，惜乎在我们的农业里仍然占上风。即使多年不大打理，手工编植的树篱依旧是对最佳农牧业传统的鲜活的纪念。

矮林作业忙

住在邻村的基斯·邓索恩（Keith Dunthorne）是我的朋友，他以盖茅草屋顶为业。他邀请我去他那一天，在邦吉（Bungay）附近他的榛子林里进行矮林作业。每个茅草屋顶都需要大量的平茬榛子檩条来固定茅草，所以每年冬天基斯都要砍一些蹿得快的柔韧树干以供春天干活之用。当天我早早起了床，在工作间里翻找到了合适的钩镰，然后启动了嗡嗡响的磨刀机来磨刀。火花迸射到了早晨清冷的空气中，我再把磨烫的刀刃浸到雨水里嘶嘶作响地回火。我又在车后备厢里放进了一个三角弓锯、一副厚皮手套、一副护目镜和一顶带帽舌的硬帽子。

等我到了基斯家的院子里，他也正在往卡车后面敞开的车厢里装工具，我帮忙割开干草捆给马做草料。仓房前门开着，干草垛旁边的芦苇捆梢朝外擦着，足有十五英尺高。这可是如假包换的从布罗兹运来的诺福克芦苇。坚持使用这种芦苇而不是便宜的罗马尼亚或匈牙利进口芦苇，对基斯来说关乎原则大义。此举意味着他盖的屋顶价格会高一些，但这也能让布罗兹仅存的几个割芦苇工有活干。

基斯身手敏捷，体型偏瘦，身材健壮，脸庞俊朗，眼神坚毅，看上去透着对自己手艺的自信。他戴着破软毡帽，穿着系带靴子，有着吉卜赛人那种浪漫气质。他在车后边装上了油罐和斯蒂尔牌链锯，和他最宝贝的锋利薄刃钩镰放到了一起。在他的丰田海狮车里边，他的猎狗泽卡在座椅上坐在了我们俩中间。泽卡温驯深情，一身深灰色的卷毛。我们沿着韦弗尼河边的湿草地开，泽卡的眼睛不放过里边任何活动的东西。快到邦吉时，我们拐进了一个种植园弯弯曲曲的乡道里，越过了大门，滑进了老林子里，把卡车停在了一条"二战"时美国人修的混凝土路边，这条路现在满是刺藤和野草。当时美国人的政策要求，武器弹药要存放在树林中的混凝土迷彩掩体里，远离萨福克郡和萨福克郡那些脆弱的方方正正的飞机场。古往今来，树林都是掩藏之地嘛。

基斯和我坐在驾驶室里喝了点热水瓶里的茶，热气扑上了风挡玻璃。树上的露水在二月的阳光里挥发掉了，我们让泽卡在车里接着睡觉，戴着头盔和硬舌帽走进了榛子矮林。基斯不戴手套：他的手就是皮革。他负责这片林子的矮林作业已经有二十五年了，总是从南侧开始，由东向西，一带一带地砍白蜡木和榛子树，刈幅大约十英尺。这样一来，矮林再生枝就会一带一带梯次渐高，各带都朝向南方，可以获得最大程度的光照以刺激生长。有些矮林作业工人会把砍下的柴枝堆到新削短的根株上面，以免鹿或兔子啃食新枝。新枝总有办法穿过上面压着的树枝堆去享受阳光。基斯却不担心鹿咬兔啃，因为他发现这些树就算没有遮挡长势也相当喜人，似乎已经避开了鹿的破坏。这可能是因为这片林子相对较小，而有证据表明鹿更喜欢到大一点的林子里觅食，那里它们会感觉更安全，食物也更多。

基斯用链锯几乎贴地锯断了十二或十六英尺高的榛子树。按老传统应该斜锯以方便雨水淌下去，但他发现平锯或斜锯没有区别。我跟在后面用钩镰砍掉侧枝，把削光溜的榛子杆松松地堆在林地上。一边往前干活，我一边利索地把柴枝堆好。在中世纪，或者可能直到上个世纪中后期，这些柴枝可是一点也不会浪费的。那时要把它们紧紧地系成柴捆，运到仓房里彻底放干。柴捆被用来烤面包，火头又快又猛。

我们把榛子杆从林子里拖到卡车那里，装进敞车厢，车外还悬着一截。这活相当累人，尤其当拖着这些重重的杆子磕磕绊绊地经过刺藤时，又要把它们抱紧，又要扭来扭去绕过藤刺，就更加吃力了。

除了链锯，我们在林子里还遵循着一个非常古老的传统。我们用的钩镰样子和两百年前的应该相差无几，虽然现在在全国各地的设计仍各有不同。在不列颠，矮林作业的艺术可以回溯到至少六千年以前萨默塞特平地

（Somerset Levels）里的斯威特小道（Sweet Track），那是一条一英里多长的新石器时代的木道，它穿过湿润的或水淹了的泥炭地，把威斯特海伊（Westhay）岛当年的所在地和夏普维克伯特尔岭连接了起来。在公元前3807年或3806年的冬天或者早春，砍好的白蜡木、橡树和酸橙树杆子被运到了萨默塞特平地，用木钉钉在一起，形成了一项古代的复杂工程，这些敲进湿泥炭地里的一系列支架撑起了用劈开的树干铺成的橡木木道。在萨默塞特平地这里发现了一个完整的木道网。另一条木道天食小径（Eclipse Track）做法则不同，那是公元前1800年用编织的矮树篱做的，而同样在萨默塞特平地里的沃尔顿小道（Walton Track）则几乎完全是用榛子杆造就的。对这些木道中所用木头的年轮宽度仔细研究确保了这些历史结论的准确性。那些年轮图案是和已知年份的同种树木的年轮对比的。早期树木的枝干是用石斧砍下来的，这从每根杆子底部的形成层末端以及树皮的撕裂程度看得出来，因为砍后要又扭又转才能把杆子从根株上扯下来。古萨默塞特木道在湿泥炭地的封闭无氧状态下保存得都很好。

有证据表明，早期的矮林是当饲料种的，树梢被砍下来喂牲口。在瑞典的一些地方和欧洲其他地区，白蜡木梢仍然被用作饲料。矮林作业在当时带来的应该不亚于第二次收获。树被截肢后怎么还能长出新的枝干仍是未解之谜。它们经常自我吐故纳新：榛子树如果老干死掉还能长出新枝，我也亲眼看到被雪崩齐根斩断的树从基部又抽出了新条。前不久奥利弗·拉克汉姆（Oliver Rackham）在他的《古老的林地》（Ancient Woodland）一书中提出了一个很有意思的可能性，即第一批大规模的矮林作业工人是更新世时期的巨象，如同在克罗默（Cromer）附近的韦斯特润通（West Runton）发现的那只一样，它们足有伦敦巴士那么大，其毁灭性的觅食是矮树林随时重生的强有力的进化动因。

到了斯威特小道时期，人们已经发现定期矮林作业能使树更加高产。1269年-1270年间在新森林的博利厄修道院（Beaulieu Abbey）的一处中世纪树林里进行的矮林作业是关于矮林最早的记述，此后，视树种和木材用途不同，矮林周期在四年到二十八年之间变动。不过，史前人类已经知道树桩基部的新生芽要比一棵棵单株的树用处更大、用途更广、更易打理。奥利佛·纳克汉姆在分析历史记载时指出，树林经常代表着一种活期存折，可以在急用钱时把下木层矮伐卖掉。有些树林经常是矮林皆伐，其他的则采取每年轮伐，就像我们的做法一样。

基斯与这家种植园有约，要等打野鸡季节结束才可以到林子里进行矮林作业。现在他急于要在树液上流影响到檩条品质之前尽快砍榛子。树液的甜味会吸引木蛀虫，所以要趁着冬天树液在低位时砍树。

十二点时我们喝茶歇了歇，下午两点吃的午饭，同时坐在驾驶室里听《阿切尔一家》（The Achers）。我用我的欧皮耐尔牌刀开了一听沙丁鱼罐头，把面包切了块。我们坐着大口吃饭、小口喝茶，看着两只旋木雀在一棵白蜡木干里找虫吃，上上下下似乎毫不费力。这片树林处处都显得很古老：有榛子和白蜡木，间或有枫树、鹅耳枥、橡树像旗帜一般鹤立鸡群，春天下层还有山靛和蓝铃草。我们一边吃，基斯一边给我讲了这片林子的故事，以及他怎么会到这里来采伐榛子林的。二十五年前他找到了林子主人，那位老先生很高兴他为着茅草屋顶檩条和烧柴来接手伐林，那样白蜡木和榛子树的伐根就会保持良好长势了。圣诞节来时，基斯总会去拜访他，拿的是一瓶威士忌和一英镑，那是一年采伐权的租费。

前不久老先生住在城里的儿子继承了种植园，他带回来了一个从诺里奇来的经理人来监管种植园。那个经理人在林子里碰到了基斯，让基斯出个市面租金价。基斯指出自己一直都是给的实物，那个经理人就说，"好吧，那就给我们做一些羊栏吧。告诉我你一年能给我们做多少。"做羊栏很费工，所以基斯谢绝了那个提议，而是另外提出一个，愿意给种植园提供烧柴作为租金。如今那个经理人规定基斯只能拿走榛子杆，当烧柴砍的则要比胳膊细才行。烧柴砍下来要留在原地，由种植园自行运走去卖。

下午的阳光斜照进了褐色的树林，把它染成了紫绛红色。我们装好了车，捆扎好了弹性十足的榛子杆，灌下了剩下的茶，回家。

将近三月底时，基斯已经采伐好了榛子林，把零散的榛子杆每二十个扎一捆以备劈檩条。他还砍了些六英尺长的打成捆做绑条用，劈好后就可以按自己的风格来固定茅草屋脊，像烘焙师装饰面包一样在屋顶上留下自己的标志。新砍下来的榛子杆被盖起来，整整齐齐地放在仓房里面。

在基斯的院子里，周围是墙一样高的芦苇垛，芦苇捆交叉摞着，上面苫着帆布，就像幼发拉底河畔那些濒于灭绝的伊拉克沼泽地阿拉伯人所盖的芦棚（mudhif）客舍。芦苇垛旁边停着两辆蒙着苫布的大篷车。过了花园还停着一辆，上面的不锈钢火炉烟囱管在阳光下闪闪发光，前门开着，好透透清新的空气、晒晒春天的太阳。院子的其他角落里停的旧拖车、一台脱粒机和一辆蓝色的福特森拖拉机都蒙着褪了色的绿帆布或蓝帆布，所以造成的效果好像是在露营地里。

泽卡从仓房后面跳着跑到我这里，满意地嗅了嗅我的灯芯绒裤子，不光尾巴摇，浑身都在晃，背也弓了起来。四年前我刚见到她那一次，她可是离家跑了老远的路，最终跑到了两英里外我的田里。我走近时她打了个滚，我把她领到厨房里，她守着亚嘉（Aga）烤箱很快就不见外了。我打她项圈上的电话号码，没想到是基斯的。我找到基斯和康妮时他们正在仓房一端的小披屋那敞开的门口喝咖啡，一边收听英国广播公司国际频道播报的伊拉克战事。那场景很是怪异：外面停着的丰田海狮驾驶室门四敞大开，车载电台向萨福克的空中发布着沙漠里的最新惨状，阳光从仓房开着的门口泻进来，舔着光影交接的半影，半影里基斯已经又劈起了榛子杆。透着甜味的榛子捆几乎摞到了横梁那么高，数百个榛子杆淡淡的断头在暗影里盯着外面看。基斯坐在仓房中间的一把旧椅子里，周围是堆好的一捆捆榛子杆，按照粗细分开，长度都是二十八英寸。他把榛子杆劈好削尖后，再把它扭成 V 形弹簧剪刀的样子，好插进芦苇里把它固定到茅屋顶上。

如同所有的旧手艺一样，每个郡的每个细节都会有所不同，基斯的萨福克"榛子檩"到了切尔特恩就成了"榛子枝"，到了伍斯特郡（Worchestershire）成了"榛子扣"，到了多塞特和德文成了"榛子杆"，到了威尔特郡（Wiltshire）则成了"榛子棍"或"榛子棒"。在伍斯特郡用的是柳枝，柳枝比榛子柔软，但是不禁用。不久以前，还有人愿意学盖茅草屋顶那阵子，劈削这些木钉可是学徒们活计的一部分。在《林地居民》中，马蒂·索丝（Marty South）就要烤着火熬夜给梅尔博里（Melbury）先生做计件的茅屋顶榛子檩条，那样挣够钱的话就不必把长发卖给理发师珀康贝（Percombe）先生了，而珀康贝正往她屋里看呢：

　　在发出怡人火焰的房间里，他看到一位女孩坐在柳树椅上，就着亮堂堂的柴火忙着干活。她一只手拿着钩镰，另一只手戴着过大的皮手套，正在极其麻利地制作茅屋顶匠用的榛子杆。为此，她还带着皮围裙，由于身材娇小，围裙也显得太大。她左手边放着一捆又直又光滑的榛树棒，名为尖头榛子杆——这是她干活的原材料；右手边则是一堆碎木片和棒头棍尖，用剩下的废料——烧火用的就是这些；身前是一堆做好的成品。她拿起尖头榛子杆，以行家的眼光审视着两端，削成需要的长度，再一劈为四，以娴熟的手法把劈开后的小棒削尖，形成恰似一把刺刀的三角点，大功告成。

　　在哈代那个年代，茅屋顶匠随时有各种各样的短工可以帮忙或打下手，而今则日渐门庭冷落，需要事必躬亲。在 1930 年这种孤立就已经初露端倪，哈罗德·约翰·马辛厄姆就写道，他们当地的茅屋顶匠"以往儿子或徒弟干的苦力活现在都要自己一肩挑。"后来在《林地居民》中，哈代描述了在梅尔博里先生家那放着木材和林活工具的院子里檩条是怎么制作的："温特本随即压步上了檩条屋，几名熟练工已经在上面忙活了，其中两位是鹿角巷来的流动檩条工，每年叶落时节，他们就会定期现身，一俟冬季结束，则悄悄离去，直到季节再度来临。"在罗纳德·布莱斯的《埃肯菲尔德》（Akenfield）一书中，茅屋顶匠厄尼·鲍尔斯（Ernie Bowers）讲述了他和父亲在秋收后给萨福克的农户盖茅草屋顶用掉了 600 垛草。"在 1920 年每个区都有自己的茅屋顶匠，"他说，"但是 1930 年有了变化。手艺好的茅屋顶匠大多数都老了，不干了。我记得老一辈里有五六个高手都要老得不行了。没人来接他们的班。他们是旧时代的人了——过的是旧日子。"
　　下午，基斯去劈绑条。用锋利的小钩镰劈开一截榛子杆，就会露出里面的液材，即树芯，形成一副绑条。砍削下来的弯弯的树皮、木屑堆在地上，可以给基斯和康妮引火。基斯膝盖上绑着一个皮垫子，把榛子杆斜靠在上面，操起了旧帕克斯（Parkes）钩镰对准了纹理运刀，随着进刀加深轻轻地左右偏一偏以保持两半粗细完全一致。我也试了试，结果担心钩镰会割到裤裆。我面对着照进仓房门口的阳光坐在基斯的旧餐椅里，拿钩镰从榛子杆的根部起刀，磕磕绊绊地顺着木纹往上运刀。第一英尺还算顺利，但接下来刀子似乎就不听使唤地歪了，好像留声机跳针一样。我的首度雄心壮志就这样灰头土脸地进了柴火堆，接下来的两次尝试也是同样命运。凡事只有亲身试过才会对行家里手愈加佩服。标准的说法是"基斯看上去干得很轻松"，不过他真的看上去很轻松，而且他也让我确信，他真的干得很轻松。

　　基斯总是用同一把钩镰，把每根绑条根部削成斜角以便于连接。他说，劈绑条的秘诀就在于顺着纹理运刀。他左边的旧手推车旁堆着几捆二十根一捆的榛子杆，他拽了一捆过来说，他一小时能劈一捆，所以他一天顶多能劈八捆，而一根榛子杆能出七八根檩条，所以一个冬天基斯能做两三万根檩条和绑条。当然，他也可以买别人做的现成的，或者像很多茅屋顶匠那样从中欧进口，但是基斯喜欢这种季节性的工作，以及月月不同的节奏。有多余的檩条时他甚至也会卖一些。在《林地居民》中，珀康贝先生问马蒂她做檩条卖了多少钱：

　　　　"一千根十八便士"，她不情愿地说。
　　　　"你给谁做呢？"
　　　　"木材商梅尔博里先生，他就住在下面"。
　　　　"你一天能做多少根？"
　　　　"一整天加半个晚上，可以做三捆——就是一千五百根"。
　　　　"两先令三便士"。客人不再问了。

　　康妮说她做"木"家人已经好几次了。她的娘家姓肖（Shaw），意即树丛，而她最初嫁的男人姓伍德（Wood，树林之意）。现在她和基斯过日子，基斯姓邓索恩（Dunthorne，意为"暗褐色的荆棘"），很显然也是个林中人士。基斯这位能工巧匠仍然只带着狗和《阿切尔一家》做伴到林子里干活；二月里和他干活的那一天，我想起了哈罗德·约翰·马辛厄姆是这样描写 1930 年他自己的那个茅屋顶匠的："他缺少城里人的青睐，但心静里自有幸福。"

我要离开时，基斯走到仓房影子里不见了，回来时拿着一根更像是魔法棒的榛子手杖，当作礼物送给了我。我简直想象不出还有什么礼物能更漂亮：能卜水探泉的榛子树啊，就连你的指尖里、你这分枝里，都有一种特别的魔力呢。这种魔力自然来源木材本身。从根部到末梢，由于像角蝰一样还紧紧缠绕在上面的忍冬藤的作用，这根木棒长了一圈圈的止血带般的螺旋状凹槽，使得旁边带斑点的树皮像栏杆柱一样一路鼓着往上长，树皮裹着木头好比螺旋滑梯一样，握起来正好趁手。虽有忍冬藤的束缚，木头旋涡却还是一路向上长，由此足见此树求生欲望之强。基斯拿帕克斯钩镰削掉了棍梢。我的四英尺六英寸长、杰克和豆茎般神奇的、巫师梅林所用的魔杖是大自然的杰作，是忍冬的妖娆拥抱引爆了榛子细胞的疯狂分裂。手之舞之，我感觉能把蟾蜍变成王子呢。

工具和作坊

在我工作间车床后面的墙上贴着一张大卫·派伊（David Pye）的剪报战片，他生前是皇家艺术学院家具设计课程的教授。他穿着海军蓝的连衫工作服，扎着围巾，正从花园里经过半开的玻璃门往他的工作间里进。他的圆眼镜片里反射出了车床上万向灯的灯光。他看上去很严肃、爱思考。近景是一个工作台，上面立着有着他的特色的两个手工雕刻的、带凹槽的木盘子，盘子旁边是一个金弗吉尼亚牌的烟盒和几只木柄圆凿。一块钢托架撑着的大方木稳坐在车床上，那显然是他自己做的用来车特大号碗的刀架。在另一个工作台上是杂乱放着的木刨花、布雷索金属腊盒子、油壶和一个磨刀器，后面墙上的架子上插着一排排的凿子和卡钳。再上面是更多的工具：一套扁斧、长斧和手锯。还有两个单面劈斧嵌在一个木墩子里。极近景柔焦镜头下是三个刨子的优美的木头手柄。

大概大多数工作间都类似上面的场景。我的工作间当然有这些：牛一样站着的重重的工作台、木地板上星星点点的胶水痕、各个角落里古怪的照明装置。派伊的工作间里是高高的白石膏墙和模压天花板，显而易见是在屋里。我的工作间由一套舞台灯照明，看得出工具是日积月累攒下来的。我去过农场拍卖会，只花几镑就买到了别人不需要、也不想要的长得不可思议的伸缩木梯（stack ladders）。我买到了一辆 1948 款的福德森·梅杰拖拉机，上面的六缸珀金斯柴油发动机还非常好用，战后它还被用来牵引过附近美军机场的轰炸机呢。我还给自己配备了全套的拖车、犁、耙、中耕机以及割草机。在农场旧货会上，碰到类似尼克森（Nicolson）翻草机这样大牌的机器怎么能见死不救呢，而且还有本来设计让马拉的大草耙、让牛拉的木头车，以及小型自卸施肥车，那在任何一家农场可都是顶有用的东西之一。

我从没见过派伊本人。他是住在墙上的大师。他在 1968 年出版的《手工艺的艺术本质》（*The Nature and Art of Workmanship*）教会了我用新的眼光去思考树木和树木做出来的东西。派伊不止写或者教怎么做东西：他自己就是做东西的人。他本来学的是建造木质建筑，在战时参加了海军，然后在皇家艺术学院教了二十六年书。他不可避免地深思过"手艺"这个存疑的字眼，也考虑过威廉·莫里斯和约翰·罗斯金对工艺和技巧的观点。就罗斯金的一些观点，派伊还写过热情洋溢的评论《哥特的本质》（*The Nature of Gothic*）。

这是门冒风险的手艺，请看一个毫不夸张的例子。为了我朋友特伦斯·布莱克尔的生日，从下午三点到五点半看不清为止，我拿一截带着绿叶的樱桃枝一直在做大卫·纳什所说的"旋切柱"。这个柱子有三英尺高，我必须像用画笔画画一样拿链锯小心翼翼地在它周身锯三十圈。我的设想是要锯到接近树枝中心，只在中间留下八分之三英寸细的木柱来支撑樱桃叶子。

每锯好一圈都需要把木头旋转四次以便找到最佳角度下锯，所以也不妨说一
共要下锯 120 次。那真是累人的活，我不由得汗如雨下。我是在外面一个临
时砧座上加工的，砧座是由两英尺长的沉重的橡树干和柳树段做的，树干是
横着锯下来的，重得很，足以稳稳地固定那个樱桃工件。我先把四面的树皮
削掉做成一个直柱子，让它整体略微根粗头细。

　　旋切柱是大卫·派伊所说的"冒风险的手艺"的一个很好的例子，因
为随时可能出错。把嗖嗖转着的链锯多推进半英寸，就会截短柱子而前功尽
弃。干着干着，就会越来越感觉从头到尾像走钢丝表演。戴的眼镜在冷空气
里蒙上了雾。人进入了心无旁骛的状态，要么汗流浃背，要么安全帽里闷得
头皮发痒，软帽舌后边汗顺着额头往下淌，害得眼睛也在大冷天里湿答答
的。锯几圈下来适应了节奏后，就本能地知道进刀深浅了。一系列相隔不足
四分之一英寸的圆圈锯刻好后，柱子上的叶子好像悬空长着一样，其实那些
悬臂是连在中间连续不断的细细的心材上的。链锯厚度不能超过八分之三英
寸的限度，所以每一次锯下来的木头和留在柱子上的木头应该差不多，并让
空气这一新成分钻进木头里。这样一来，樱桃木接触空气后，树液便会挥发
出来，人也随之闻到了树液香。

　　每锯一次，木料就更脆弱一些，要是此时出个错悲剧也会更惨烈一些。
随着时间推移，木料像模像样起来，心血和焦虑会同步增长。窍门当然是不
能让焦虑有隙可乘，要稳如老僧入定，建立充分信心，从容和技巧就会随之
而来。至少理论上应该如此。最后一下锯完后抱着柱子第一次进屋时，感觉
像抱着孩子一样呢。把柱子放到桌子上，再前后、左右、远近仔细打量吧！
虽然压根比不了大卫·纳什做的东西那么漂亮，可是感觉还是美滋滋的，等
送给朋友时感觉就会更喜洋洋了。

　　克莱夫的工作间是个小棚子，在科拉伯农场牛棚对面的混凝土村道再上
去一点。在棚子的一角有个高高的烧木屑的圆炉子。他先拿一根两英寸粗的
棍子从上面往里捅捅再加木屑，然后再把木屑压实，这样他轻轻拔出棍子的
时候，炉子中间的上方自然起了个烟囱，一股烟火冒了上去。木屑烧起来火

力是很猛的。

　　克莱夫在收拾工具，今天就要离开这儿的工作间、这儿的行当、这儿的伴侣，去牛津开始林务员的新生活了。他的工具被整齐地放在他那包着皮的旧木箱里，好像要出海远航一样。凿子一排排齐齐地放着，三角板稳稳地给铜夹子箍着，榫刀妥妥地躺在榫刀槽里。大个的电动机器依次贴着墙壁摆着：一台凿榫机、一台柱形钻床、一台圆锯、一台带锯和一台电刨机。立在这些机器中间的，是克莱夫用英国橡木刚刚做好的装饰艺术大衣橱。这将是他做的最后一件家具，他必须在午饭后给弗瑞林姆送过去。在大衣橱的上半部，也就是衣柜部分，门上有着英国橡木典型的猫爪节瘤，相映成趣。

　　一根粗粗的排气扇管子弯弯曲曲地伸到了墙外边。我细细打量着管子旁边挂着的一些夹钳。细木工匠都喜欢收集夹钳：来者不拒，多多益善。不过克莱夫已经答应了他走后就给朋友卡斯帕用。就像有的人对小狗、巧克力没有抵抗力一样，我对木头也招架不住。农院里放着克莱夫雪藏的木材：橡树、山毛榉、桐叶槭、樱桃和榆树板子。他甚至还有几截伦敦悬铃木，这种木材泛着深橙红色，价值被低估了。工作间里面放着几截珍贵的英国冬青，纹理纯粹，光洁白皙，木质沉重。克莱夫说，这些全部出售。

　　也许是木头里内在的信息素触动了我的大脑，反正我发现自己就像做梦一样开始买买买了。首先是一整根山毛榉树干，放得整整齐齐地等它干燥，和板子间还隔着垫片。接着我看到了一摞大果栎，锯成了厚厚的板子，那是本地斯托克拜奈兰德来的锯木匠弗雷迪·巴格斯锯的。我立刻迷失在它那光怪陆离的艳丽纹理之中，幻想着用车床车出大果栎碗，做出餐桌，上面再放上浅色盘子和蛋杯。克莱夫一下子掀开了苫着的油布，露出了越来越多的宝贝。很快我的订单上又多了四大块深红色的土耳其橡树料，两张榆树板，以及若干浅色的上好桐叶槭料，可以车盘子。桐叶槭一直是用来做奶桶的，因为它不串味。我买木材花的钱太多了，该把木材运回去盖好放着了。我眼下还用不到这些木材，但是这可不是普通的木材，是行家选的呀。我说服自己这笔投资值。

　　午饭后，我们一起帮克莱夫把大衣橱拖进了他的厢货里面，看着他作为细木工匠最后一次出发给弗瑞林姆送货，然后我去了几英里以外的波尔斯泰德（Polstead）去看迪伦·皮姆（Dylan Pym）。他也是个细木工匠，工作间在玛丽亚·马丁（Maria Martin）住过的农宅的果园边上。波尔斯泰德的樱桃一直名气很大，而玛丽亚·马丁在 1828 年 5 月 18 日被一个叫威廉·科德（William Corder）的吃醋的情人给谋杀了，就埋在了红仓房的地板下面。在 1828 年 8 月 11 日，大群大群的人来到了贝里圣埃德蒙兹看科德受绞刑，那是英格兰的最后一例公开行刑。光是当年夏天就有超过二十万人造访了波尔斯泰德，还拿点仓房的东西做纪念，如此年复一年，直到 1842 年仓房被一个纵火犯烧毁为止。贝里圣埃德蒙兹市场樱桃上市时，水果商贩总是这样叫卖："波尔斯泰德樱桃啊！和玛丽亚·马丁的血一样红啊！"

迪伦的工作间是个木板搭的两层棚屋，四周那些不带前门的棚子里放满了在干燥的木材，包括本地林子里三英尺粗的橡树树干锯成的板子。在棚屋里边，墙上的一块黑板上用粉笔给椅子各个部件标了号，以及尺寸和每天的工作日程。窗台上放着他的班卓琴，靠墙放着一排惹眼的夹钳。一个八英尺长的胶合板蒸箱咕嘟咕嘟冒着泡，一台旧的伯科（Burco）电锅炉给它送水，水蒸气从夹钳上边飘过。我注意到，在蒸箱的那些通气孔周围，胶合板上留下了单宁酸的滴痕。迪伦在用英国橡木做椅子。他打开长方形蒸箱一头的胶合板小门，塞进去一根细细的六英尺长、一英寸见方的新鲜橡木条。这个橡木条要用来做温莎椅弓背那样的椅子背弯。迪伦解释说，蒸木材最最重要的是时机。他说这个重要部件需要蒸恰好二十分钟，不能多，也不能少。然后他和两个潜在的客户认真地谈了起来，完全把截止时间给忘了。半小时后他想起来了，打开了蒸箱。蒸汽和着单宁酸的味道涌了出来，我帮他把木条滑了出来，固定到了两边带拉手的钢衬垫上，然后快速扳成 U 形，再用夹钳夹紧。几分钟后，等它一凉，迪伦就松开了夹钳，拿起来的是一个有着完美 U 形的、弹性十足的椅子背。他把它钩在一根房梁上，上边还有一排同样的弯木条也是要做椅子用的。使用同一棵树上水分含量相同的新鲜木材，迪伦就能确保它们的弯度和表现一样。他要把这些蒸过的部件挂一年以待彻底干燥，再转动车床，用锛子和辐刨在椅子坐面开孔，然后就可以组装椅子了。

　　早上，我和朋友兼邻居特伦斯·布莱克尔出发去寻找木地板料，他要把仓房改造成住房。我们先到了哥顿（Coton），然后冒着大雨转下了一条小道。我们来到了一个直滴水的木棚屋外边，那里从拆房现场回收的松木一直堆到了屋檐下。两个小伙子拿着撬棍正在从板子里撬旧钉子。瓦尔·汉考克（Val Hancock）从一个大圆锯后面走了出来，他中等个头，但是蛮有肌肉，戴着蒙着灰的眼镜，肩膀上、胸前、卷发上都是锯末子。他没关圆锯，我们不得不在嗡嗡声里说话。圆锯好像自己有劲一样转个不停，或者像是地板下有水车水流在推着。一眼看上去，瓦尔的锯木作坊里边都是锯末和刨花。在一台电刨机的一头，刨花堆成了个小山，而且越堆越高，直到后墙。我还看到了一台大带锯，便不禁去看瓦尔的两手是否十指健全。

　　瓦尔给我们看了黄松、花旗松和油松木料，还用电刨锯开了一两张板子给我们看纹理。油松的纹理最紧，更沉、更硬、更韧，松油味很冲。瓦尔是在南伦敦某处把一个旧公共图书馆改建成了自己的锯木厂，硕大的木框工棚就架在多层木板做的大梁上。工棚摇摇欲坠，自有一股猛冲猛打的开拓精神。瓦尔生意不错，地板上突然像淘金热一般来了些衣着考究的人，他们平时摆弄电脑、设计图纸，此时则在忙着看有什么家里能用得着的东西。瓦尔告诉我们价格时我很是吃惊，转念又想这些木材放的时间久、水分干得透，质量要比大多数新木料强得多。瓦尔的松木大多数来自波罗的海、西伯利亚和英属哥伦比亚那些生长缓慢的寒带森林。因此，纹理细密，密度较大，很适合做地板。瓦尔说，他加工的油松地板料其实来自维多利亚时期的屋顶桁条和其他结构梁，还有的来自一些 20 世纪初的仓库。

　　我们还去了几个地方，它们都像瓦尔的锯木厂一样藏在萨福克的小路深处。越往南去价钱越高。在贝里圣埃德蒙兹附近，有人连不起眼的门也叫价 150 镑，而不久前在伦敦随便哪辆装卸车要是拉着那样的门的话还是白给的。就是一个平平常常的承托大梁的橡木梁托，也几乎要 100 镑。时代真是不同了。在克莱尔（Clare）附近的"老世界松木行"（Olde Worlde

Pine）里，我们看到有一些很不错的十四英寸厚的橡木板、来自一个萨默塞特磨坊的榆木、法国橡木、白蜡木、黄松和油松。1999 年那场大风暴刮倒了很多树，导致木材供过于求，所以法国橡木要便宜些。他们拿关于榆树的种种故事来劝诱特伦斯：榆木地板每天会随天气不同而动弹；榆木是个活物，打雷时会像小地震一样移动，风平浪静的日子则一动不动。我们开车离去，在路上热烈讨论橡木、榆木、白蜡木和松树的优点及亮点时，我看得出特伦斯对那些故事动了心。

接下来我们往下边的波尔斯泰德开，在玛丽亚·马丁的农舍果园里面，在木框与木板搭建的工作间里碰到了迪伦·皮姆和裘德，以及迪伦的工友卡尔。他们在用英国栗子木材加工一些用料厚实的食橱，以配厨房之用。我们从很陡的楼梯爬到了楼上的办公室里，坐在了狄伦那用英国橡木做的深棕色的椅子里，纺锤形椅子背和扶手料都是蒸箱蒸过的，颇有震颤派之风。"我们这儿超级喜欢蒸木头，"狄伦说道。他算是木材加工行当的杰米·奥利弗（Jamie Oliver[1]）：和蔼可亲、轻松自在，随时能操起墙角的班卓来上一曲。狄伦领我们看了他的六英尺长的蒸箱和供水的伯科锅炉。他说，蒸木料的关键全在速度。木料一出蒸箱，不到两分钟就要用衬板弯曲成型、用夹钳定型。

我们欣赏了外面院子里放着的自然干燥中的漂亮的英国硬木和法国硬木。狄伦说，向光长的树会慢慢往光源方向转，就算锯成了板子、刨光了表面、自然干燥了、平放着储存，还是会朝光源扭。如果树生来就是爱扭的主，那它们就会一直扭下去。

白蜡木

我的白蜡木凉棚有点华而不实，像个澳洲土著的窝棚一样立在我位于

1　英国当红厨师——译者注。

萨福克的长草地的地势高的那头。它由两排弯成了哥特式拱顶的生机勃勃的白蜡木组成，像个小教堂。我是二十年前栽下的这个凉棚，现在它有十八英尺长，九英尺宽，每边四棵树，间距六英尺，面对面的两棵树渐渐朝对方弯过去，在离地七英尺不到一点的高度碰头，所以人可以在里边走来走去。在盛夏，这个凉棚就是个凉爽、翠绿的房间，屋顶爬着野啤酒花藤，扑扇着白蜡木叶子。我有时在里面系个吊床。去年我甚至还放了一张床，和我在彼得·拉茨那里时在白桉树和那些履带工程车堆影子里睡的露营矮帐床一模一样。或者，也挺像那次摘李子时在玛丽·科迈尔的窝棚里看到的给小狗们遮阳的小床。这个凉棚需要时不时掐尖打杈、整枝塑型。这个设计可不是我的原创：其灵感直接来自大卫·纳什的作品"白蜡木穹顶"。电影或杂志里称之为致敬，不过我宁愿高举双手承认我在剽窃。饶是如此，这个凉棚还是给了我极大的快乐和兴趣，让我心旷神怡。

几年前，这些树长到七八英尺高时，我把这些小树两两相对扳弯，嫁接到了一起。它们渐渐地长到了一起，成了有两套根系、一个维管系统的有机体。换句话说，它们开始共享树液了。然后，等旁枝长得足够长了，我也如法炮制，用小刀把旁枝两两削掉一段树皮和韧皮部，露出形成层，接口对好，再紧紧地绑在一起。这样每两根旁枝也长成了一体，树皮也形成了一个疙瘩。

如此焊接树的成果是一个相当稳固的结构，和给房子用木材打框的工艺如出一辙。最早的木头房子确实是 A 字框的，或者是就像这样的曲木结构。它们用橡木钉固定的榫卯接头就相当于嫁接的枝干。在印度尼西亚和马来西亚一些易遭水淹的地区，房子就建在活树上，其原理类似这个白蜡木凉棚。

这种结构其实是一个复杂的去梢树系统，或者是长在高跷上的树篱。和树篱里的白蜡木一样，不断有新枝奔着阳光朝上长。每两三年我就要掐尖打杈或者削平树冠，今天月亏，我正好也要这么做。月亮既然能引起潮涨潮落，想必也能带动树液起伏吧？在农牧业的理念里，该让作物生长的时候，比如播种、栽种作业，就要趁着月盈时进行，就是这个逻辑。反之，该让作物停止生长的时候，比如收割、收获，包括矮林作业和去梢掐尖，就适合月亏时进行。

我把梯子支在一边的白蜡木上，沿着交织的树顶吊下来两块架板用以分担我的重量，这样我就能在上边移动，用钩镰削掉一些朝上长的嫩枝，把其他的削成编条，再弯弯绕绕结成树篱了。和最高的树枝较劲时，我能感觉到白蜡木是多么强壮有力啊！编条弯过去再编结住后，几乎像强弓一样蓄势待发。我要不时地爬下梯子，退后一点去琢磨接下来几步怎么走。哪些枝条该砍掉，哪些该保留？这根长的该纵长编还是横向编？这种考量、抉择很像下棋，或者像玩超大的挑棍子游戏。有些编条我是用绳子扯过来的，要把绳子在高处系好，再从硬地上稳稳地拽。

下了一阵小雨，白蜡木那象皮色的树皮开始闪闪发光。我喜欢白蜡木的这种树皮，在小树时它几乎像人的皮肤一样光洁无瑕，还隐隐泛着绿色。在树根处以及老编条的弯折愈合处，树皮会像大象皮一样出纹起皱。在嫩芽要拱出来的地方，树皮会鼓起丘疹或者热疖一样的小包。最古老的也是编得最好的树篱一般是在威尔士或坎布里亚的那些养羊的乡下，那里的篱笆匠不得不应付那些想方设法钻篱笆的牲口。编插的白蜡木或榛子树枝经常会手拉手、肩并肩地把几个老根株统一到一起，亲密无间加之风力作用，天长日久就合为一体了。

凉棚下的地上长了斑叶阿若母、连钱草和苔藓，八棵树干上交相连结着野啤酒花藤，也就是咱们的英国藤。个大阴凉的藤叶子盖住了凉棚顶，令人恹恹思睡的芬芳的雌花从绿棚顶上垂了下来，好像一串串葡萄。春来时，这个凉棚就像在洗野胡萝卜花泡泡浴一样。白蜡木的强大力量来自它的柔韧性和直直的树纹，而且是顶好的烧柴，就是不干也能烧起来。

从凉棚里极目远眺，在过了护城河的那片公共草地那里，沿着绿色乡道立着几十棵去了梢的老白蜡木树。去梢每二十年一次，然后由于再生新枝要消耗能量，去梢的树就像矮伐的残株一样生长缓慢，但是寿命更长。顺其自然的话，一棵白蜡木活不过 200 年，但是坎布里亚的树篱里还挺立着 500 岁的去梢白蜡木，就像那些灰色的、爬满地衣的石桌坟一般古老。在萨福克的布拉德菲尔德森林有一棵巨大的白蜡木根株，它还在从残根中心慢慢地向外一圈圈扩张，可能活了有一千多年了。我这个凉棚虽然只有二十岁，可是树干已经显现出了一点老态：上面布满了绿藻，潮湿的基部四周开始出现了地衣，仿佛穿上了及踝短袜。这些白蜡木颇像长了只山羊脚：足跟长着乱毛，许是潘神驾到。

我想象着二百年以后这些树会是什么样子：它们那久久的拥抱就是树木团结一致的鲜活的表现。到那时地衣应该已经逐渐爬满了树，而且可能是它们年龄的明证，因为它们是生活在另一个时间维度里。再往西部和大西洋那边去，在那些湿润的条件下地衣长得更好。在从坎布里亚的博罗代尔、斯通斯威特和西斯威特发端的那些侧谷上头，田边地界、小道和溪流边上的那些五百多岁的去梢白蜡木被称为"白蜡木庄稼"。它们好像从石头里长出来的一样，上面被覆着一些英格兰最丰富的地衣群落，堪比康沃尔和新森林那边的地衣群落。地衣在白蜡木上长得很好，因为白蜡木树皮酸性不是那么强。出于同样原因，地衣也喜欢白杨、桐叶槭和柳树，在松树、橡树、桦树或赤杨树上等酸性较强的树皮上则长得不好。

不同种属的地衣组成的复杂植物群能在树上存在，说明树已经生长了一定年头了，而且可能也是和原始林有关联的证据。有很多蛾类，比如桦尺蠖，会用它们带有复杂保护色的翅膀模拟树皮上的地衣：这表明地衣一度广泛分布，大量存在过。带有传奇色彩的地衣学家弗朗西斯·罗斯（Francis Rose）在新森林那里做了开拓性的研究，发现里面生活着344种不同的地衣；经年的野外工作造就了他的敏锐生态洞察力，仅凭地图或者从车窗一瞥，他就能预测哪里能找到那些和古老林地相关联的罕见孑遗地衣。在1970年，罗斯重新定义了其把地衣作为"古林地指示物"的概念，并在1976年出版了三十个关键种的索引，其中大多数都是老龙皮（Lobaria pulmonaria）的轻微变种。如果在林子里发现了其中任意二十种，则非常可能是找到了一段未中断的生态历史，至少可以回溯到中世纪，甚至也可能是前罗马时代。

地衣对生长地点高度敏感，以对污染的排斥而广为人知。白蜡木的一种典型地衣是分枝优美的扁枝衣（Evernia prunastri）。在放大镜下，这种地衣看上去像是最小的盆栽树。奥利弗·吉尔伯特（Oliver Gilbert）在他关于地衣的权威的新博物学家著作中阐释道，离大城市（比如泰恩河畔纽卡斯尔）被污染的中心越远，扁枝衣的样本就越大、越繁盛。从市中心往外沿直线走，在七点五英里和三十英里之间采集到的九个样品显示扁枝衣的大小有显著增长。

去梢的树木会慢慢自主形成其丰富的生态系统。我们那片公共草地上的去梢白蜡木每一棵都自成体系，就像草地本身一样，其中住着种类繁多的个体，每一种都忙着自谋生路。蜗牛住在坑洞的缝隙间，很可能像树干里住的食草树皮虱一样，夜间出来啃吃地衣。蚂蚁在两个车道不停地上上下下，可能是要从树冠里的蚜虫身上挤蜜。蜘蛛在裂缝上面结网；树里还藏着各种蛾类，包括毛毛虫和成蛾，在这里栖息、摄食。

我们本地乡道沿线那些去梢的白蜡木就是几个世纪以来林木作业手艺的纪念碑。顺着木梯子爬上十来英尺高的树干再站在上面剪枝可是累活。通常斧子要比其他工具好，因为它砍得利索，站在树里也方便挥舞。用手锯则意味着要蹲在树干上或者跪在那里。白蜡木在萨福克高地的厚土上长势很好。在离这两百码远的地方，公共草地上长着十多棵成两排挺立的去了梢的白蜡木，好像杂耍演员，肿大的结节好似拳击手套，俨然上战场一般的架势。然而这种肿大却实实在在不是虚胖，因为那里会冒出又一轮光滑的灰色嫩枝：这些结节样子有些像枣椰树或者菠萝树的顶髻。

下一个村子是斯兰德斯顿，那里的绿草地上一棵漂亮的去梢白蜡木独自立在十字路口。它像一个满是裂纹的岩石，树围有两码，和一般的去梢老树一样树干是中空的。我担心的是，它顶上的二十根树枝该削剪了，否则来场大风树就会一裂为二，可是现在谁会来削呢？地衣把白蜡木朝风的南侧和西侧涂上了柔和的淡绿色。苔藓帮树根遮蔽了阳光。再往前一点，在去往我们本地集镇迪斯的路上，有对我来说有如圣物一般的三棵雄伟的白蜡木，三个巨人的拳头直指萨福克那雾蒙蒙的天空。最大的一棵树围有八英尺多，上边巨大中空的球冠开着口，好像一根漫画里极度夸张的陶立克柱。这个头角峥嵝的疤痕组织伸展开来有六英尺直径。中空发霉的树干内壁几乎给晒成了黑色，带着密实的鸟眼状的卷曲和细小的点画状的波纹。树下的路基长着白屈菜和犬堇菜，仿佛要证实这是棵老树。

住在圣塞瓦斯蒂安（San Sebastian[1]）周围西比利牛斯山脉那些山毛榉和橡树林里的巴斯克人把这种巨大的蘑菇状树头叫作 desmocho。不过他们有两种去梢方法，另一种叫作 trasmocho，按照这种方法，截断三四根主要侧枝，留下来的四英尺长的残干会形成一个复杂的球冠。然而，由于削头去梢风光不再，desmocho 一词已经湮没无闻了，所有的去梢树就都被称为 trasmocho 了。巴斯克人总是趁着月亏时同步给树去梢。我的在斯兰德斯顿长大的朋友海伦·里德曾经走遍欧洲寻访去梢的树木，一旦发现则就地研究其栽培和取梢工艺，并记录该行当所用的词汇，有关阿亚考阿利亚（Aiako Harria）和弗雷德萨雷（Forêt de Sare）那些陡峭森林里的巴斯克去梢树的记述就是一个案例。海伦发现欧洲大陆的去梢树有两大用途：饲料和燃料，燃料则以木炭为主要形式。砍带叶树枝做饲材的做法可以追溯到史前时期。像我们村里其他人一样，我也这样喂过山羊，大多砍的是榆树枝，直到最后榆树生病遭难。榆树营养很高，食草动物很爱吃。我的树篱里还有几棵老榆树的残株在慢慢烂掉，不过在根部新的树又长起来了。

在瑞典和芬兰之间的奥兰群岛（Åland Islands）上，海伦发现了大约七千棵去梢白蜡木和榆树，都有一两百岁了，还在给牲口提供着饲料。岛上的居民们每一两年用斧子或钩镰砍下来长满叶子的嫩枝，打成捆，挂在栅栏上像晒草一样晒干。这些八英尺高的树长在林间牧地上，间距约是树高的两倍。农夫在仓房里存放那些干树枝，等到冬天来喂牛。叶子给牛吃，树枝给喜欢啃甜树皮的兔子，啃过的光杆则晒干成柴棒供烤面包用。岛民们总是用快刀而不大用锯，因为锯齿有可能通过粘在上面的锯末引起树间传染。邻国瑞典可能一度有过四百万棵去梢树，而今减少到了大约七万棵。海伦说，对牧场利用率最高的方式是种树去梢做冬饲料，在下边的草地上放牧吃草。

---

1 西班牙北部城市——译者注。

过去在英格兰，去梢树的球冠一般归地主所有，雇农则有权收割去梢枝条。乡下总有人偷烧柴。大多数林子都安了大门，装了挂锁以防马车进入，而庄园法院卷宗也频频载有因偷盗下层林木而被罚款的案件。乡下的穷人日子苦，为了冬天能烧上一把火取取暖经常从树篱上偷烧柴，因此要挨打。奥利弗·拉克汉姆发现，在 1590 年到 1600 年那十个寒冷的冬天里，有证据表明有一股盗伐林木的犯罪潮兴起，法庭则报之以严刑拷打。

一棵遮风挡雨的白蜡木的数根粗枝荫庇着我的家。这棵单株树先是长到了树围九英尺、树高五英尺，然后分成了三股，每一股的主干周长都长到了四英尺，在我头上形成了拱形。我喜欢它那天生的华丽派头和充沛精力，以及枝条拂来荡去的习性：先来个朝地俯冲，再向上提起，和跳水者入水出水的轨迹如出一辙。到了三月，这棵树变成了个大枝形吊灯，每个枝梢上嫩芽像獾子的黑鼻头一样悄悄地往出冒。白蜡木的枝条有时候会卷成巴洛克风格的华丽的螺旋状，对此除了精力过剩似乎没有其他原因来解释。在 1866 年6 月 16 日从丁登寺去罗斯的路上，沿着一条陡路下往怀河时，杰拉德·曼雷·霍布金斯就看到了这样一棵树："然后路两边的田野变高了，有一边还长着一些华盖亭亭的美丽的树（特别是有一棵白蜡木，大树枝里无数柔韧的枝条你缠我绕，盘枝错节）。"欧洲白蜡木（Fraxinus excelsior）一名很好地道出了这种树伟大的本质。我从书桌上的窗户望着外面的一丛高高的白蜡木，在它们光秃弯曲的树头里几十只田鸫已经栖息了几个小时，它们每年都在那里过冬。十一月里起风时，柔韧的树枝会彼此擦来碰去，在我房子旁边的那棵大白蜡木上剩下的只有一串串的匙形翅果，这些果实最终也会随风坠落，归于沟渠。

现在，我的白蜡木凉棚树顶已经被弯折好了，春天一来，树根里的树液就会涌动上行，经过绑扎在一起的树筋曲折流向上面的迷宫，嫩枝随之吐出，树也会相应焕发生机。白蜡木自愈的方式很讲究实际：树皮会在砍开一半的编条根部绕到那放射状裂口上，就像人的伤疤愈合一样。在整个欧洲，人们始终相信白蜡木有很强的愈合能力。1916 年，在其有关达特穆尔高原的经典著作《瑞兰闲话》（*Small Talk at Wreyland*）一书中，塞西尔·托尔（Cecil Torr）记述了在高原边缘某村一个小孩病愈的过程：

> 1902 年 11 月 20 日生了个小孩，患有疝气。过些时日我问孩子父亲那孩子怎么样了，他的回答是"哦，我们穿过了树好点了。"我因之发现他们举行了那种古老的仪式。孩子父亲劈开了屋后山上的一棵白蜡木，拿两块橡树木头抵住了劈口。然后，天亮时他和老婆带着孩子爬到了那里；等太阳出来时，他们由东往西从白蜡木里穿过了三次。接着他老婆带着孩子回了家，他拽出来橡树木头，把白蜡木又绑了起来。树干既然长好了，疝气应该也没有了吧。我问他为啥那么干，他好像觉得我的问题很奇怪，说的是——"怎么，大伙都这么干啊。"我又问他是否觉得这招很管用，他的回答是——"呃，和在教堂里洒水一样好使。"

纵使经历了刀割斧凿，白蜡木依然能顽强生长，成就一根清爽简朴的"柱顶过梁"，这种高超的恢复力预示着它作为木材具有实用价值。威廉·科贝特特意指出，白蜡木的使用价值要高于观赏价值：

> 然而，姑且撇开诗人、画家之谬论，只有白蜡木用处如此之多、用途如此之广。它可以锯成板材、做成农具、用于制作几乎各种工具。没有白蜡木，我们就不可能有四轮马车、双轮马车、驿车、独轮车、犁杖、耕耙、铁锹、斧锤。它能给啤酒花搭棚架、做围栏门阻挡绵羊、箍木桶以便洗衣洗澡；也能给爱尔兰和西印度群岛人提供猪肉桶和大木桶箍。因此，白蜡木需要我们的特别重视；而在我本人，此种重视当然自不待言。

白蜡木相当柔韧、皮实。制桶匠在制作科贝特所说的桶箍时，先把矮林作业伐下的白蜡木枝一劈两半，再把平的一面朝里箍住木桶或洗衣桶。我在离凉棚几码远处又搞了个白蜡木摆设，把三根十英尺高的细白蜡木条拧成了一个螺旋形，系在敲到地里的白蜡木桩子上固定，希望这棵树能因势乘便，最终长成一个瓶塞钻。我边忙活边反问自己：这是不是太像让马戏团的动物跳圈了？我思忖应该没有害到这棵树，它毕竟是白蜡木，有獾鼻头一样的新芽带路，它终将长得很漂亮。用不着我来教白蜡木起舞；它本性爱玩，生就一个柔体演员，任凭树篱匠的力道百般变化，它都有祖传技巧跟着闪展腾挪。在我去后经年，这个凉棚也会最终老去，那时这个旋转的树冠可能也还会在转动吧。